高等职业教育交通土建类专业新形态教材

工程测量

主　编　王　锋

副主编　廖中霞　王　帆

北京理工大学出版社

BEIJING INSTITUTE OF TECHNOLOGY PRESS

内 容 提 要

本书紧密结合工程测量工作实际进行编写，适时引入工程测量新技术、新仪器、新方法，并且与执业资格考试内容相衔接，具有很强的实用性。全书共分为13个项目，主要内容包括引言、水准测量、角度测量、距离丈量及直线定向、全站仪及其使用、全球定位系统（GPS）测量、测量误差的基本知识、小区域控制测量、大比例尺地形图的测绘与应用、公路中线测量、路线纵断面测量、路线横断面测量、公路工程施工测量等。

本书可作为高等院校道路桥梁工程技术等相关专业的教材，也可作为工程测量培训学习的教学用书或参考教材，还可供工程建设测量技术人员参考。

图书在版编目（CIP）数据

工程测量 / 王锋主编. -- 北京：北京理工大学出版社, 2021.9（2021.10重印）

ISBN 978-7-5763-0317-9

Ⅰ.①工… Ⅱ.①王… Ⅲ.①工程测量－高等学校－教材 Ⅳ.①TB22

中国版本图书馆CIP数据核字（2021）第184694号

出版发行 / 北京理工大学出版社有限责任公司

社　　址 / 北京市海淀区中关村南大街5号

邮　　编 / 100081

电　　话 / （010）68914775（总编室）
　　　　　（010）82562903（教材售后服务热线）
　　　　　（010）68944723（其他图书服务热线）

网　　址 / http://www.bitpress.com.cn

经　　销 / 全国各地新华书店

印　　刷 / 北京紫瑞利印刷有限公司

开　　本 / 787毫米×1092毫米　1/16

印　　张 / 15

字　　数 / 364千字

版　　次 / 2021年9月第1版　2021年10月第2次印刷

定　　价 / 45.00元

责任编辑 / 李　薇

文案编辑 / 李　薇

责任校对 / 周瑞红

责任印制 / 边心超

图书出现印装质量问题，请拨打售后服务热线，本社负责调换

前　言

工程测量是道路桥梁工程技术等相关专业学生必须掌握的一项非常重要的专业技能，且毕业生在工程施工、监理等单位从事测量工作也相当普遍。鉴于此，本书根据应用技能型人才培养目标和教学实践，结合交通土建类相关专业高等教育教学的特色，以基本理论和基础知识实用、够用为原则，以突出职业能力培养、紧密追踪工程测量前沿技术的发展、紧贴现行技术规范为目标编写而成。

本书编写过程中，团队成员先后多次到工程建设一线测量岗位进行调研，分析了工程测量工作所必须具备的专业知识和岗位技能，确定了工程测量技术人员所必须掌握的核心技能，紧密贴合现代化工程建设实际，适时引入测量新技术、新仪器、新方法，并且与执业资格考试内容相衔接，注重学生未来的职业发展。

本书的编写尽量做到精炼内涵、通俗易懂，最大限度地适应高等教育教学的特点，以更好地培养学生分析问题、解决问题的能力。考虑当前工程实际需要，本书引用新规范并组织内容，较全面地介绍了工程测量技术新成就，并重点介绍其在公路、桥涵、隧道等工程中的应用。

本书具有以下特点：

1. 本书内容突出高等教育教学的特色，以培养精测量、懂施工、会管理的一线技术应用型人才为目标。

2. 考虑到高等院校学生的特点，本书在每个项目都注明学习目标和能力目标，各部分内容紧扣培养目标，做到理论与实践相结合，有利于学生实践能力的培养。

3. 本书以二维码的形式配备有丰富的教学资源，对相应知识点内容进行详细讲解，方便学生在课前预习、课后复习期间随时随地自主学习，便于巩固和加深理解。

4. 为加强知识的掌握和运用，每个项目都配有多种形式的习题。

本书由贵州交通职业技术学院王锋担任主编，由贵州交通职业技术学院廖中霞、王帆担任副主编，具体编写分工为：王锋编写项目1～8和项目10～12，廖中霞编写项目13，王帆编写项目9。

本书在编写过程中，参考和引用了工程测量领域相关文献资料，在此向这些文献资料的作者致以诚挚的谢意。

由于编者水平有限，加之时间仓促，书中难免存在疏漏之处，敬请读者批评指正。

编　者

目 录

项目 1　引言

学习目标

　　通过本项目的学习，了解测量学的概念、任务、分类；熟悉地球形状及参考椭球体；掌握工程测量的内容，测量工作的基本原则，地面点平面位置、高程位置的确定，用水平面代替水准面的限度。

能力目标

　　能够确定地面点的平面位置和高程位置，能够根据测量工作的基本原则实施测量工作。

1.1　测量学基本知识

1.1.1　测量学的概念

　　测量学是研究地理信息的获取、处理、描述和应用的学科。其内容包括研究测定、描述地球的形状、大小、重力场、地表形态及它们的各种变化，确定自然、人造物体、人工设施的空间位置及属性，制成各种地图和建立有关信息系统。

1.1.2　测量学的任务

　　测量学的任务包括两部分——测绘和测设。

　　(1)测绘是指使用测量仪器和工具，通过实地测量和计算得到一系列测量信息，把地球表面的地形绘制成地形图或编制成数据资料，供经济建设、规划设计、科学研究和国防建设等使用。

　　(2)测设是指把图纸上规划设计好的建筑物、构造物的位置在地面上用特定的方式标定出来，作为施工的依据。测设又称施工放样。

1.1.3　测量学的分类

　　测量学是一门内容体系比较庞大的学科。根据研究对象、应用范围和测量手段等的不同，测量学通常可分为以下几个分支学科。

　　(1)普通测量学。普通测量学是研究将地球自然表面局部地区的地物和地貌按一定比例尺测绘成大比例尺地形图的基本理论和方法的学科，属测量学的基础部分。

　　(2)大地测量学。大地测量学是研究地球形状、大小和重力场及其变化，通过建立区域和全球三维控制网、重力网及利用卫星测量等方法测定地球各种动态的理论与技术的学科。

（3）摄影测量学。摄影测量学是研究利用摄影或遥感技术获取地物和地貌的影像，并进行分析处理，以绘制地形图或获得数字化信息的理论和方法的学科。其中，航空摄影测量是测绘中、小比例尺国家基本地形图的主要方法，现已应用到大比例尺地形图的测绘中；而近景摄影测量已经在古建筑测绘、建（构）筑物的变形观测、动态目标测量等许多方面得到广泛的应用。

（4）工程测量学。工程测量学是研究工程建设和自然资源开发中各个阶段进行的控制测量、地形测绘、施工放样、变形监测及建立相应信息系统的理论和技术的学科。其主要内容包括测绘满足工程规划和勘察设计需要的大比例尺地形图；将图纸上设计的建（构）筑物轴线桩位标定到地面上；对在施工过程中及竣工后建（构）筑物的变形进行监测。

（5）海洋测绘学。海洋测绘学是研究海洋定位，测定海洋大地水准面和平均海面、海底和海面地形、海洋重力、磁力、海洋环境等自然和社会信息的地理分布，以及编制各种海图的理论和技术的学科。其主要内容包括海洋大地测量、水深测量、海底地形测量、海洋重力测量、海岸地形测量、海道测量、海洋专题测量和海图测绘等。

（6）地图制图学。地图制图学是研究各种地图的制作理论、原理、工艺技术和应用的一门学科。其主要内容包括地图编制、地图投影学、地图整饰、印刷等。现代地图制图学正向着制图自动化、电子地图制作及地理信息系统方向发展。

本书讨论普通测量学和工程测量学的有关内容。

1.2　地面点的表示方法

1.2.1　地球形状及参考椭球体

由于测量工作是在地球的自然表面上进行的，所以应了解地球的形状和大小。地球的自然表面是不规则的，有陆地、海洋，有高山、丘陵和平原，有很大的起伏。在我国西藏与尼泊尔交界的珠穆朗玛峰高达 8 848.86 m，而在太平洋西部的马里亚纳海沟深达 10 909 m。但这样的高低起伏相对于地球庞大的体积来说还是可忽略不计，而将地球看作球状。由于地球表面上的海洋面积约占 71%，陆地面积约占 29%，所以人们可以将地球总的形状看作被海水包围的球体，也就是设想有一个静止的海水面，向陆地延伸包围整个地球，而形成一个封闭的曲面。

微课：地面点的表示方法

这个平均高度的静止的海水面称为大地水准面，大地水准面便是测量工作的基准面。图 1-1 所示为大地水准面。

海水有潮汐，时高时低，所以水准面有无数个，由于地球的自转运动，地球上每个点都有一个离心力，同时地球本身又具有巨大的质量，对地球上每个点又有一个吸引力，使地面上的物体不致自由离散。所以，地球上每个点都受着离心力与地球吸引力两个力的作用。这两个力的合力称为重力，重力的作用线又称为铅垂线。铅垂线具有处处与水准面垂直的特性，因此常作为测量工作的基准线。

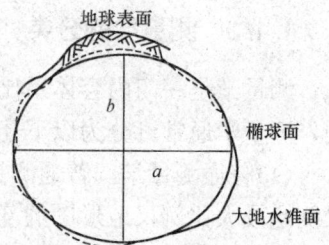

图 1-1　大地水准面

虽然用大地水准面表示地球形状是恰当的，但由于地球内部质量分布不均匀，引起铅垂线的方向产生不规则的变化，致使大地水准面形成一个有微小起伏的不规则曲面，人们无法在这个曲面上进行测量数据的处理。由此，人们采用一个与大地水准面非常接近的规则的几何曲面来表示地球的形状与大小，这便是地球参考椭球面，如图 1-2 所示。

图 1-2　地球参考椭球面

椭球面可以用数学式子表达，所以采用椭球面作为测量计算的基准面是合适的。

地球的形状确定后，为了将观测结果换算到椭球面上，还应进一步确定大地水准面与椭球面的相对关系。

椭球体的基本元素有长半轴 a、短半轴 b、扁率 $\alpha\left(\alpha=\dfrac{a-b}{a}\right)$。

我国目前利用的参考椭球体元素是 1975 年国际大地测量与地球物理联合会通过并推荐的值：

$$a=6\ 378\ 140\ \text{m}$$
$$b=6\ 356\ 755\ \text{m}$$
$$\alpha=\frac{a-b}{a}=\frac{1}{298.257}$$

由于参考椭球体的扁率很小，在普通测量中，可把地球当作圆球看待，其半径为

$$R=\frac{2a+b}{3}$$

当测区面积很小时，也可以用水平面代替水准面，作为局部地区小面积测量的基准面。

1.2.2　地面点平面位置的确定

地面点的坐标，根据不同的用途可选用不同的坐标系，下面介绍几种常用的坐标系。

1. 大地坐标系

用大地经度 L 和大地纬度 B 表示地面点投影到旋转椭球面上位置的坐标，称为大地坐标系，也称为大地地理坐标系。该坐标系以参考椭球面和法线作为基准面和基准线。

如图 1-3 所示，NS 为地球的自转轴（或称地轴），N 为北极，S 为南极。过地面任一点与地轴 NS 所组成的平面称为该点的子午面。子午面与球面的交线称为子午线或称经线。国际公认通过英国格林尼治(Greenwich)天文台的子午面，是计算经度的起算面，称为首子午面。过 F 点的子午面 $NFKSON$ 与首子午面 $NGMSON$ 所成的两面角，称为 F 点的大地经度。大地经度自首子午线向东或向西由 $0°$ 起算至 $180°$，在首子午线以东者为东经，可写成 $0°\sim180°E$；以西者为西经，可写成 $0°\sim180°W$。

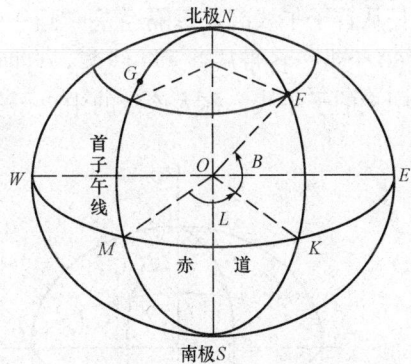

图 1-3　大地坐标系

垂直于地轴 NS 的平面与地球球面的交线，称为纬线；通过球心 O 并垂直于地轴 NS 的平面，称为赤道平面。赤道平面与球面相交的纬线，称为赤道。过 F 点的法线（与旋转椭球面垂直的线）与赤道平面的夹角，称为 F 点的大地纬度。在赤道以北者为北纬，可写成 $0°\sim90°N$；在赤道以南者为南纬，可写成 $0°\sim90°S$。

例如，我国首都北京位于北纬 $40°$、东经 $116°$，也可用 $B=40°N$、$L=116°E$ 表示。

用大地坐标表示的地面点，统称大地点。

一般来说，大地坐标由大地经度 L、大地纬度 B 和大地高 H 三个量组成，用以表示地面点的空间位置。

新中国成立初期，我国采用大地坐标系为"1954 年北京坐标系"，也称"北京—54 坐标系"（简称 P_{54}）。该坐标系采用了苏联的克拉索夫斯基椭球体，其参数：长半轴 $a=6\,378.245$ km；扁率 $\alpha=1/298.3$；坐标原点位于苏联的普尔科沃。

我国目前采用的大地坐标系为"1980 年国家大地坐标系"，也称"西安—80 坐标系"（简称 C_{80}），是根据椭球定位的基本原理和我国的实际地理位置建立的。大地原点设在我国中西部的陕西省泾阳县永乐镇。椭球参数采用 1975 年国际大地测量与地球物理联合会推荐值：椭球长半轴 $a=6\,378.140$ km；扁率 $\alpha=1/298.257$。

2. 地心坐标系

地心坐标系属于空间三维直角坐标系，用于卫星大地测量。由于人造地球卫星围绕地球运动，地心坐标系取地球质心为坐标原点 O，x、y 轴在地球赤道平面内，首子午面与赤道平面的交线为 x 轴，z 轴与地球自转轴相重合，如图 1-4 所示。地面点 A 的空间位置用三维直角坐标 x_A、y_A 和 z_A 表示。

地心坐标和大地坐标可以通过一定的数学公式进行换算。

3. 高斯平面直角坐标系

在工程测量中，常将椭球坐标系按一定的数学法则投影到平面上成为平面直角坐标系，为满足工程测量及其他工程的应用，我国采用高斯—克吕格投影，简称高斯（Gauss）投影。

高斯投影法是将地球划分成若干带，然后将每带投影到平面上。如图 1-5 所示，投影带是从首子午线起，每隔经差 $6°$ 画一带（称为 $6°$ 带），自西向东将整个地球划分成经差相等的 60 个带，各带从首子午线起，自西向东依次编号用数字 1，2，3，…，60 表示。位于各带中央的子午线，称为该带的中央子午线。

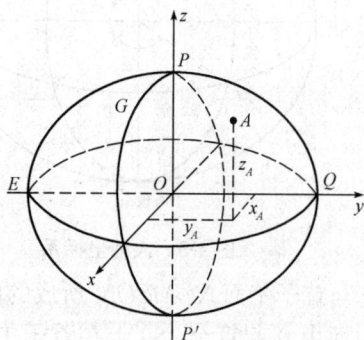

图 1-4 地心坐标系

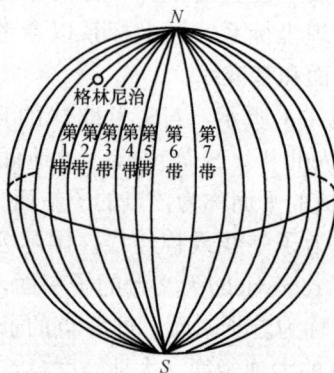

图 1-5 高斯投影分带

第一个 6°带的中央子午线的经度为 3°，任意带的中央子午线经度 L_0 可按下式计算：

$$L_0 = 6N - 3 \tag{1-1}$$

式中　N——投影带的带号。

按上述方法划分投影带后，即可进行高斯投影。如图 1-6(a)所示，设想用一个平面卷成一个空心椭圆柱，把它横着套在旋转椭球外面，使椭圆柱的中心轴线位于赤道面内并通过球心，且使旋转椭球上某 6°带的中央子午线与椭圆柱面相切。在椭球面上的图形与椭球柱面上的图形保持等角的情况下，将整个 6°带投影到椭圆柱面上。然后将椭圆柱沿着通过南北极的母线切开并展成平面，便得到 6°带在平面上的影像，如图 1-6(b)所示。这样，在中央子午线处投影误差为零，距离中央子午线越远则投影误差越大。

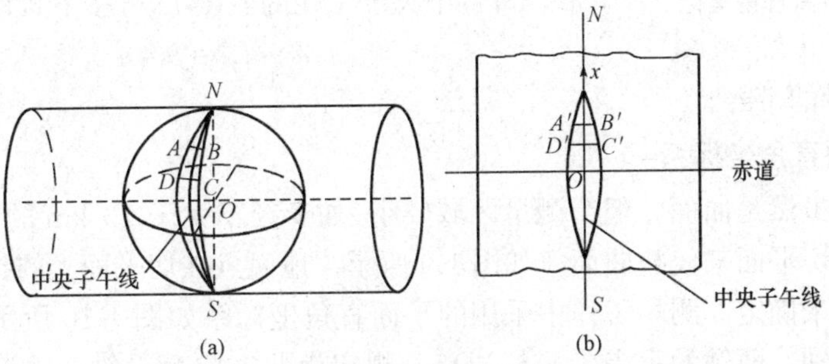

图 1-6　高斯投影

中央子午线经投影展开后是一条直线，以此直线作为纵轴，向北为正，即 x 轴；赤道是一条与中央子午线相垂直的直线，将它作为横轴，向东为正，即 y 轴；两直线的交点作为原点，则组成了高斯平面直角坐标系。

将投影后具有高斯平面直角坐标系的 6°带一个个拼接起来，便得到图 1-7 所示的图形。

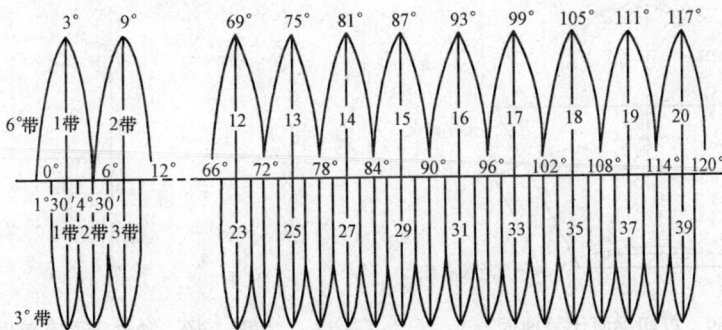

图 1-7　6°带和 3°带投影

我国位于北半球，x 坐标均为正值，而 y 坐标有正有负。中央子午线以东为正，以西为负。这种以中央子午线为纵轴确定的坐标值称为自然值。

为避免横坐标 y 出现负值，故规定把坐标纵轴向西平移 500 km，如图 1-8 所示。另外，为了表明该点位于哪一个 6°带内，还规定在横坐标值前冠以 2 位带号。例如，$y_A = 20\ 225\ 760$ m，表示 A 点位于第 20 带内，其真正的横坐标值为 $225\ 760 - 500\ 000 = -274\ 240$(m)。经过这种处理后得到的点的横坐标称为横坐标的通用值(图 1-7)，我国境内 6°带带号为 13～23。

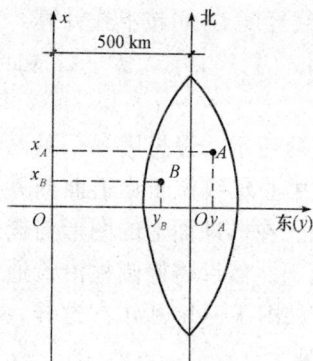

图 1-8 高斯平面直角坐标

【例 1-1】 我国某一点 P 的 $6°$ 带通用坐标为($x_P=3\,276\,000$, $y_P=19\,438\,000$),问该点在哪一个 $6°$ 带内,距其中央子午线距离为多少?在其中央子午线以东还是以西?

解:该点在第 19 带内,在中央子午线以西,距离为 $62\,000$ m。

在高斯投影中,离中央子午线近的部分变形小,离中央子午线越远变形越大,如图 1-8 所示。当测绘大比例尺图要求投影变形更小时,可采用 $3°$ 分带投影法。它是从东经 $1°30'$ 起,自西向东每隔经差 $3°$ 划分一带,将整个地球划分为 120 个带,每带中央子午线的经度 L_0' 可按下式计算:

$$L_0' = 3 \times n \tag{1-2}$$

式中　n——$3°$带的带号。

4. 独立平面直角坐标系

大地水准面虽然是曲面,但当测量区域较小(如半径不大于 10 km 的范围)时,可以用测区中心点 a 的切平面来代替曲面,如图 1-9 所示。地面点在切平面上的投影位置就可以用平面直角坐标系来确定。测量工作中采用的平面直角坐标系如图 1-10 所示,以两条互相垂直的直线为坐标轴,两轴的垂点为坐标原点,规定南北方向为纵轴,并记为 x 轴,x 轴向北为正,向南为负;以东西为横轴,并记为 y 轴,y 轴向东为正,向西为负。地面上某点 P 的位置可用 x_P 和 y_P 表示。平面直角坐标系中象限按顺时针方向编号。

x 轴与 y 轴和数学上规定的互换,其目的是使定向方便(测量上以北方向为坐标方位角起始方向),且将数学上的公式直接照搬到测量的计算工作中,不需做任何变更。原点 O 一般选在测区的西南角(图 1-9),使测区内各点的坐标均为正值。

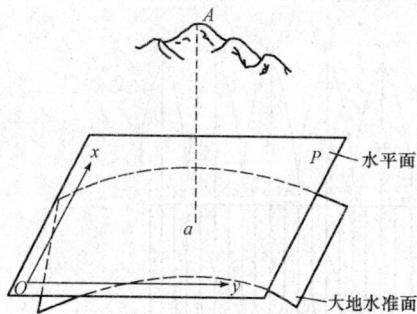

图 1-9　以切平面代替曲面

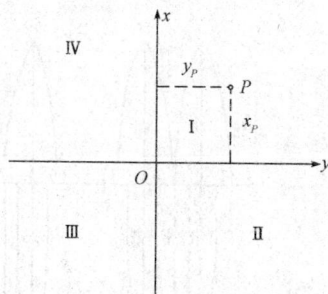

图 1-10　独立平面直角坐标系

1.2.3　地面点高程位置的确定

地面点高程通常用绝对高程和相对高程来表示。

1. 绝对高程

地面点到大地水准面的铅垂距离,称为该点的绝对高程,简称高程,用 H 表示。如图 1-11 所示,地面点 A、B 的高程分别为 H_A、H_B。数值越大表示地

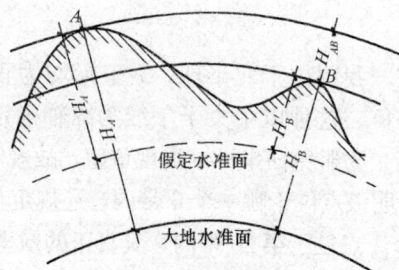

图 1-11　高程位置的确定

面点越高，当地面点在大地水准面的上方时，高程为正；反之，当地面点在大地水准面的下方时，高程为负。两个地面点之间的高程差称为高差，用 h 表示。两点之间的高程差 $H_{AB}=H_B-H_A$。

2. 相对高程

当在局部地区引用绝对高程有困难时，可采用假定高程系统，即假定任意水准面为起算高程的基准面。地面点到假定水准面的铅垂距离，称为相对高程或假定高程。

1.2.4 用水平面代替水准面的限度

在测量中，当测区范围较小时，可将大地水准面近似地用水平面来代替，以简化测量工作。

1. 平面代替曲面所产生的距离误差

如图 1-12 所示，地面上 A、B 两点，沿铅垂线投影到大地水准面上得 a、b 两点，用过 a 点与大地水准面相切的水平面来代替大地水准面，B 点此时在水平面上的投影为 b'。设 ab 的弧长为 L，ab 的水平距离为 L'，ab 的水平距离与 ab 的弧长之差为平面代替曲面所产生的距离误差，通常用 ΔL 来表示，即

$$\Delta L=L'-L=R\tan\theta-R\theta=R(\tan\theta-\theta) \quad (1\text{-}3)$$

式中，θ 为弧长 L 所对应的圆心角。

将 $\tan\theta$ 用级数展开并略去高次项得

$$\tan\theta=\theta+\frac{1}{3}\theta^3+\cdots=\theta+\frac{1}{3}\theta^3$$

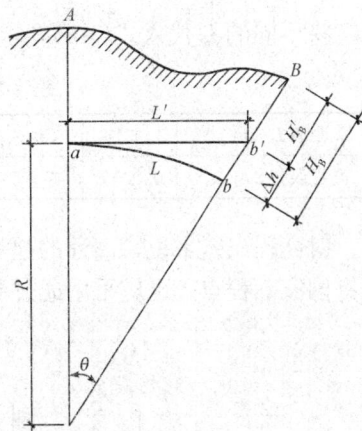

图 1-12 水平面代替水准面示意

由于

$$\theta=\frac{L}{R}$$

则距离误差

$$\Delta L\approx\frac{L^3}{3R^2} \quad (1\text{-}4)$$

距离相对误差

$$\frac{\Delta L}{L}=\frac{L^2}{3R^2} \quad (1\text{-}5)$$

将不同的 L 值代入式(1-5)，求出距离误差和相对误差，见表 1-1。

表 1-1 平面代替曲面所产生的距离误差和相对误差

距离 L/km	距离误差 $\Delta L/\text{m}$	相对误差 $\frac{\Delta L}{L}$
10	0.008	1∶1 220 000
25	0.128	1∶200 000
50	1.027	1∶49 000
100	8.212	1∶12 000

对距离测量来说，可以把 10 km 为半径的范围作为水平面代替水准面的限度。

2. 平面代替曲面所产生的高程误差

如图 1-12 所示，地面点 B 的绝对高程为该点沿铅垂线到大地水准面的距离 H_B，当用过 a 点与大地水准面相切的水平面代替大地水准面时，B 点的高程为 H'_B，两者的差别为 bb'，这便是用水平面代替大地水准面所产生的高程误差，用 Δh 表示，即

$$(R+\Delta h)^2 = R^2 + L'^2$$

$$\Delta h = \frac{L'^2}{2R+\Delta h} \tag{1-6}$$

由于水平距离 L' 与弧长 L 十分接近，为方便工作，取 $L'=L$，而 Δh 又远小于 R，取 $2R+\Delta h=2R$，代入式(1-4)，即得

$$\Delta h = \frac{L^2}{2R} \tag{1-7}$$

将不同的 L 代入式(1-5)，求出平面代替曲面所产生的高程误差见表 1-2。

表 1-2 平面代替曲面所产生的高程误差

距离 L/km	0.1	0.2	0.3	0.4	0.5	0.6	0.7	0.8	0.9
高程误差 Δh/m	0.000 8	0.003	0.007	0.013	0.02	0.08	0.31	1.96	7.85

对高程误差来说，高程的起算面不能用切平面代替，应使用大地水准面。如果测区内没有国家高程点，也应采用通过测区内某点的水准面作为高程起算面。

1.3 测量工作的基本原则和程序

1.3.1 测量工作的基本原则

无论是测绘地图还是施工放样，都会不可避免地产生误差。如果从一个测站点开始，不加任何控制地依次逐点施测，前一点的误差将传递到后一点，逐点累积，点位误差将越来越大，达到不可容许的程度。另外，逐点传递的测量效率也很低。因此，测量工作必须按照一定的原则进行。

1. "从整体到局部，先控制后碎部"的原则

无论是测绘地形图还是施工放样，在测量过程中，为了减少误差的累积，保证测区内所测点的必要精度，首先应在测区选择一些有控制作用的点(称为控制点)，把它们的坐标和高程精确测定出来，然后分别以这些控制点作为基础，测定出附近碎部点的位置。这样，不仅可以很好地限制误差的积累，还可以通过控制测量将测区划分为若干个小区，同时展开几个工作面施测碎部点，加快测量进度。

2. "边工作边检核"的原则

测量工作一般分为外业工作和内业工作两种。外业工作的内容包括应用测量仪器和工具在测区内所进行的各种测定和测设工作；内业工作是将外业观测的结果加以整理、计算，并绘制成图以便使用。测量成果的质量取决于外业工作，但外业工作又要通过内业工作才能得出成果。为了防止出现错误，无论外业工作或内业工作，都必须坚持"边工作边检核的原则"，即每一步工作均应进行检核，前一步工作未做检核，不得进行下一步工作。这样，

不仅可以大大减少测量成果出错的概率,同时,由于每步都有检核,还可以及早发现错误,减少返工重测的工作量,从而保证测量成果的质量和较高的工作效率。

1.3.2 测量工作的程序

测量时,主要就是测定碎部点的平面位置和高程。测定碎部点的位置,其程序通常分为以下两步。

1. 控制测量

如图 2-1 所示,先在测区内选择若干具有控制意义的点 A、B、C、…,作为控制点,以精密的仪器和准确的方法测定各控制点之间的距离 d,各控制边之间的水平夹角 β,如果某一条边(如图 1-13 中的 AB 边)的方位角 α 和其中某一点的坐标已知,则可计算出其他控制点的坐标。另外,还要测出各控制点之间的高差,设点 A 的高程为已知,则可计算出其他控制点的高程。

图 1-13　控制测量与碎部测量

2. 碎部测量

碎部测量即根据控制点测定碎部点的位置,例如,在控制点 A 上测定其周围碎部点 M、N、…的平面位置和高程,并应遵循"从整体到局部,先控制后碎部"的原则。这样不仅可以减少误差累积,保证测图精度,还可以分幅测绘,加快测图进度。

当测定控制点的相对位置有误时,以其为基础所测定的碎部点位就也有错误,而当碎部测量中有错误时,以此资料绘制的地形图也就有错误。所以,测量工作必须严格进行检核,前一步测量工作未做检核则不能进行下一步测量工作。遵循"边工作边检核"的原则,可以防止错漏发生,保证测量成果的正确性。

1.4　工程测量学习的主要内容和目标

1.4.1　工程测量学习的主要内容

(1)控制测量。在沿着路线可能经过的范围内,根据公路等级的要求,选用控制网的方式和相应的控制等级,布设控制点和测定各控制点的平面位置与高程。

(2)地形测量。以控制测量布设的控制点为基准，绘制路线带状地形图。

(3)定线测量。常用的定线测量方法有纸上定线和现场定线两种。

(4)中线测量。通过直线和曲线(包括圆曲线和缓和曲线)的测设，将道路中心线的平面位置用打桩的形式具体地标定在现场上，并测定路线的实际里程。

(5)中线水准测量。中线水准测量包括基平测量和中平测量两方面。其任务是在公路中线测量完成以后，测定中线上各里程桩的地面高程。

(6)横断面测量。测定中线上各里程桩处垂直于中线方向左右一定范围内的地面起伏状况。

(7)桥涵测量。测定桥轴线的长度、桥位处的河床断面及水文等，为桥梁方案选择及结构设计提供详细、准确的数据。

(8)隧道测量。测绘隧址处地形图，测定隧道的轴线、洞口、竖井等的位置，为隧道设计提供详细、准确的数据。

1.4.2　工程测量学习的目标

(1)通过学习，掌握工程测量的基本理论。主要包括测量的基本理论、误差基本理论、控制测量的基本理论等。

(2)具有一定的动手能力。能完成外业的控制测量、碎部测量，内业的数据计算、成果整理，以及公路工程施工中的相关测量工作。

(3)学会利用测量软件对测量数据进行成果整理。

项目小结

本项目主要讲述了测量学基本知识和任务、地面点的表示方法、测量工作的基本原则和程序、工程测量学习的主要内容和目标等。

1. 测量学是研究地理信息的获取、处理、描述和应用的学科。测量学的任务包括测绘和测设两个部分。

2. 地面点的坐标，常用的有大地坐标系、地心坐标系、高斯平面直角坐标系、独立平面直角坐标系。地面点高程通常用绝对高程和相对高程来表示。

3. 测量工作要遵守"从整体到局部，先控制后碎部"和"边工作边检核"的原则。

4. 工程测量学习的主要内容包括控制测量、地形测量、定线测量、中线测量、中线水准测量、横断面测量、桥涵测量、隧道测量等。

课后习题

一、简答题

1. 测量学的任务是什么？

2. 测量工作的基本原则是什么？

3. 参考椭球的元素包括哪些？我国目前采用的椭球元素值是多少？

4. 确定地面点的平面位置常用哪几种坐标系？

5. 何谓绝对高程？何谓相对高程？

6. 测量中的独立平面直角坐标系与数学中的平面直角坐标系有什么区别？为什么要这样规定？

7. 简述高斯—克吕格投影的基本概念。

二、计算题

1. 某点的国家统一坐标：纵坐标 $x = 763\,456.780$ m，横坐标 $y = 20\,447\,695.260$ m，试问该点在该带高斯平面直角坐标系中的真正纵、横坐标 x、y 为多少？

2. 已知 A、B 点绝对高程分别是 56.564 m、76.327 m，问 A、B 点相对高程的高差是多少？

微课：引言部分
习题解析（一）

微课：引言部分
习题解析（二）

项目 2　水准测量

学习目标

通过本项目的学习，理解水准测量的误差及注意事项，掌握水准测量原理，水准仪的使用方法，水准测量的实测方法及内业成果计算，水准仪的检验校正。

能力目标

能够熟练操作水准仪，能熟练进行水准测量的外业观测与内业成果计算。

水准测量是指用水准仪和水准尺测定两固定点之间高差的工作。其具有操作简便、精度高等特点，在测量中被广泛采用。

2.1　水准测量的原理

水准测量的原理是利用水准仪提供的水平视线，对地面上两点的水准尺分别读数，求取两点之间的高差，最后由其中已知点的高程求出未知点的高程。

微课：水准
测量原理

2.1.1　高差法

如图 2-1 所示，A 为已知点，其高程为 H_A，求 B 点高程 H_B。在 A、B 两点上竖立水准尺，在两点之间安置水准仪，利用水准仪提供的水平视线先后在 A、B 点的水准尺上读取读数 a、b，则 A、B 点之间的高差 h_{AB} 为

$$h_{AB} = a - b \tag{2-1}$$

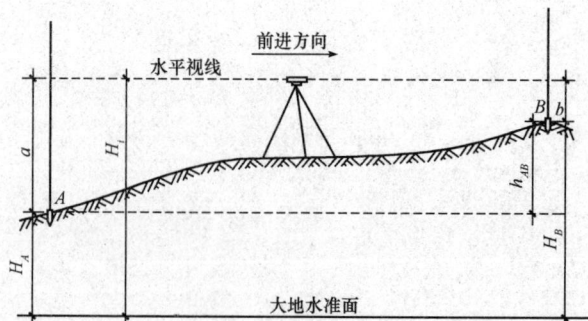

图 2-1　高差法示意

根据 A 点高差 H_A 及高差 h_{AB}，B 点的高程为

$$H_B = H_A + h_{AB} \qquad\qquad (2-2)$$

若测量方向是由 A 点向 B 点前进，则称 A 点为后视点，B 点为前视点，a、b 分别为后视读数和前视读数。

【例 2-1】 设 A 点的高程为 58.671 m，若后视 A 点读数为 1.013 m，前视 B 点读数为 1.312 m，试求 A、B 两点的高差及 B 点的高程。

解： $h_{AB} = a - b = 1.013 - 1.312 = -0.299(\text{m})$

根据 A 点的高程 H_A 及高差 h_{AB}，则 B 点的高程为

$$H_B = H_A + h_{AB} = 58.671 - 0.299 = 58.372(\text{m})$$

2.1.2 仪器高法

当要在一个测站上同时观测多个地面点的高程时，先观测后视读数，然后依次在待测点竖立水准尺，分别用水准仪读出其读数，再用式(2-1)及式(2-2)计算各点高程。为简化计算，可把式(2-1)及式(2-2)变换成

$$H_B = (H_A + a) - b \qquad\qquad (2-3)$$

式中，$H_A + a$ 是水平视线的高程，也称为仪器高，用式(2-3)计算高程的方法称为仪器高法，在实际测量工作中应用很广泛。

2.2　水准仪的认识与使用

2.2.1 常用的水准测量仪器

水准测量中使用的主要仪器有水准仪、水准尺和尺垫。

2.2.1.1 水准仪

水准仪按其精度分为 DS0.5、DS1、DS3 和 DS10 等几个等级。代号中的"D"和"S"是"大地"和"水准仪"的汉语拼音的第一个字母，所标数值表示仪器的精度等级，即仪器本身每千米往返测高差中数的中误差，以毫米(mm)计。工程测量中常用 DS3 级水准仪。

图 2-2 所示为 DS3 型微倾式水准仪构造，它主要由望远镜、水准器和基座三部分组成。

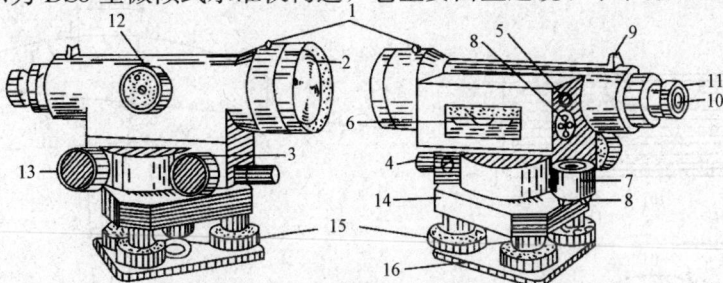

图 2-2　DS3 型微倾式水准仪构造

1—准星；2—物镜；3—微动螺旋；4—制动螺旋；5—符合水准器观测镜；6—水准管；
7—水准盒；8—校正螺钉；9—照门；10—目镜；11—目镜对光螺旋；12—物镜对光螺旋；
13—微倾螺旋；14—基座；15—脚螺旋；16—连接板

1. 望远镜

水准仪的望远镜是用来瞄准水准尺进行读数的。其主要由物镜、目镜、物镜对光螺旋、对光凹透镜和十字丝分划板组成，如图 2-3 所示。

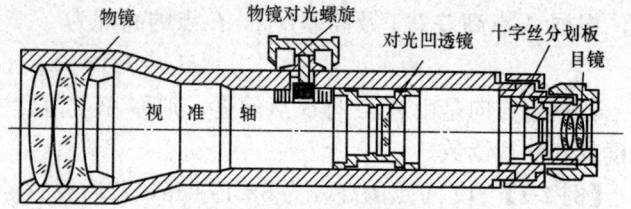

图 2-3 望远镜构造略图

物镜的作用是使远处的目标在望远镜的焦距内形成一个倒立的缩小的实像。当目标处在不同距离时，可调节物镜对光螺旋，带动凹透镜使成像始终落在十字丝分划板上，此操作被称为物镜对光。目镜的作用是把十字丝和物像同时放大为虚像，以便观测者利用十字丝来瞄准目标读数，转动目镜对光螺旋可调节十字丝的清晰程度。

十字丝分划板由光学平面玻璃制成，装在十字丝环上，再用固定螺钉固定在望远镜筒内。分划板上面刻有两条相互垂直的十字丝，竖直的一条称为纵丝或竖丝，水平的一条称为横丝或中丝，与横丝平行的上、下两条对称的短丝称为视距丝，用以测定距离。

物镜光心与十字丝交点连线称为视准轴，视准轴的延长线也称为视线。望远镜的放大率一般在 20 倍以上。

2. 水准器

DS3 型微倾式水准仪的水准器分为管水准器（水准管）和圆水准器（水准盒）两种。它们都是供整平仪器用的，指示视准轴是否处于水平位置。

（1）管水准器（水准管）。水准管由玻璃圆管制成，其上部内壁的纵向按一定半径磨成圆弧。如图 2-4 所示，管内注满酒精和乙醚的混合液，经过加热、封闭、冷却后，管内形成一个气泡。水准管内表面的中点 0 称为零点，通过零点做圆弧的纵向切线 LL 称为水准管轴。自零点向两侧每隔 2 mm 刻一个分划，每 2 mm 弧长所对的圆心角称为水准管分划值（或灵敏度），即

$$\tau = \frac{2\rho''}{R} \tag{2-4}$$

式中 ρ''——ρ'' 取为 206 265″；

R——水准管圆弧半径（mm）。

分划值的实际意义，可以理解为当气泡移动 2 mm 时，水准管轴所倾斜的角度，如图 2-5 所示。式(2-4)说明分划值越小则水准管灵敏度越高，用它来整平仪器就越精确。DS3 型微倾式水准仪的水准分划值为 20″/（2 mm）。

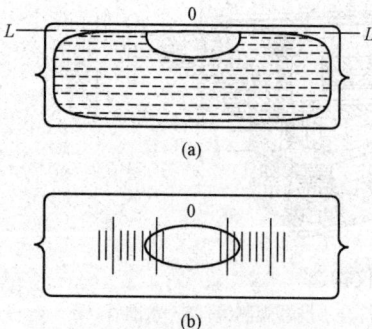

图 2-4 管水准器

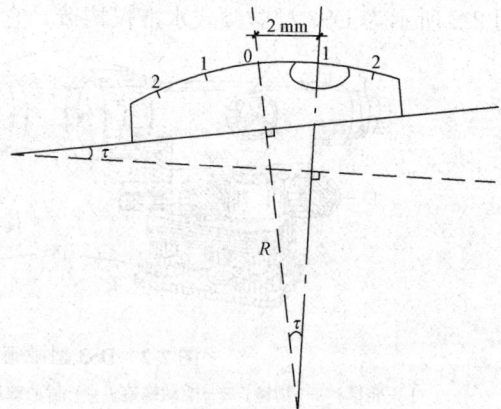

图 2-5 水准管分划值

为了提高目估水准管气泡居中的精度,在水准管上方都装有符合棱镜,如图 2-6(a)所示,通过棱镜的反射作用可使水准管气泡两端的半个气泡影像反射到望远镜旁的水准管气泡观察窗内。当两端的半个气泡影像错开时,如图 2-6(b)所示,表示气泡未居中,这时旋转微倾螺旋可使气泡居中,气泡居中后则两端的半个气泡影像将对齐,如图 2-6(c)所示。这种水准管上不需要刻分划线,具有棱镜装置的水准管又称为符合水准管,它能提高气泡居中的精度。

(2)圆水准器(水准盒)。圆水准器由玻璃制成,呈圆柱状,如图 2-7 所示,里面同样装有酒精和乙醚的混合液,其上部的内表面为一个半径为 R 的圆球面,中央刻有一个小圆圈,它的圆心 O 是圆水准器的零点,通过零点和球心的连线(O 点的法线)$L'L'$,称为圆水准器轴。当气泡居中时,圆水准器轴即处于铅垂位置。圆水准器的分划值一般为 $5'/(2\ mm)\sim 10'/(2\ mm)$,灵敏度较低,只能用于粗略整平仪器,使水准仪的纵轴大致处于铅垂位置,便于用微倾螺旋使水准管气泡精确居中。

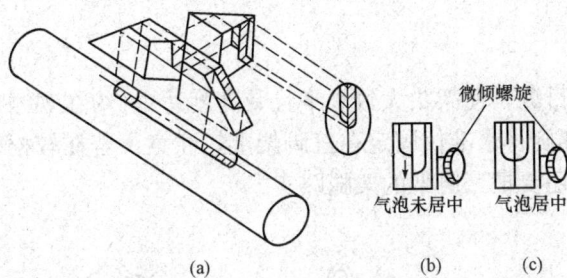

图 2-6　水准管的符合棱镜系统

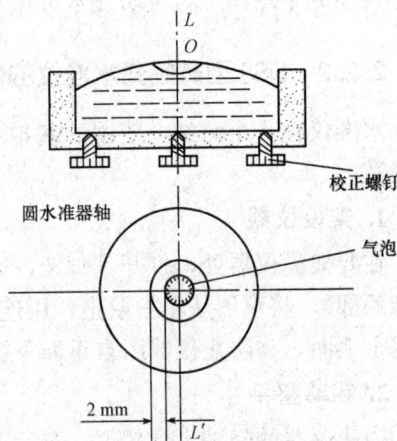

图 2-7　圆水准器

3. 基座

基座主要由轴座、脚螺旋、底板和三角压板构成。基座的作用是用来支撑仪器的上部,并通过架头连接螺旋将仪器与三脚架连接。基座有三个可以升降的脚螺旋,转动脚螺旋可以使圆水准器的气泡居中,将仪器粗略整平。

2.2.1.2　水准尺

水准尺是水准测量时使用的标尺,是水准测量的重要工具之一。水准尺用优质的木材或铝合金制成,常用的水准尺有直尺和塔尺等,如图 2-8 所示。

直尺的尺长一般为 3 m,尺面每隔 1 cm 涂以黑白或红白相间的分格,每分米处皆注有数字。尺子底面钉有铁片,以防磨损。涂黑白相间分格的一面称为黑面,另一面为红白相间,称为红面。在水准测量中,水准尺必须成对使用。每对直尺的黑面底部的起始数

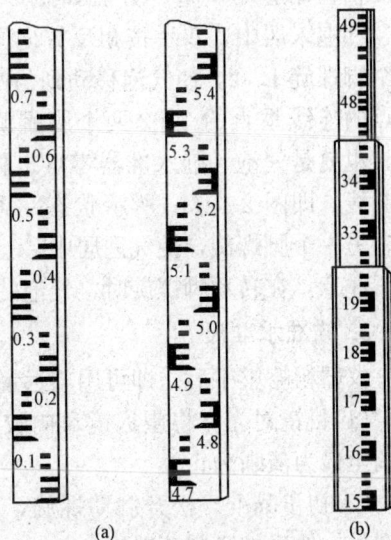

图 2-8　直尺和塔尺
(a)直尺;(b)塔尺

均为零，而红面底部的起始数分别为 4 687 mm 和 4 787 mm。为使水准尺更精确地处于竖直位置，多数水准尺的侧面装有圆水准器。精度要求较高的水准测量规定要用直尺，故其常用于三等、四等水准测量。

塔尺有 2 m 和 5 m 两种，由两节或三节套接而成。尺的底部为零点，尺上黑白（或红白）格相间，每格宽度为 1 cm 或 0.5 cm，每处注有数字，数字有正字和倒字两种，分米上的红色或黑色圆点表示米数。塔尺多用于地形测量和工程测量，可以缩短长度，便于携带，但接头处容易损坏，影响尺子的精度，故而常用于五等水准测量。

2.2.1.3 尺垫

尺垫一般由生铁铸成，下部有三个尖足点，可以踩入土中固定尺垫；中部有凸出的半球体，作为临时转点的点位标志供竖立水准尺用，如图 2-9 所示。在水准测量中，尺垫踩实后再将水准尺放在尺垫顶面的半球体上，可防止水准尺下沉。

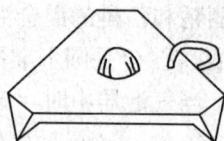

图 2-9　尺垫

2.2.2　DS3 型微倾式水准仪的使用

水准仪在一个测站上使用的基本程序为架设仪器、粗略整平、瞄准水准尺、精确整平和读数。

1. 架设仪器

在要架设仪器处，打开三脚架，通过目测，使架头大致水平且其高度适中（约在观测者的胸颈部），将仪器从箱中取出，用连接螺旋将水准仪固定在三脚架上。注意：若在较松软的泥土地面，为防止仪器因自重而下沉，还要把三脚架的架腿踩实。

2. 粗略整平

为使仪器的竖轴大致铅垂，转动基座上的三个脚螺旋，使圆水准器的气泡居中，即视准轴粗略整平。整平方法如图 2-10（a）所示，气泡未居中，双手按相反方向同时转动两个脚螺旋 1、2，使气泡移动到与圆水准器零点的连线垂直的 1、2 两个脚螺旋的连线处，也就是气泡、圆水准器零点、脚螺旋三点共线，即图 2-10（b）所示状态，再用左手转动另一个脚螺旋，使气泡居中。

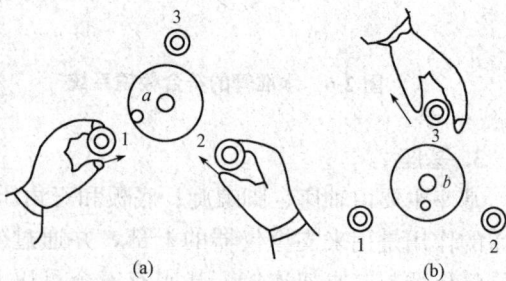

图 2-10　圆水准器气泡居中的方法

注意：在转动脚螺旋时，气泡的移动方向始终与左手大拇指的运动方向一致。

3. 瞄准水准尺

仪器粗略整平后，即可用望远镜瞄准水准尺。基本操作步骤如下：

（1）目镜对光。将望远镜对向较明亮处，转动目镜对光螺旋，使十字丝调至最为清晰为止。

（2）初步瞄准。松开制动螺旋，利用望远镜上部的照门和准星，对准水准尺，然后拧紧制动螺旋。

（3）物镜对光。转动望远镜物镜对光螺旋，使水准尺成像清晰。

（4）精确瞄准。转动微动螺旋，使十字丝竖丝贴近水准尺一侧，此时

微课：水准仪标高放样

可检查水准尺在左、右方向是否有倾斜，如有倾斜可指挥立尺人员纠正。

（5）消除视差。当瞄准目标时，眼睛在目镜处上下移动，若发现十字丝和物像有相对移动，即横丝处的水准尺读数有变动（这种现象称为视差），将影响读数的精确性，必须加以消除。消除视差的方法是再仔细反复调节目镜对光螺旋和物镜对光螺旋，直至物像与十字丝分划板平面重合为止，即眼睛在目镜处上下移动，十字丝和物像没有相对移动为止。

4. 精确整平和读数

转动微倾螺旋，使水准管气泡精确居中，如图 2-6(c)所示。

当水准管气泡居中并稳定后，说明视准轴已呈水平，此时，应迅速用十字丝中丝在水准尺上截取读数。由于水准仪的生产厂家或型号的不同，望远镜有的成正像，有的成倒像。在读数时无论成倒像还是成正像，都应按从小数往大数的方向读，即若望远镜成正像应从下往上读；反之，若望远镜成倒像则应从上往下读，准确读米、分米、厘米，估读毫米。如图 2-11 所示，读数为 0.858 m。读数后，还需要检查气泡是否移动了，若有偏离需用微倾螺旋调整气泡居中后再重新读数。否则，读数误差较大。

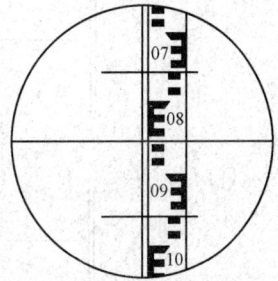

图 2-11 照准水准尺与读数

2.2.3 自动安平水准仪

自动安平水准仪的特点是没有水准管和微倾螺旋，只需根据圆水准器将仪器整平，此时，视准轴尽管还有微小的倾斜，但可借助一种利用重力的补偿装置，从而能够通过十字丝横丝读出相当于视准轴水平时的尺上读数。自动安平水准仪操作比较方便，能够提高观测速度，同时，对由于水准仪整置不当、地面有微小的振动或脚架的不规则下沉等原因的影响，也可以由补偿器迅速调整而得到正确的读数，从而提高了观测精度。图 2-12 所示为苏州第一光学仪器厂生产的 DSZ2 型自动安平水准仪。

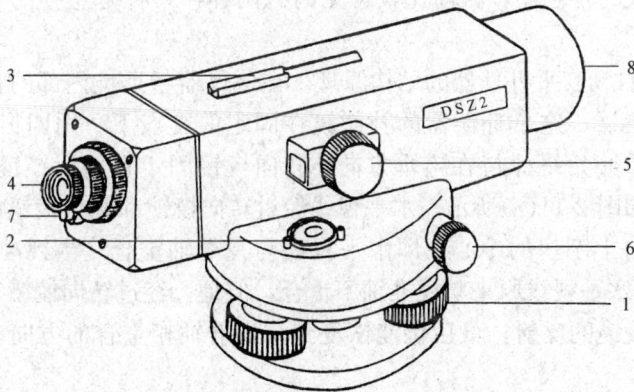

微课：自动安平水准仪

图 2-12 DSZ2 型自动安平水准仪

1—脚螺旋；2—圆水准器；3—瞄准器；4—目镜调焦螺旋；
5—物镜调焦螺旋；6—微动螺旋；7—补偿器检查按钮；8—物镜

2.2.3.1 自动安平水准仪的基本原理

在水准仪望远镜的光学系统中，设置一种利用地球重力作用的补偿器，以改变光路，使视准轴水平时在水准尺上的读数为 a。当视准轴倾斜了一个小角度 α 时，如图 2-13 所示，则此时按视准轴读为 a'，显然 a' 不是水平视线的读数。为了能使十字丝横丝的读数仍为视准轴水平时的读数 a，在望远镜的光路中加一补偿器，使通过物镜光心的水平视线经过补偿器的光学元件后偏转一个 β 角，使成像仍然位于十字丝中心。由于 α、β 都是很小的角度，如果下式成立，即能达到补偿的目的。

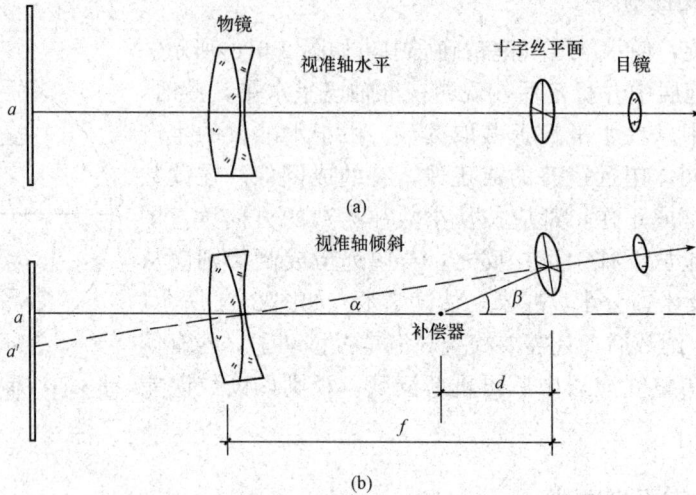

图 2-13　自动安平水准仪的基本原理

$$f \cdot \alpha = d \cdot \beta \tag{2-5}$$

式中　f——物镜到十字丝平面的距离；

　　　d——补偿器到十字丝平面的距离。

2.2.3.2　自动安平补偿器的结构

自动安平水准仪的补偿器，目前比较常见的有两种：一种是悬挂的十字丝板；另一种是悬挂的棱镜组。

图 2-14 所示为自动安平补偿器的结构原理。在该仪器望远镜内部的物镜和十字丝分划板之间装置一个补偿器，这个补偿器的补偿镜在固定的支点下，用四根吊丝自由悬挂着，借助重力作用，其重心始终保持在铅垂方向，转向棱镜固定在望远镜镜筒内，两者组合。当视准轴水平时，如图 2-14(a) 所示，水平视线经过转向棱镜和补偿棱镜的反射，最后不改变原来的方向，射向十字丝的中心，即水平视线与视准轴重合。当视准轴有微小倾斜时，如图 2-14(b) 所示，水平视线原来与视准轴不重合，但是，经过转向棱镜和受重力作用而改变原来位置的补偿棱镜的反射，最后仍能恢复到与视准轴相重合的方向，达到自动整平的目的。

补偿器必须灵敏地反映出望远镜倾斜的变化，又能使视准轴迅速地稳定，便于读数。补偿器通常由以下三部分组成。

1. 补偿元件

当望远镜视准轴倾斜后，为使水平视线的目标物像经折射后仍落在十字丝分划板中心的一组光学元件，称为补偿元件。也就是确定 α 和 β 关系的一组棱镜、透镜、光楔和平面镜等。

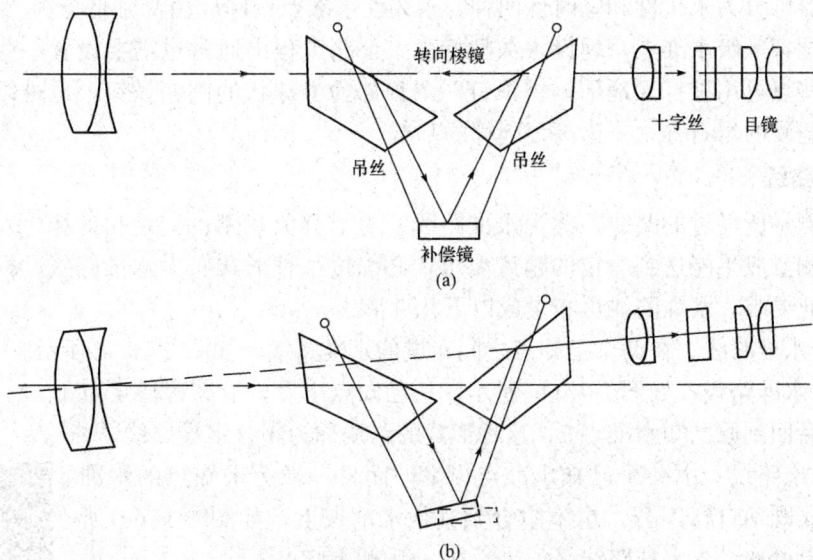

图 2-14　自动安平补偿器的结构原理
（a）视准轴水平；（b）视准轴倾斜

2. 灵敏元件

在望远镜倾斜时，能使补偿元件做相应倾斜或位移的元件，称为灵敏元件。常用的有吊丝、弹簧片、扭丝和滚珠轴承等。

3. 阻尼元件

补偿器通常是悬挂式，在微倾时产生摆动，为尽快使其稳定，采用制动系统进行快速制动，这种快速制动系统称为阻尼器。在一般的自动安平水准仪中，补偿器的稳定时间在 2 s 以内。

2.2.3.3　自动安平水准仪的使用

自动安平水准仪的使用与微倾式水准仪的操作方法基本相同，不同之处为自动安平水准仪不需要"精平"这一操作。自动安平水准仪仅有圆水准器，因此，安置自动安平水准仪后，只要转动脚螺旋，使圆水准器气泡居中，补偿器即能起自动安平的作用，然后进行照准、读数的操作。

自动安平水准仪的补偿范围是有限的，当视线倾斜较大时，补偿器将会失灵。因此，在使用前应对圆水准器进行检校。在使用、携带和运输的过程中，要严禁剧烈振动，以防止补偿器失灵。

2.3　普通水准测量

2.3.1　水准测量的方法

1. 水准点

用水准测量的方法测定的高程控制点称为水准点，简记 BM。水准点可作为引测高程的依据。水准点可分为永久性和临时性两种。永久性水准点按精度由高到低分为一、二、三、四等，称为国家等级水准点，埋设永久性标志。公路工程中通常也需要设置一些临时性的水准点，这些点可用桩打入地下，桩顶钉一个顶部为半球状的圆帽铁钉，也可以利用稳固的地物，如坚硬的岩石等，作为高程起算的基准。

2. 水准路线

由水准测量所经过的路线，称为水准路线。为了避免观测、记录和计算中发生人为误差，并保证测量成果能达到一定的精度要求，必须按某种形式布设水准路线。根据测区实际情况和作业要求，水准路线可布设成以下几种形式：

（1）附合水准路线。在两个已知点之间布设的水准路线，如图 2-15（a）所示。

（2）闭合水准路线。如图 2-15（b）所示，从已知点出发，沿高程待定点 1、2、…进行水准测量，最后回到原已知水准点 1，这种形式的路线称为闭合水准路线。

（3）支水准路线。由一个已知水准点出发，而另一端为未知点的水准路线。该路线既不自行闭合，也不附合到其他水准点上，如图 2-15（c）所示。为了成果检核，支水准路线必须进行往、返测量。

微课：闭合水准测量

微课：附合水准测量

微课：支水准路线

图 2-15　单一水准路线的三种布设形式
(a)附合水准路线；(b)闭合水准路线；(c)支水准路线

3. 施测方法

（1）一般规定。在水准观测前，应使仪器与外界气温趋于一致。观测时，应用白色测伞遮蔽阳光；迁站时，宜罩以白色仪器罩。在连续各测站上安置水准仪的三脚架时，应使其中两脚与水准路线的方向平行，而第三脚轮换置于路线方向的左侧与右侧；同一测站上观测时，不得两次调焦；观测中不得为了增加标尺读数而把尺桩（台）安置在沟边或壕坑中；每测段的往测和返测的测站数应为偶数。

（2）水准测量的观测程序。

1）在已知高程的水准点上立水准尺，作为后视尺。

2）在路线的前进方向上的适当位置竖立前视尺，此时水准仪距两水准尺间的距离基本相等，最大视距不大于 150 m。

3）对仪器进行整平，使圆水准器气泡居中。照准后视标尺，消除视差，用微倾螺旋调节水准管气泡并使其精确居中，用中丝读取后视读数，记入手簿。

4）照准前视标尺，使水准管气泡居中，用中丝读取前视读数，并记入手簿。

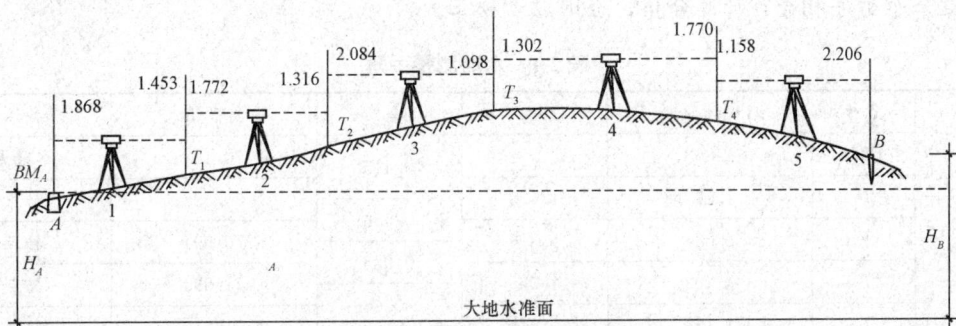

5）将仪器迁至第二站，同时，第一站的前视尺不动，变成第二站的后视尺，第一站的后视尺移至前面适当位置成为第二站的前视尺，按第一站相同的观测程序进行第二站测量。

6）如此连续观测、记录，直至终点。

（3）水准测量的施测方法。在实际测量中，由于起点与终点间距离较远或高差较大，一个测站不能全部通视，需要把两点间距分成若干段，然后连续多次安置仪器。

4. 高程计算

【例 2-2】 图 2-16 所示为水准路线测量示意，图中 A 为已知高程的点，$H_A = 70.123$ m，B 为待求高程的点，试求终点 B 的高程 H_B。

图 2-16　水准路线测量示意

解：（1）如图 2-16 所示，在已知高程的起始点 A 上竖立水准尺，在测量前进方向离起点不超过 100 m 处设立第一个转点 T_1，并竖立水准尺，在距离 A 点和 T_1 点这两点等距离处 1 安置水准仪，仪器经整平后，照准起始点 A 上的水准尺，读取 A 点的后视读数 a_1，然后再照准转点 T_1 上的水准尺，读取 T_1 的前视读数 b_1。

（2）将 a_1、b_1 读数记入表 2-1 水准测量手簿，并计算两点间的高差，即

$$高差\ h_1 = a_1 - b_1 = 1.868 - 1.453 = 0.415 (m)$$

（3）在转点 T_1 处水准尺不动，把尺面转向前进方向。在 T_1 处前方适当位置选择转点 T_2，将 A 点的水准尺放至 T_2 点，将水准仪安置在距 T_1、T_2 两转点等距离的 2 处，仪器经整平后，测得 T_1 的后视读数 a_2，然后照准 T_2 上的水准尺，读取 T_2 的前视读数 b_2，将 a_2、b_2 读数记入表 2-1 水准测量手簿，并计算两点间的高差，即

$$高差\ h_2 = a_2 - b_2 = 1.772 - 1.316 = 0.456 (m)$$

（4）按照上述步骤及方法，可观测出 T_3、T_4 的后视读数与前视读数，以及 B 点前视读数，将 a_3、b_3、a_4、b_4、a_5、b_5 读数记入表 2-1 水准测量手簿，并计算高差，即

$$高差\ h_3 = a_3 - b_3 = 2.084 - 1.098 = 0.986 (m)$$
$$高差\ h_4 = a_4 - b_4 = 1.302 - 1.770 = -0.468 (m)$$
$$高差\ h_5 = a_5 - b_5 = 1.158 - 2.206 = -1.048 (m)$$

（5）将所有高差 h_1、h_2、h_3、h_4、h_5 相加，即得总高差。

$$总高差 = 0.415 + 0.456 + 0.986 - 0.468 - 1.048 = 0.341 (m)$$

（6）按式（2-2）计算，求得各点的高程，填入表2-1水准测量手簿，即

$$H_{T_1}=70.123+0.415=70.538(\text{m})$$
$$H_{T_2}=70.538+0.456=70.994(\text{m})$$
$$H_{T_3}=70.994+0.986=71.980(\text{m})$$
$$H_{T_4}=71.980-0.468=71.512(\text{m})$$
$$H_{T_5}=71.512-1.048=70.464(\text{m})$$

（7）进行计算校核，即后视读数总与前视读数总和之差、高差总和、待定点 B 点高程与 A 点高差之差三个数字相等，即

$$（\text{后视读数总和}8.184）-（\text{前视读数总和}7.843）=0.341$$
$$\text{高差总和}=0.415+0.456+0.986-0.468-1.048=0.341$$
$$\text{待定点}B\text{高程与}A\text{点高差之差}=70.464-70.123=0.341$$

这三个数字相等，计算合格，否则应予校正。

表 2-1　水准测量手簿

测站	点号	后视读数/m	前视读数/m	高差/m	高程/m	备注
1	BM_A	1.868		0.415	70.123	水准点
2	T_1	1.772	1.453	0.456	70.538	转点
3	T_2	2.084	1.316	0.986	70.994	转点
4	T_3	1.302	1.098	−0.468	71.980	转点
5	T_4	1.158	1.770	−1.048	71.512	转点
	B		2.206		70.464	待定点
计算校核		$\sum=8.184$ $8.184-7.843=0.341$	$\sum=7.843$	$\sum=0.341$	$70.464-70.123$ $=0.341$	

2.3.2　水准路线测量结果计算

在水准测量过程中，为保证测量结果的精度，及时发现并清除错误或减少误差，应对水准测量结果进行校核。水准测量结果计算主要内容包括高差闭合差的计算、高差闭合差允许值的计算、高差闭合差的调整、高程的计算。

1. 高差闭合差计算

高差闭合差是指一条水准路线的实际观测高差与已知理论高差的差值，通常用 f_h 表示，即

$$f_h=\text{观测值}-\text{理论值}$$

（1）闭合水准路线。在闭合水准路线上也可对测量成果进行校核。对于闭合水准路线，因为它起始于同一个点，所以，理论上全线各站高差之和应等于零，即

$$\sum h=0 \tag{2-6}$$

若高差之和不等于零，则闭合水准路线的高差、闭合差观测值为路线高差代数和，即

$$f_h=\sum h_{\text{测}} \tag{2-7}$$

（2）附合水准路线。对于附合水准路线，理论上在两已知高程水准点间所测得各站高差

之和应等于起点两水准点间的高程之差,即

$$\sum h = \sum_{\text{终}} - \sum_{\text{始}} \tag{2-8}$$

若它们不能相等,其差值便称为高差闭合差,用 f_h 表示,即

$$f_h = \sum h - (H_{\text{终}} - H_{\text{始}}) \tag{2-9}$$

高差闭合差的大小在一定程度上反映了测量成果的质量。

(3)支水准路线。支水准路线必须在起点、终点间用往返测进行校核。理论上往返测所得高差的绝对值应相等,但符号相反,或者是往返测高差的代数和应等于零,即

$$\sum h_{\text{往}} = - \sum h_{\text{返}} \tag{2-10}$$

或

$$\sum h_{\text{往}} + \sum h_{\text{返}} = 0$$

如果往返测高差的代数和不等于零,其值即支水准路线的高差闭合差,即

$$f_h = \sum h_{\text{往}} + \sum h_{\text{返}} \tag{2-11}$$

2. 高差闭合差容许值计算

闭合差的大小反映了测量成果的精度。在各种不同性质的水准测量中,都规定了高差闭合差的限值即容许高差闭合差,用 $f_{h\text{容}}$ 表示。在普通水准测量时,平地和山地的高差闭合差容许值分别为

$$\text{平地 } f_{h\text{容}} = \pm 40\sqrt{L} \text{ mm}$$

$$\text{山地 } f_{h\text{容}} = \pm 12\sqrt{n} \text{ mm} \tag{2-12}$$

式中,L 为附合水准路线或闭合水准路线的总长,对支水准路线,L 为测段的长,均以千米为单位,n 为整个路线的总测站数。

当水准路线的长度每 1 000 m 的测站数超过 16 站,该地形为山地;测站数小于或等于 16 站,该地形为平坦场地。

当实际测量高差闭合差小于容许闭合差时,表示观测精度满足要求,否则应对外业资料进行检查甚至返工重测。

3. 高差闭合差调整

当实际的高差闭合差在容许值以内时,可把闭合差分配到各测段的高差上。其分配的原则是把闭合差以相反的符号,根据各测段路线的长度(或测站数)按正比例分配到各测段的高差上。故计算各段高差的改正数,进行相应的改正,即

$$v_i = \frac{l_i}{L} \times f_h$$

或

$$v_i = \frac{n_i}{n} \times f_h \tag{2-13}$$

式中　v_i ——各测段高差的改正数;

　　　l_i、n_i ——各测段路线之长和测站数;

　　　L、n ——水准路线总长和测站总数。

将各观测高差与对应的改正数相加,可得各段改正后高差,即

$$h_i = h_{i\text{测}} + v_i \tag{2-14}$$

式中,$h_{i\text{测}}$ 为各段高差观测值。

2.4 微倾式水准仪的检验与校正

2.4.1 水准仪的主要轴线及其应满足的条件

根据水准测量原理，微倾式水准仪有四条主轴线，即望远镜的视准轴 CC、水准管轴 LL、圆水准器轴(水准盒轴)$L'L'$ 和仪器的竖轴 VV，如图 2-17 所示。水准仪必须提供一条水平视线，才能正确地测出两点之间的高差。为此，水准仪应满足以下条件：

(1)圆水准器轴 $L'L'$ 应平行于仪器的竖轴 VV。

(2)十字丝的中丝(横丝)应垂直于仪器的竖轴。

(3)水准管轴 LL 应平行于视准轴 CC。

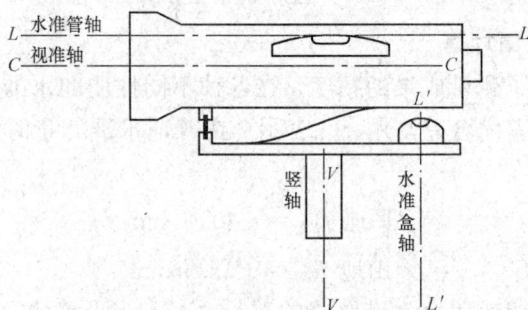

图 2-17 微倾式水准仪的四条主轴线

上述条件在仪器出厂时一般能够满足，但由于仪器在运输、使用中会受到振动、磨损，轴线之间的几何条件可能会发生变化，因此，在水准测量前，应对所使用的仪器按上述顺序进行检验与校正。

2.4.2 圆水准器的检验与校正

(1)检验目的。检验是为了使圆水准器轴平行于仪器竖轴。

(2)检验原理。假设仪器竖轴与圆水准器轴不平行，那么，当气泡居中时，圆水准器轴竖直，仪器竖轴则偏离竖直位置 α 角，如图 2-18(a)所示。当仪器绕竖轴旋转 180°时，如图 2-18(b)所示，此时圆水准器轴从竖轴右侧移至左侧，与铅垂线夹角为 2α。圆水准器气泡偏离中心位置，气泡偏离的弧长所对的圆心角等于 2α。

(3)检验方法。旋转脚螺旋，使圆水准器气泡居中。将望远镜在水平方向绕竖轴旋转 180°，若气泡仍居中，则表示圆水准器轴已平行于竖轴，若气泡偏离中央，则需进行校正。

(4)校正方法。保持望远镜位置不动，转动脚螺旋使气泡回到偏离零点距离的一半，如图 2-18(c)所示。此时竖轴处于竖直位置，圆水准器仍偏离铅垂线方向一个 α 角。如图 2-19 所示，用校正针松开圆水准器底下的固定螺钉，拨动三个校正螺钉，使气泡居中，此时圆水准器也处于铅垂线方向，如图 2-18(d)所示。此项校正需反复进行，直到仪器旋转至任何位置时圆水准器气泡都居中为止，然后将固定螺钉拧紧。

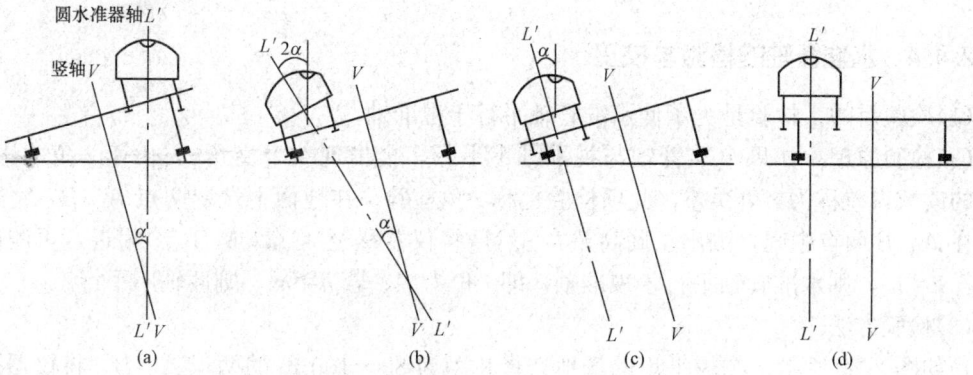

图 2-18 圆水准器轴平行于竖轴的检验与校正

需要注意的是，校正时，要掌握先松后紧的原则，即当需要旋紧某个校正螺钉时，必须先旋松另外几个校正螺钉。校正完毕时，必须使各个校正螺钉都处于旋紧状态(图 2-19)。

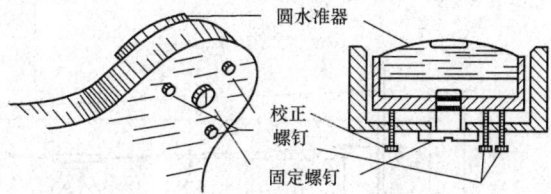

图 2-19 圆水准器的校正螺钉

2.4.3 十字丝中丝的检验与校正

(1)检验目的。检验是为了使十字丝中丝垂直于仪器竖轴。

(2)检验原理。如果竖轴处于竖直位置时，十字丝中丝是不水平的，此时中丝的不同部位在水准尺上的读数也不相同。

(3)检验方法。仪器整平后，先用中丝的一端照准 20 m 左右的一固定目标，或在水准尺上读一读数，如图 2-20(a)所示。用微动螺旋转动望远镜，用中丝的另一端观测同一目标或读数。如果目标不离开中丝或水准尺读数不变，如图 2-20(b)所示，说明中丝垂直于竖轴，不需要校正。如果目标偏离了中丝或水准尺读数有变化，如图 2-20(c)、(d)所示，则说明中丝与竖轴不垂直，需校正。

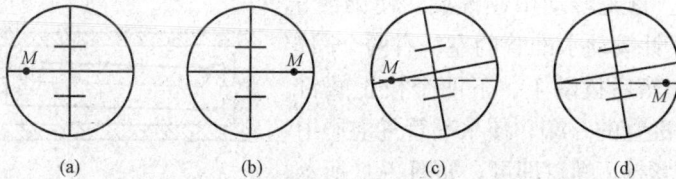

图 2-20 十字丝中丝垂直于竖轴的检验

(4)校正方法。打开十字丝分划板的护罩[图 2-21(a)]，可见到十字丝的校正螺钉[图 2-21(b)]，用螺钉旋具松开这些校正螺钉，用手转动十字丝分划板座，反复试验，使中丝的两端都能与目标重合或使中丝两端所得水准尺读数相同，则校正完成。最后旋紧所有校正螺钉。

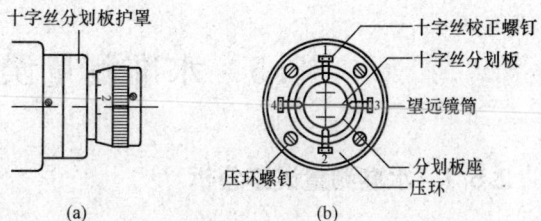

图 2-21 十字丝中丝的校正

2.4.4 水准管轴的检验与校正

(1)检验目的。检验是为了使水准管轴平行于视准轴。

(2)检验原理。如果水准管轴与视准轴不平行，会出现一个交角 i，由于 i 角的影响，产生的读数误差称为 i 角误差，此项检验也称 i 角检验。在地面上选定两点 A、B，将仪器安置在 A、B 两点中间，测出正确高差 h，然后将仪器移至 A 点(或 B 点)附近，再测高差 h'，若 $h=h'$，则水准管轴平行于视准轴，即 i 角为零；若 $h \neq h'$，则两轴不平行。

(3)检验方法。

1)如图 2-22 所示，在较平坦的场地选择相距为 $80\sim100$ m 的两点 A、B，将仪器严格置于 A、B 两点中间，采用两次仪器高差法，取平均值得出 A、B 两点的正确高差 h_{AB}。需注意两次高差之差应不大于 3 mm。

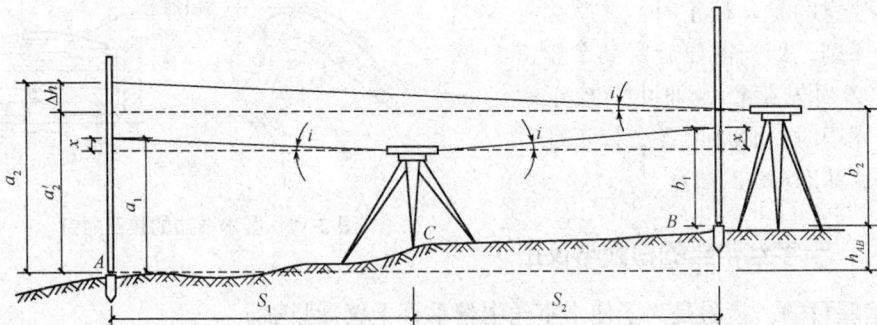

图 2-22 水准管轴平行于视准轴的检验

2)将仪器搬至 B 点附近约 3 m 处重新安置，读取 B 尺读数 b_2，计算 $a_2'=b_2+h_{AB}$，如 A 尺读数 a_2 与 a_2' 不符，则表明存在误差，误差大小为

$$i = \frac{(a_2 - a_2') \times \rho''}{D_{AB}}$$

DS3 型水准仪 $i>20''$ 时，必须校正。

(4)校正方法。首先转动微倾螺旋，使读数 a_2 与 a_2' 相符。用校正针拨动水准管的左、右两个固定螺钉，使之松开，然后拨动上、下两个校正螺钉，一松一紧，升降水准管的一端，使水准管气泡居中，符合要求后，再拧紧校正螺钉即可，如图 2-23 所示。此项校正工作应反复进行，直至达到要求为止。

图 2-23 水准管轴的校正

2.5 水准测量误差与注意事项

2.5.1 水准测量误差分析

在各种高程测量的方法中，水准测量方法精度高，但也会产生误差。水准测量的误差主要有仪器误差、观测误差及外界条件影响误差。为了提高水准测量的精度，必须分析和研究误差的来源及其影响规律，根据误差产生的原因，采取相应措施，尽量减弱或消除其影响。

1. 仪器误差

(1)水准仪的误差。水准仪经过检验校正后，还会存在残余误差，如微小的 i 角误差。当水准管气泡居中时，由于 i 角误差使视准轴不处于精确水平的位置，会造成水准尺上的读数误差。在一个测站的水准测量中，如果使前视距与后视距相等，则 i 角误差对高差测量的影响可以消除。对于四等水准测量，一站的前后视距差不大于 5 m，前后视距累积差不大于 10 m。

(2)水准尺的误差。由于水准尺分划不准确、尺长变化、尺弯曲等原因而引起的水准尺分划误差会影响水准测量的精度，因此，须检验水准尺每米间隔平均真长与名义长之差。对于水准尺的零点差，可在一水准测段的观测中安排偶数个测站予以消除。

2. 观测误差

(1)水准管气泡居中误差。水准测量时由于气泡居中存在误差，视线会偏离水平位置，从而导致读数误差。气泡居中误差对读数所引起的误差与视线长度有关，距离越远误差越大。因此，水准测量时，每次读数都要注意使气泡严格居中，而且距离不能太远。

(2)读数误差。当存在视差时，十字丝平面与水准尺影像不重合，若眼睛观察的位置不同，便读出不同的读数，因而也会产生读数误差。只要将目镜和物镜再次对光，使其成像目标清晰，视差就可以消除。

(3)水准尺倾斜误差。如果水准尺前后倾斜，在水准仪望远镜的视场中不会察觉，但由此引起的水准尺读数总是偏大，且视线高度越大，误差就越大。所以，读数时，水准尺必须竖直。

3. 外界条件影响误差

(1)仪器和尺垫下沉的影响。仪器或水准尺安置在软土或植被上时，容易产生下沉。采用"后—前—前—后"的观测顺序可以减小仪器下沉的影响，采用往返观测并取观测高差的中数可以减小尺垫下沉的影响。

(2)地球曲率和大气折光的影响。由于地球曲率和大气折光的影响，测站上水准仪的水平视线，相对于与之对应的水准面，会在水准尺上产生读数误差，视线越长，误差越大。若前、后视距相等，则地球曲率与大气折光对高差的影响将得到消除或减弱。

(3)温度和风力的影响。由于温度和日晒的影响，读水准尺接近地面部分的读数时，会产生跳动，从而影响读数。四等水准测量视线距离地面最低高度应达到三丝能同时读数的要求。另外，水准管在烈日的直接照射下，气泡会向温度高的方向移动，从而影响气泡居中，所以，要求给仪器撑伞遮阳，避免阳光直接照射仪器，特别是气泡。

当风力超过四级时，将影响仪器的精平，应停止观测。

2.5.2　水准测量注意事项

(1)在水准测量过程中，应尽量用目估或步测保持前、后视距基本相等来消除或减弱水准管轴不平行于视准轴所产生的误差，同时选择适当观测时间，限制视线长度和高度来减少折光的影响。

(2)仪器脚架要踩牢，观测速度要快，以减小仪器下沉现象引起的误差。

（3）估数要准确，读数时要仔细对光，消除视差，必须使水准管气泡居中，读完以后，还应再检查气泡是否居中。

（4）检查塔尺相接处是否严密，消除尺底泥土。扶尺者要站正身体，双手扶尺，保证扶尺竖直。

（5）记录要原始，当场填写清楚，在记错或算错时，应在错字上画一斜线，将正确数字写在错数上方。

（6）读数时，记录员要复读，以便核对，并应按记录格式填写，字迹要整齐、清楚、端正。所有计算成果必须经校核后才能使用。

（7）测量者要严格执行操作规程，工作要细心，加强校核，避免错误。观测时如果阳光较强，要给仪器撑伞遮阳。

项目小结

本项目主要讲述了水准测量的原理、水准仪的认识与使用、普通水准测量、微倾式水准仪的检验与校正、水准测量误差与注意事项等内容。

1. 水准测量的原理是利用水准仪提供的水平视线，对地面上两点的水准尺分别读数，求取两点之间的高差，最后由其中已知点的高程求出未知点的高程。

2. 水准测量中使用的主要仪器有水准仪、水准尺和尺垫。要在认识水准仪基本构造的基础上，重点掌握 DS3 型微倾式水准仪的粗平、瞄准、精平和读数方法。在了解水准仪应满足的几何条件的基础上，掌握圆水准器、十字丝分划板、水准管轴的检验与校正方法。

3. 普通水准测量应掌握水准点与水准路线的布设形式，按照规定的步骤进行施测，并进行内业计算。

4. 在了解水准测量误差的主要来源的基础上，掌握消除或减小误差的基本措施，提高测量精度。

课后习题

一、填空题

1. 水准仪主要由_____、_____及_____三部分组成。

2. 水准仪的使用主要包括_____、_____、_____、_____和_____基本操作步骤。

3. 水准仪的圆水准器轴应_____于竖轴。

4. 水准路线有_____、_____和_____三种形式。

5. 水准测量的误差主要有_____、_____及_____三个方面。

二、选择题

1. 在水准测量中，若后视点 A 的读数大，前视点 B 的读数小，则有（　　）。

A. A 点比 B 点低　　　　　　　　　　B. A 点比 B 点高

C. A 点与 B 点可能同高　　　　　　　D. A、B 点的高低取决于仪器高度

2. 已知 A 点高程 $H_A = 62.118$ m，水准仪观测 A 点标尺的读数 $a = 1.345$ m，则仪器视线高程为(   )m。

   A. 60.773   B. 63.463   C. 62.118   D. 64.213

3. 转动目镜对光螺旋的目的是(   )。

   A. 看清远处目标   B. 看清近处目标   C. 看清十字丝   D. 消除视差

4. 当圆水准器气泡居中时，圆水准器轴处于(   )位置。

   A. 竖直   B. 水平   C. 倾斜   D. 任意

5. 下列不属于观测误差的是(   )。

   A. 水准管气泡居中误差   B. 水准尺的误差

   C. 读数误差   D. 水准尺倾斜误差

三、计算题

1. 设 A 为后视点，B 为前视点，A 点高程为 56.787 m，后视读数为 1.325 m，前视读数为 1.863 m，问高差是多少？B 点比 A 点高还是低？B 点高程是多少？试绘图说明。

2. 把如图 2-24 所示的附合水准路线的高程闭合差进行分配，并求出各水准点的高程。容许高程闭合差按 $f_{h容} = \pm 40\sqrt{L}$ mm 计。

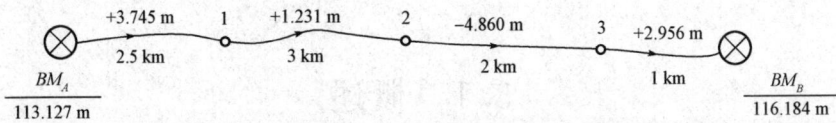

图 2-24　计算题 2 图

微课：水准测量
部分习题解析(一)

微课：水准测量
部分习题解析(二)

项目 3　角度测量

通过本项目的学习，了解经纬仪的构造和各部分的作用；理解水平角、竖直角测量的原理；掌握光学经纬仪的使用方法、光学经纬仪的检验步骤与校正方法、水平角和竖直角的观测方法。

能够熟练操作光学经纬仪，具有经纬仪的检验及简单校正的能力；能够运用测回法进行水平角和垂直角观测；能够进行角度数据的计算与处理。

3.1　概述

3.1.1　角度测量的概念

角度测量是最基本的测量工作之一，它可分为水平角测量和竖直角测量。水平角测量用于确定地面点的平面位置；竖直角测量用于确定地面两点间的高差或将倾斜距离换算成水平距离。

微课：水平角和
竖直角的概念

3.1.2　角度测量原理

1. 水平角测量原理

水平角是指地面上从一点出发的两条直线在水平面上的投影所形成的夹角，通常以 β 表示。如图 3-1 所示，A、O、B 为地面上的三点，O 为测站点，A、B 为两个目标点，OA、OB 两条方向线在水平面上的投影 O_1A_1、O_1B_1 的夹角 β 就是 OA、OB 两直线所组成的水平角。换言之，水平角 β 就是过 OA、OB 方向的两个竖直平面所夹的二面角。水平角的取值范围是 $0°\sim360°$。

为了测定水平角，需安置一个带有刻度的水平圆盘。圆盘上有 $0°\sim360°$ 的刻线，圆盘的中心位于角顶点 O 的铅垂线上，并在圆盘的中心位置上安置一个既能水平转动，又能在竖直面内做仰俯运动的照准设备，使之能在通过 OA、OB 的竖直平面内照准目标，并在水平度盘上读得照

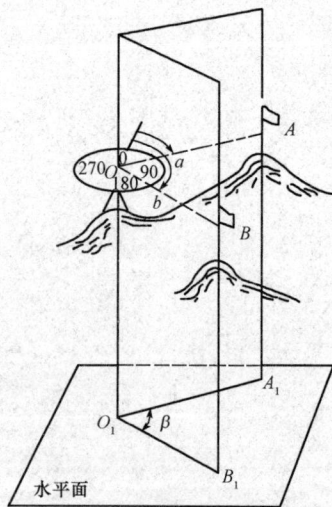

图 3-1　水平角测量原理

准目标时的相应读数 a、b，则两读数之差即水平角 β。

$$\beta=b-a\text{（当 }b>a\text{ 时）}$$

或

$$\beta=b-a+360°\text{（当 }b<a\text{ 时）}$$

2. 竖直角测量原理

竖直角是指在同一竖直平面内倾斜视线与水平线之间的夹角，通常以 α 表示。当倾斜视线在水平线的上方时，称为仰角，其值为正，如图 3-2 中的 α_A；当倾斜视线在水平线的下方时，称为俯角，其值为负，如图 3-2 中的 α_B。

为了测定竖直角，需在 O 点设置一个带有刻度的竖直圆盘（称为竖直度盘），视线方向与水平方向在竖直度盘上的读数之差，即所求的竖直角。

由以上原理可知，测量水平角和竖直角的仪器，必须具备以下几个条件：

图 3-2　竖直角测量原理

(1)有一个能置于水平位置的刻度圆盘，且圆盘的中心能安置在角顶点的铅垂线上；

(2)有一个能看清楚远处不同高度目标，并且能在水平和竖立面内旋转的望远镜；

(3)为了测量竖直角，还应有一个与望远镜固连的竖直度盘，此外，还要具有控制仪器旋转的制动和微动螺旋；

(4)有一个能指示读数的指标。

经纬仪就是具备这些条件，用于测量水平角和竖直角的仪器。

经纬仪的种类很多，按读数系统的不同，可分为游标经纬仪、光学经纬仪和电子经纬仪等。游标经纬仪现已淘汰；光学经纬仪利用几何光学的放大、反射、折射等原理进行度盘读数，目前在公路工程测量中仍有应用；电子经纬仪则是利用物理光学、电子学和光电转换等原理，显示屏显示度盘读数，是近代电子技术高度发展的产物，目前应用较广泛。

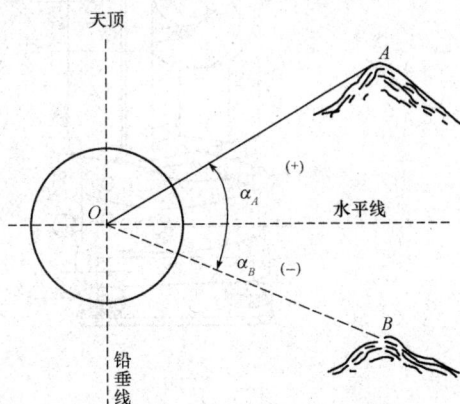

3.2　经纬仪的认识与使用

3.2.1　光学经纬仪的构造

经纬仪是测量角度的仪器，有光学经纬仪和电子经纬仪两大类。按测角精度的不同，我国将经纬仪分为 DJ07、DJ1、DJ2、DJ6 等不同级别。其中，"D""J"分别是"大地测量""经纬仪"两个汉语拼音的第一个字母；数字"07""1""2""6"表示该级别仪器所能达到的测量精度指标（数字表示此精度级别的经纬仪一测回方向观测中误差的秒值），数字越大，级别越低。目前，公路工程测量中使用较多的光学经纬仪是 DJ6 级经纬仪和 DJ2 级经纬仪。

1. DJ6 级光学经纬仪的构造

DJ6 级光学经纬仪主要由照准部、水平度盘和基座三大部分组成。其基本构造如图 3-3 所示。

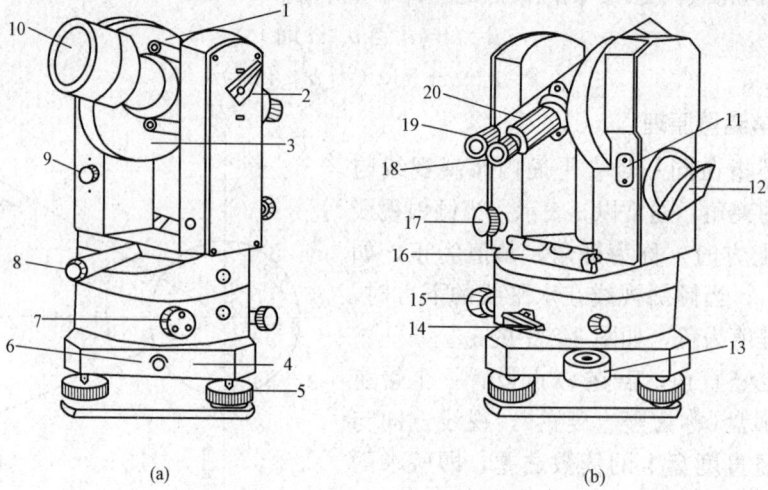

图 3-3　DJ6 级光学经纬仪

1—粗瞄器；2—望远镜制动螺旋；3—竖盘；4—基座；5—脚螺旋；6—固定螺旋；
7—度盘变换手轮；8—光学对中器；9—自动归零旋钮；10—望远镜物镜；
11—指标差调位盖板；12—反光镜；13—圆水准器；14—水平制动螺旋；
15—水平微动螺旋；16—照准部水准管；17—望远镜微动螺旋；
18—望远镜目镜；19—读数显微镜；20—对光螺旋

（1）照准部。照准部是指位于水平度盘之上，能绕其旋转轴旋转的部分的总称。照准部由望远镜、竖盘装置、读数显微镜、水准管、光学对中器、照准部制动螺旋和微动螺旋、望远镜制动螺旋和微动螺旋等部分组成。照准部旋转所绕的几何中心线称为经纬仪的竖轴，通常也将其旋转轴称为竖轴。照准部制动螺旋和微动螺旋用于控制照准部的转动。

经纬仪的望远镜构造与水准仪望远镜相同，它与横轴连接在一起，当望远镜绕横轴旋转时，视线可扫出一个竖直面。望远镜制动螺旋用来控制望远镜在竖直方向上的转动，望远镜微动螺旋是当望远镜制动螺旋拧紧后，用此螺旋使望远镜在竖直方向上做微小转动，以便精确对准目标。照准部制动螺旋控制照准部在水平方向的转动。当照准部制动螺旋拧紧后，可利用照准部微动螺旋使照准部在水平方向上做微小转动，以便精确对准目标。

照准部上装有水准管，其作用是精确整平仪器，使仪器的竖轴处于铅垂位置，并根据仪器内部应具备的几何关系使水平度盘和横轴处于水平位置。照准部上还设有光学对中器，用于光学对中。

照准部上反光镜的作用是将外部光线反射进入仪器，通过一系列透镜和棱镜，将度盘和分微尺的影像反映到读数显微镜内，以便读出水平度盘或竖直度盘的读数。

（2）水平度盘。水平度盘是由光学玻璃制成的带有刻划和注记的圆盘，安装在仪器竖轴上，在度盘的边缘按顺时针方向均匀刻划成 360 份，每一份就是 1°，并注记度数。在测角过程中，水平度盘和照准部分离，不随照准部一起转动。当望远镜照准不同方向的目标时，移动的读数指标线便可在固定不动的度盘上读出不同的度盘读数，即方向值。如需要变换度盘位置，可利用仪器上的度盘变换手轮，把度盘变换到需要的读数上。

（3）基座。基座上有三个脚螺旋、一个圆水准器气泡，用来粗平仪器。水平度盘旋转轴套在竖轴套外围，拧紧轴套固定螺钉，可将仪器固定在基座上；旋松该螺旋，可将经纬仪水平度盘连同照准部从基座中拔出，但平时应将该螺钉拧紧。

2. DJ2 级光学经纬仪的构造

DJ2 级光学经纬仪的构造与 DJ6 级光学经纬仪基本相同。其各组成部分如图 3-4 所示。

图 3-4　DJ2 级光学经纬仪

1—竖盘反光镜；2—竖盘指标水准管观察镜；3—竖盘指标水准管微动螺旋；

4—光学对中器目镜；5—水平度盘反光镜；6—望远镜制动螺旋；7—光学瞄准器；

8—测微轮；9—望远镜微动螺旋；10—换像手轮；11—水平微动螺旋；

12—水平度盘变换手轮；13—中心锁紧螺旋；14—水平制动螺旋；

15—照准部水准管；16—读数显微镜；17—望远镜反光扳手轮；18—脚螺旋

3.2.2　光学经纬仪的使用

这里主要介绍 J6 级光学经纬仪的使用方法。

1. 对中

对中的目的是使仪器的中心(竖轴)与测站点位于同一铅垂线上。

(1)对中时，应先把三脚架张开，架设在测站点上，要求高度适宜，架头大致水平。然后挂上垂球，平移三脚架使垂球尖大致对准测站点。

(2)将三脚架踏实，装上仪器，同时应把连接螺旋稍微松开，在架头上移动仪器精确对中，误差小于 2 mm，旋紧连接螺旋即可。

2. 整平

整平的目的是使仪器的竖轴竖直，水平度盘处于水平位置。

(1)整平时，松开水平制动螺旋，转动照准部，让水准管大致平行于任意两个脚螺旋的连接，如图 3-5(a)所示，两手同时向内或向外旋转这两个脚螺旋使气泡居中。气泡的移动方向与左手大拇指(或右手食指)移动的方向一致。

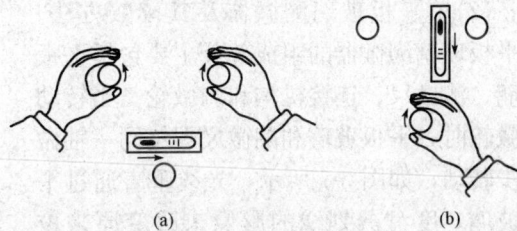

(a)　　　　　　　　　(b)

图 3-5　整平

(2)将照准部旋转90°，水准管处于原位置的垂直位置，如图3-5(b)所示，用另一个脚螺旋使气泡居中。照此反复操作，直至照准部转到任何位置，气泡都居中为止。

3. 光学对中器对中和整平

使用光学对中器对中，应与整平仪器结合进行。其操作步骤如下：

(1)将仪器置于测站点上，三个脚螺旋调至中间位置，架头大致水平，让仪器大致位于测站点的铅垂线上，将三脚架踩实。

(2)旋转光学对中器的目镜，看清分划板上圆圈，拉或推动目镜使测站点影像清晰。

(3)旋转脚螺旋让光学对中器对准测站点。

(4)利用三脚架的伸缩螺旋调整脚架的长度，使圆水准气泡居中。

(5)用脚螺旋整平照准部水准管。

(6)用光学对中器观察测站点是否偏离分划板圆圈中心。如果偏离中心，稍微松开三脚架连接螺旋，在架头上移动仪器，圆圈中心对准测站点后旋紧连接螺旋。

(7)重新整平仪器，直至光学对中器对准测站点为止。

4. 读数

(1)分微尺测微器及其读数方法。J6级光学经纬仪采用分微尺测微器进行读数。这类仪器的度盘分划值为1°，按顺时针方向注记每度的度数。在读数显微镜的读数窗上装有一块带分划的分微尺，度盘上的分划线间隔经显微物镜放大后成像于分微尺上。图3-6所示为读数显微镜内所看到的度盘和分微尺的影像，上面注有"H"(或水平)为水平度盘读数窗，注有"V"(或竖直)为竖直度盘读数窗，分微尺的长度等于放大后度盘分划线间隔1°的长度，分微尺分为60个小格，每小格为1′。分微尺每10小格注有数字，表示0′、10′、20′、…、60′，注意增加方向与度盘相反。读数装置直接读到1′，估读到0.1′(6″)。

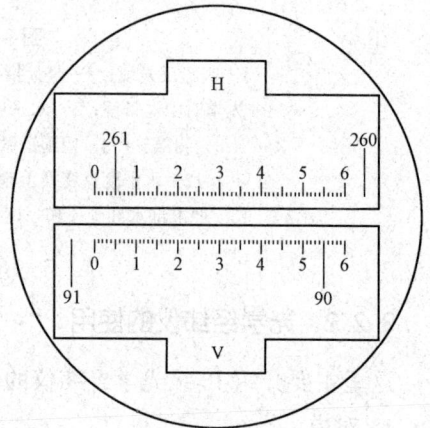

图3-6　分微尺读数窗

读数时，分微尺上的0分划线为指标线，它所在度盘上的位置就是度盘读数的位置。如在水平度盘的读数窗中，分微尺的0分划线已超过261°，水平度盘的读数应该是261°多。所多的数值，再由分微尺的0分划线至度盘上261°分划线之间有多少小格来确定。图中为4.4格，故为04′24″。水平度盘的读数应是261°04′24″。

(2)单平板玻璃测微器及其读数方法。单平板玻璃测微器的组成部分主要包括平板玻璃、测微尺、连接机构和测微轮。当转动测微轮时，平板玻璃和测微尺即绕同一轴做同步转动，如图3-7所示，光线垂直通过平板玻璃，度盘分划线的影像未改变原来位置，与未设置平板玻璃相同，此时测微尺上读数为零，如按设在读数窗上的双指标线读

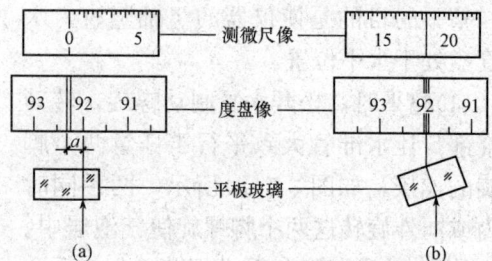

图3-7　单平板玻璃测微器原理

数应为 $92°+a$。

转动测微轮，平板玻璃随之转动，度盘分划线的影像也就平行移动，当 92° 分划线的影像夹在双指标线的中间时，度盘分划线的影像正好平行移动一个 a，而 a 的大小则可由与平板玻璃同步转动的测微尺上读出，其值为 $18'20''$。所以整个读数为 $92°+18'20''=92°18'20''$。

3.3 水平角观测

水平角测量方法一般可根据观测目标的多少和工作要求的精度而定。常用的水平角测量方法有测回法和方向观测法。

3.3.1 测回法

测回法用于观测两个方向之间的夹角。如图 3-8 所示，需观测 OA、OB 两个方向之间的水平角，先将经纬仪安置在测站 O 上，并在 A、B 两点上分别设置照准标志(竖立标杆或测钎)。其观测方法和步骤如下。

图 3-8 测回法观测示意

1. 安置仪器

在测站点 O 上安置经纬仪(对中、整平)。

2. 盘左观测

盘左是指竖直度盘处于望远镜左侧时的位置，也称为正镜，在这种状态下进行的观测称为盘左观测，也称上半测回观测。

松开照准部制动螺旋，瞄准左边的目标 A，对望远镜应进行调焦并消除视差，使测钎或标杆准确地夹在双竖丝中间，为了减少标杆或测钎竖立不直的影响，应尽量瞄准测钎或标杆的根部。读取水平度盘读数 $a_左$，并记录。顺时针方向转动照准部，用同样的方法瞄准目标 B，读取水平度盘读数 $b_左$。则上半测回角值为 $\beta_左 = b_左 - a_左$。

微课：经纬仪测水平角

3. 盘右观测

盘右是指竖直度盘处于望远镜右侧时的位置，也称为倒镜，在这种状态下进行的观测称为盘右观测，也称下半测回观测。

倒转望远镜，使盘左变成盘右。按上述方法先瞄准右边的目标 B，读取水平度盘读数 $b_右$。逆时针方向转动照准部，瞄准左边的目标 A，读取水平度盘读数 $a_右$。则下半测回角值为 $\beta_右 = b_右 - a_右$。

盘左和盘右两个半测回合在一起叫作一测回。两个半测回测得的角值的平均值就是一测回的观测结果，即

$$\beta = (\beta_左 + \beta_右)/2 \tag{3-1}$$

当水平角需要观测几个测回时，为了减少度盘分划误差的影响，在每一测回观测完毕之后，应根据测回数 N，将度盘起始位置读数变换为 $180°/N$，再开始下一测回的观测。如果要测三个测回，第一测回开始时，度盘读数可配置在 0° 稍大一些；在第二测回开始时，

度盘读数可配置在 60°左右；在第三测回开始时，度盘读数应配置在 120°左右。测回法观测手簿见表 3-1。

表 3-1　测回法观测手簿

仪器等级：DJ6　　　　　　　　　　仪器编号：　　　　　　　　　　　　观测者：

观测日期：　　　　　　　　　　　　天气：晴　　　　　　　　　　　　　记录者：

测站	测回数	竖盘位置	目标	水平度盘读数/(°′″)	半测回角值/(°′″)	半测回互差/(″)	一测回角值/(°′″)	各测回平均角值/(°′″)
O	1	左	A	0 02 17	48 33 06	18	48 33 15	48 33 03
			B	48 35 23				
		右	A	180 02 31	48 33 24			
			B	228 35 55				
	2	左	A	90 05 07	48 32 48	6	48 32 51	
			B	138 37 55				
		右	A	270 05 23	48 32 54			
			B	318 38 17				

3.3.2　方向观测法

方向观测法适用在同一测站上观测多个角度，即观测方向多于两个以上时采用。如图 3-9 所示，O 点为测站点，A、B、C、D 为四个目标点，欲测定 O 点到各目标点之间的水平角，其观测步骤如下。

1. 安置仪器

在测站点上安置经纬仪(对中、整平)。

2. 盘左观测

先观测所选定的起始方向(又称零方向)A，再按顺时针方向依次观测 B、C、D 各方向，每观测一个方向，均读取水平度盘读数并记入观测手簿。如果方向数超过三个，最后还要回到起始方向 A，并记录读数。最后一步称为归零，A 方向两次读数之差称为归零差，其目的是检查水平度盘的位置在观测过程中是否发生变动。此为盘左半测回或上半测回。

3. 盘右观测

倒转望远镜，按逆时针方向依次照准 A、D、C、B、A 各方向，读取水平度盘读数，并记录。此为盘右半测回或下半测回。

上、下半测回合起来为一测回，如果要观测 N 个测回，每测回仍应按 $180°/N$ 的差值变换水平度盘的起始位置。

方向观测法观测手簿见表 3-2。

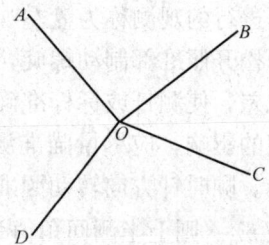

图 3-9　方向观测法观测示意

表 3-2　方向观测法观测手簿

仪器等级：DJ2　　　　　　　　　　仪器编号：　　　　　　　　　　观测者：

观测日期：　　　　　　　　　　　　天气：晴　　　　　　　　　　　记录者：

测站	测回数	目标	读数 盘左 /(°′″)	盘右 /(°′″)	2c /(″)	平均读数 /(°′″)	归零方向值 /(°′″)	各测回归零方向值之平均值 /(°′″)
O	1	A	0 01 27	180 01 51	−24	(0 01 45) 0 01 42	0 00 00	
		B	43 25 17	223 25 37	−20	43 25 26	43 23 41	
		C	95 34 56	275 35 24	−28	95 35 08	95 33 23	
		D	150 00 33	330 01 02	−29	150 00 50	149 59 05	
		A	0 01 37	180 02 01	−24	0 01 48		0 00 00
	2	A	90 00 38	270 01 07	−29	(90 00 47) 90 00 50	0 00 00	43 23 40
		B	133 24 13	313 24 41	−28	133 24 26	43 23 39	95 33 20
		C	185 33 53	5 34 15	−22	185 34 05	95 33 18	149 59 04
		D	239 59 36	60 00 00	−24	239 59 50	149 59 03	
		A	90 00 26	270 00 58	−32	90 00 44		

3.4　竖直角观测

3.4.1　竖直度盘构造

经纬仪的竖直度盘也称为竖盘。它固定在望远镜横轴的一端，垂直于横轴，随望远镜的上下转动而转动，其构造如图 3-10 所示。竖盘读数指标线不随望远镜的转动而变化。为使竖盘指标线在读数时处于正确位置，竖盘读数指标线与竖盘水准管连接在一起，由指标水准管微动螺旋控制。转动指标水准管微动螺旋可使竖盘水准管气泡居中，达到指标线处于正确位置的目的。通常情况下，水平方向（指标线处于正确位置的方向）都是一个已知的固定值（0°、90°、180°、270°四个值中的一个）。

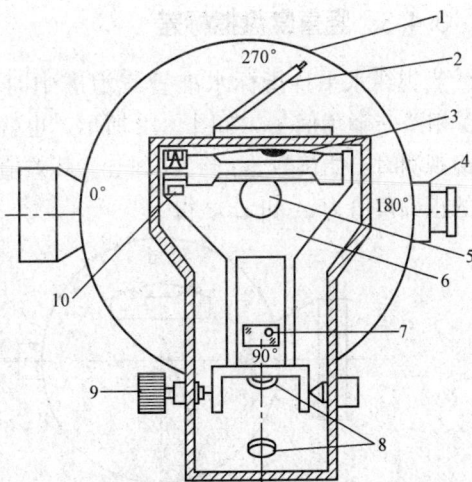

图 3-10　竖盘构造示意

1—竖直度盘；2—水准管反射镜；
3—竖盘水准管；4—望远镜；5—横轴；
6—支架；7—转向棱镜；8—透镜组；
9—竖盘水准管微动螺旋；10—水准管校正螺钉

3.4.2　竖直角计算

（1）计算平均竖直角。盘左、盘右对同一目标各观测一次，组成一个测回。一测回竖直角值为盘左、盘右竖直角值的平均值，即

$$\alpha = \frac{\alpha_{左} + \alpha_{右}}{2} \tag{3-2}$$

（2）竖直角 $\alpha_{左}$ 与 $\alpha_{右}$ 的计算。如图 3-11 所示，竖盘注记方向有全圆顺时针和全圆逆时针两种形式。竖直角是倾斜视线方向读数与水平线方向值之差，根据所用仪器竖盘注记方向形式来确定竖直角计算公式。

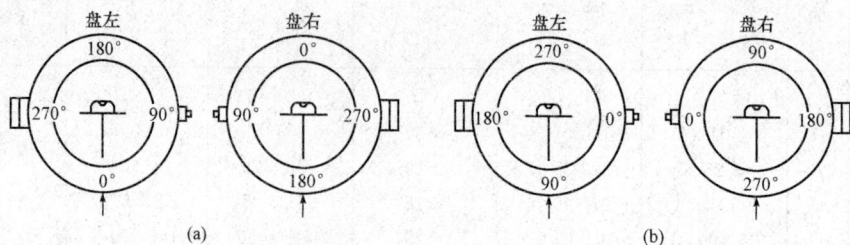

图 3-11　竖盘注记示意

（a）全圆顺时针；（b）全圆逆时针

确定方法：盘左位置，将望远镜大致放平，看竖盘读数 L 接近 0°、90°、180°、270° 中的哪一个，盘右水平线方向值为 270°，然后将望远镜慢慢上仰（物镜端抬高），看竖盘读数 R 是增加还是减小，如果是增加，则为逆时针方向注记 0°~360°，竖直角计算公式为

$$\left. \begin{aligned} \alpha_{左} &= L - 90° \\ \alpha_{右} &= 270° - R \end{aligned} \right\} \tag{3-3}$$

如果是减小，则为顺时针方向注记 0°~360°，竖直角计算公式为

$$\left. \begin{aligned} \alpha_{左} &= 90° - L \\ \alpha_{右} &= R - 270° \end{aligned} \right\} \tag{3-4}$$

3.4.3　竖直度盘指标差

当视线水平且指标水准管气泡居中时，指标所指读数不是 90° 或 270°，而是与 90° 或 270° 相差一个角值 x，如图 3-12 所示。也就是说，正镜观测时，实际的始读数 $x_{0左} = 90° + x$；倒镜观测时，始读数 $x_{0右} = 270° + x$。其差值 x 称为竖盘指标差，简称指标差。设此时观测结果的正确角值为 $\alpha'_{左}$ 和 $\alpha'_{右}$，得

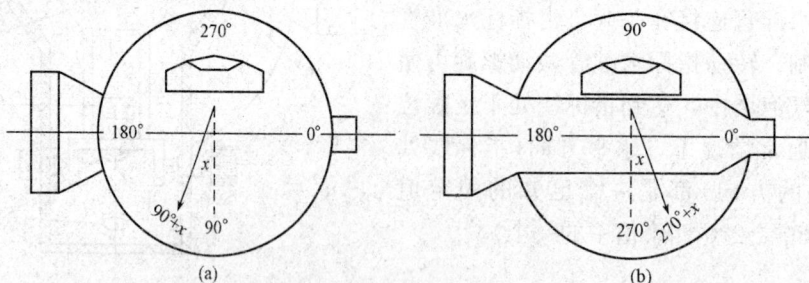

图 3-12　竖盘指标差

（a）盘左位置；（b）盘右位置

$$\alpha'_{左} = x_{0左} - L = (90° + x) - L \tag{3-5}$$

$$\alpha'_{右}=R-(x_{0左}+180°)=R-(270°+x) \tag{3-6}$$

$$\alpha'_{左}=\alpha_{左}+x \tag{3-7}$$

$$\alpha'_{右}=\alpha_{右}-x \tag{3-8}$$

将 $\alpha'_{左}$ 与 $\alpha'_{右}$ 取平均值,得

$$\alpha=\frac{1}{2}(\alpha'_{左}+\alpha'_{右})=\frac{1}{2}(\alpha_{左}+\alpha_{右}) \tag{3-9}$$

将式(3-7)与式(3-8)相减,并假设观测没有误差,这时 $\alpha'_{左}=\alpha'_{右}=\alpha$,指标差则为

$$x=\frac{1}{2}(\alpha_{右}-\alpha_{左})=\frac{1}{2}(R+L-360°) \tag{3-10}$$

3.4.4 竖直角观测

竖直角观测的操作步骤如下:

(1)将经纬仪安置在测站点上,经对中整平后,量取仪器高。

(2)用盘左位置瞄准目标点,使十字丝中横丝切准目标的顶端或指定位置,调节竖盘指标水准管微动螺旋,使竖盘指标水准管气泡严格居中,同时,读取盘左读数并记入手簿(表3-3),为上半测回。

表 3-3　竖直角观测手簿

测站	目标	竖盘位置	竖盘读数/(°′″)	半测回竖直角/(°′″)	指标差/(″)	一测回竖直角/(°′″)
O	A	左	81 18 42	+8 41 18	+6	+8 41 24
		右	278 41 30	+8 41 30		
	B	左	124 03 30	−34 03 30	+12	−34 03 18
		右	235 56 54	−34 03 06		

(3)纵转望远镜,用盘右位置再瞄准目标点相同位置,调节竖盘指标水准管微动螺旋,使竖盘指标水准管气泡居中,读取盘右读数 R。

观测竖直角时,每次读数之前都应调平指标水准管气泡,使指标处于正确位置,才能读数,这就降低了竖直角观测的错误率。现在,有些经纬仪上采用了竖盘指标自动归零装置,观测时只要打开自动归零开关,就可读取竖直度盘读数,从而提高了竖直角测量的速度和精度。

3.5　光学经纬仪的检验与校正

3.5.1　光学经纬仪轴线要求

为了保证测角的精度,经纬仪各部件之间应满足一定的几何条件,即

(1)照准部水准管轴垂直于仪器的竖轴($LL⊥VV$);

(2)十字丝竖丝垂直于仪器的横轴;

(3)望远镜的视准轴垂直于仪器的横轴($CC⊥HH$);

(4)仪器的横轴垂直于仪器的竖轴($HH⊥VV$);

(5)竖盘指标处于正确位置，即$x=0$；

(6)光学对中器的视准轴经棱镜折射后，与仪器的竖轴重合。

经纬仪轴线如图 3-13 所示。

由于仪器经过长期使用或长途运输及外界环境影响等，各部件之间的几何关系会发生一些变化，因此在使用前，应对经纬仪进行检验与校正。

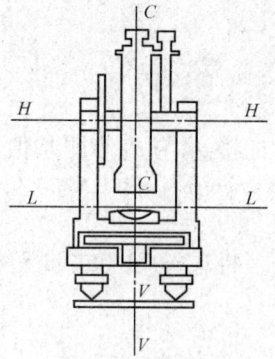

图 3-13　经纬仪轴线

3.5.2　照准部水准管的检验与校正

检校目的：使照准部水准管轴垂直于仪器的竖轴，可以利用调整照准部水准管气泡居中的方法使竖轴铅垂，从而整平仪器。

1. 检验方法

架设仪器，并将其粗略整平，转动照准部，使水准管平行于任意两个脚螺旋的连线，旋转这两个脚螺旋，使水准管气泡居中。将照准部旋转 180°，若水准管气泡仍然居中，说明条件满足，即水准管轴垂直于仪器的竖轴，否则需要进行校正。

2. 校正方法

首先转动上述两个脚螺旋，使气泡向中央移动到偏离值的一半，此时竖轴处于铅垂位置，而水准管轴倾斜。然后用校正拨针拨动水准管一端的校正螺钉，使气泡居中，此时水准管轴水平，竖轴铅垂，即水准管轴垂直于仪器的竖轴的条件满足。

校正后，应再次将照准部旋转 180°，若气泡仍不居中，应按以上方法再进行校正。如此反复，直至照准部在任意位置时，气泡均居中为止。

3.5.3　十字丝的检验与校正

检校目的：使十字丝竖丝垂直于横轴，这样观测水平角时，可用竖丝的任何部位照准目标；观测竖直角时，可用横丝的任何部位照准目标。

1. 检验方法

架设仪器，并将其整平后，用十字丝交点照准一固定的、明显的目标点，固定照准部和望远镜制动螺旋，旋转望远镜微动螺旋，使望远镜物镜上下微动，若该点始终沿竖丝移动，说明条件满足即十字丝竖丝垂直于横轴，否则需要进行校正，如图 3-14(a)所示。

2. 校正方法

卸下位于目镜一端的十字丝护盖，旋松四个固定螺钉，如图 3-14(b)所示，微微转动十字丝环，再次检验，重复校正，直至条件满足，然后拧紧固定螺钉，装上十字丝护盖。

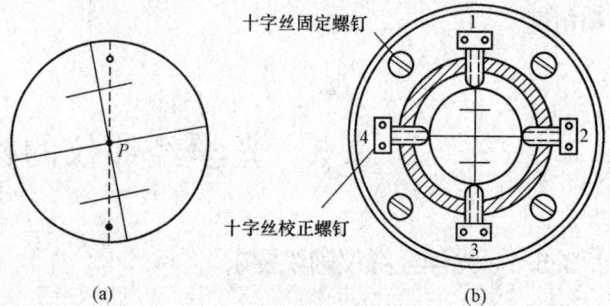

十字丝固定螺钉

十字丝校正螺钉

(a)　　　　　　(b)

图 3-14　十字丝的检验与校正

3.5.4　视准轴的检验与校正

检校目的：使望远镜的视准轴垂直于横轴，这样才能使视准面成为平面，为其成为铅垂面奠定基础。否则，视准面将成为锥面。

视准轴是物镜光心与十字丝交点的连线。视准轴不垂直于横轴的倾角 c，称为视准轴误差，也称为 $2c$ 误差，它是由于十字丝交点的位置不正确而产生的。

1. 检验方法

如图 3-15 所示，在一平坦场地上，选择一直线 AB，长约 100 m。经纬仪安置在 AB 的中点 O 上，在 A 点竖立一标志，在 B 点水平横置一根刻有毫米分划的小尺，并使其垂直于 AB。仪器以盘左精确瞄准 A 点，纵转望远镜瞄准横放于 B 点的小尺，并读取尺上读数 B_1。旋转照准部以盘右再次精确瞄准 A 点，纵转望远镜瞄准横放于 B 点的小尺，并读取尺上读数 B_2。如果 B_1 与 B_2 相等（重合），说明条件满足，即视准轴垂直于横轴，否则需要进行校正。

2. 校正方法

由图 3-15 可以明显看出，由于视准轴误差 c 的存在，盘左瞄准 A 点倒镜后视线偏离 AB 直线的角度为 $2c$，而盘右瞄准 A 点倒镜后视线偏离 AB 直线的角度也为 $2c$，但偏离方向与盘左相反，因此 B_1 与 B_2 两个读数之差所对的角度为 $4c$。为了消除视准轴误差 c，只需在小尺上定出一点 B_3，该点与盘右读数 B_2 的距离为四分之一 B_1B_2 的长度。用校正针拨动十字丝的左右两个校正螺钉，如图 3-15(b) 所示，拨动时应先松一个再紧一个，使十字丝交点对准 B_3 点的读数即可，然后紧固两校正螺钉。

此项检校也需反复进行，直至 c 值不大于 $10''$ 为止。

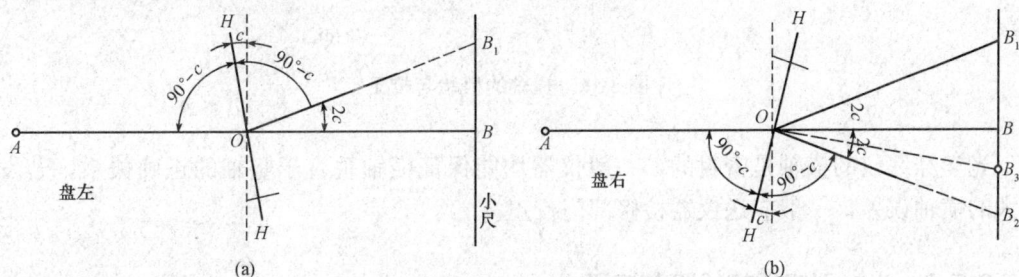

图 3-15　视准轴误差的检验与校正

3.5.5　横轴的检验与校正

检校目的：使横轴垂直于竖轴，这样，当仪器整平后竖轴铅垂、横轴水平、视准面为一个铅垂面，否则，视准面将成为倾斜面。

1. 检验方法

在距离高墙 20～30 m 处安置经纬仪，盘左照准高处一明显目标点 M（仰角宜为 30° 左右），固定照准部，然后将望远镜大致放平，指挥另一人在墙上标出十字丝交点的位置，设为 m_1，如图 3-16(a) 所示。将仪器变为盘右，再次照准目标点 M，大致放平望远镜后，用前述方法再次在墙上标出十字丝交点的位置，设为 m_2，如图 3-16(b) 所示。如果 m_1 和 m_2 两点重合，说明条件满足，即横轴垂直于竖轴，否则需要进行校正。

2. 校正方法

取 m_1 和 m_2 的中点 m，并以盘右或盘左照准 m 点，固定照准部，转动望远镜抬高物镜,此时的视线必然偏离了目标点 M,即十字丝交点与 M 点发生了偏移,如图 3-16(c)所示。调节横轴偏心板,使其一端抬高或降低,则十字丝交点与 M 点即可重合,如图 3-16(d)所示,横轴误差被消除。

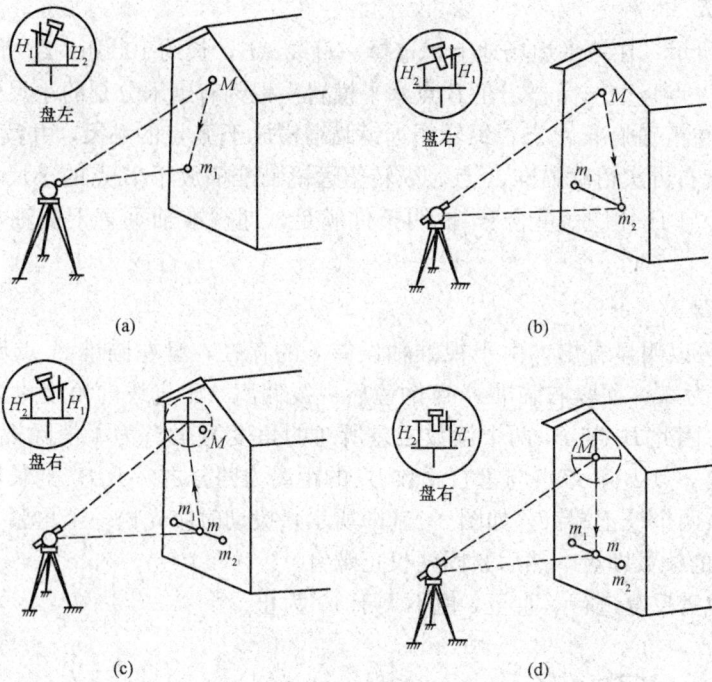

图 3-16　横轴的检验与校正

光学经纬仪的横轴是密封的,一般仪器均能保证横轴垂直于竖轴的正确关系,若发现较大的横轴误差,一般应送仪器检修部门校正。

3.5.6　光学对中器的检验与校正

检校目的:使光学对中器的视准轴经棱镜折射后与仪器的竖轴重合,否则产生对中误差。

1. 检验方法

经纬仪架设整平后,在光学对中器下方的地面上放一张白纸,将光学对中器的分划板中心投绘在白纸上,设为 a_1 点;旋转照准部,每隔 $120°$ 用同样的方法将光学对中器的分划板中心投绘在白纸上,设为 a_2、a_3 点;若三点重合,说明条件满足,即光学对中器的视准轴与仪器竖轴重合,否则需要进行校正。

2. 校正方法

在白纸上的三点构成误差三角形,绘制出其外接圆圆心 a。通过拨动光学对中器的校正螺钉,使对中器的分划板中心前后、左右移动,直至与 a 点重合为止。此项校正也需反复进行。

由于仪器的类型不同,校正部位也不同,有的校正使视线转向的折射棱镜,有的校正分划板,有的两者均可校正。

3.6 角度测量误差与注意事项

水平角测量受多种误差的影响，主要有仪器误差、观测误差和外界条件的影响。

3.6.1 仪器误差

仪器误差是指仪器不能满足设计理论要求而产生的误差。仪器误差主要包括两个方面：一是仪器制造、加工不完善引起的误差；二是仪器检校不完善引起的误差。

(1)仪器制造、加工不完善引起的误差，主要有度盘刻划不均匀误差、照准部偏心误差(照准部旋转中心与度盘刻划中心不一致)和水平度盘偏心误差(度盘旋转中心与度盘刻划中心不一致)，此类误差一般很小，并且大多数可以在观测过程中采取相应的措施消除或减弱它们的影响。

(2)仪器检验校正后的残余误差，主要是仪器的三轴误差，即视准轴误差、横轴误差和竖轴误差。其中，视准轴误差和横轴误差可通过盘左、盘右观测取平均值消除，而竖轴误差不能用正、倒镜观测消除。因此，在观测前除应认真检验、校正照准部水准管外，还应仔细地进行整平。

3.6.2 观测误差

观测误差是指观测者在观测操作过程中产生的误差，如对中误差、整平误差、目标偏心误差、照准误差和读数误差等。

(1)对中误差。在测站上安置经纬仪，必须进行对中。仪器安置完毕后，仪器的中心位于测站点铅垂线上的误差，称为对中误差。对中误差对水平角观测的影响与偏心距成正比，与测站点到目标点的距离成反比，所以，要尽量减小偏心距，对边长很短且转角接近180°的观测更应注意仪器的对中。

(2)整平误差。整平误差引起的竖轴倾斜误差，在同一测站竖轴倾斜的方向不变，其对水平角观测的影响与视线倾斜角有关，倾斜角越大，影响也越大。因此，应注意水准管轴与竖轴垂直的检校和使用中的整平。一般规定在观测过程中，水准管偏离零点不得超过一格。

(3)目标偏心误差。测角时，通常用标杆或测钎立于被测目标点上作为照准标志，若标杆倾斜，而又瞄准标杆上部时，则会使瞄准点偏离被测点而产生目标偏心误差。目标偏心误差对水平角观测的影响与测站偏心距的影响相似。测站点到目标点的距离越短，瞄准点位置越高，引起的测角误差越大。在观测水平角时，应仔细地把标杆竖直，并尽量瞄准标杆底部。

当目标较近，又不能瞄准其底部时，最好采用悬吊垂球，瞄准垂球线的方法。

(4)照准误差。影响望远镜照准精度的因素主要有人眼的分辨能力，望远镜的放大倍率，以及目标的大小、形状、颜色和大气的透明度等。一般人眼的分辨率为 $60''$。若借助于放大倍率为 V 的望远镜，则分辨能力就可以提高 V 倍，故照准误差为 $60''/V$。DJ6 级经纬仪放大倍率一般为 28，故照准误差大约为 $\pm 2.1''$。在观测过程中，若观测员操作不正确或视差没有消除，都会产生较大的照准误差。故观测时应尽量消除视差，选择适宜的照准标志，熟练操作仪器，掌握照准方法，并仔细照准以减小误差。

（5）读数误差。该类误差主要取决于仪器的读数设备及读数的熟练程度。读数前要认清度盘以及测微尺的数字刻划特点，读数时要使读数显微镜内分划数字清晰。通常是以最小估读数作为读数估读误差。

3.6.3 外界条件的影响

角度观测是在一定的外界条件下进行的，外界环境对测角精度有直接的影响。如刮风、土质松软会影响仪器的稳定，光线不足、目标阴暗、大气透明度低会影响照准精度，地面的辐射热会引起物象的跳动，以及温度变化影响仪器的正常状态等。为了减小这些因素的影响，观测时应踩实三脚架，阳光下（特别是夏秋季）必须撑伞保护仪器，尽量避免在不良气候条件下进行观测，观测视线应尽量避免接近地面、水面和建筑物等，把外界条件的影响降到最低。

项目小结

本项目主要介绍了角度测量的概念与原理、经纬仪的认识与使用、水平角观测、竖直角观测、光学经纬仪的检验与校正、角度测量误差与注意事项等内容。

1. 角度测量是最基本的测量工作之一，它分为水平角测量和竖直角测量。
2. DJ6 级光学经纬仪主要由照准部、水平度盘和基座三大部分组成。
3. 常用的水平角测量方法有测回法和方向观测法。
4. 竖直角测量应使用经纬仪的竖直度盘进行观测。
5. 由于仪器经过长期使用或长途运输及外界环境影响等，各部件之间的几何关系会发生一些变化，在使用前，要对经纬仪进行检验与校正。
6. 水平角测量受多种误差的影响，主要有仪器误差、观测误差和外界条件的影响。

课后习题

一、填空题

1. DJ6 级光学经纬仪主要由_____、_____和_____三大部分组成。
2. 常用的水平角测量方法有_____和_____两种。
3. 水平角测量受多种误差的影响，主要有_____、_____和_____。

二、选择题

1. 经纬仪对中的目的是使仪器的中心（竖轴）与测站点位于同一（　　）上。
   A. 水平线　　　　　　　　　　　B. 铅垂线
   C. 倾斜线　　　　　　　　　　　D. 水平面
2. 经纬仪视准轴检验和校正的目的是（　　）。
   A. 横轴垂直于竖轴　　　　　　　B. 使视准轴垂直于横轴
   C. 使视准轴平行于水准管轴　　　D. 使视准轴平行于横轴

3. DJ2 级光学经纬仪利用度盘（　　）对径分划线影像符合读数装置进行读数。

    A. 90°   B. 180°   C. 270°   D. 360°

4. 经纬仪的照准部水准管轴应（　　）于仪器竖轴。

    A. 水平   B. 垂直   C. 倾斜   D. 重合

5. 用光学经纬仪测量水平角与竖直角时，度盘与读数指标的关系是（　　）。

    A. 水平盘转动，读数指标不动；竖盘不动，读数指标转动

    B. 水平盘转动，读数指标不动；竖盘转动，读数指标不动

    C. 水平盘不动，读数指标随照准部转动；竖盘随望远镜转动，读数指标不动

    D. 水平盘不动，读数指标随照准部转动；竖盘不动，读数指标转动

6. 观测水平角时，照准不同方向的目标，应按下列（　　）旋转照准部。

    A. 盘左顺时针，盘右逆时针方向

    B. 盘左逆时针，盘右顺时针方向

    C. 总是顺时针方向

    D. 总是逆时针方向

7. 经纬仪在盘左位置时将望远镜大致置平，使其竖盘读数在 0°左右，望远镜物镜端抬高时读数减小，其盘左的竖直角公式为（　　）。

    A. $0°-L$ B. $90°-L$ C. $360°-L$ D. $L-90°$

三、计算题

1. 整理表 3-4 用测回法观测水平角的观测记录。

表 3-4　测回法观测水平角记录

测站	测回数	竖盘位置	目标	水平度盘读数/(° ′ ″)	半测回角值/(° ′ ″)	一测回平均角值/(° ′ ″)	各测回平均值/(° ′ ″)	备注
O	第一测回	左	A	0 12 12				
			B	72 18 18				
		右	A	180 12 18				
			B	252 18 30				
O	第二测回	左	A	90 03 42				
			B	162 09 54				
		右	A	270 03 42				
			B	342 09 42				

2. 整理表 3-5 用方向观测法观测水平角的记录。

表 3-5　方向观测法观测水平角记录

测站	测回数	目标	读数		2c /(″)	平均读数 /(° ′ ″)	归零方向值 /(° ′ ″)	各测回平均归零方向值 /(° ′ ″)
			盘左 /(° ′ ″)	盘右 /(° ′ ″)				
1	2	3	4	5	6	7	8	9
O	1	A	0 01 27	180 01 51				
		B	43 25 17	223 25 37				
		C	95 34 56	275 35 24				
		D	150 00 33	330 01 02				
		A	0 01 37	180 02 01				
O	2	A	90 00 38	270 01 07				
		B	133 24 13	313 24 41				
		C	185 33 53	5 34 15				
		D	239 59 36	60 00 00				
		A	90 00 26	270 00 58				

3. 整理表 3-6 的竖直角观测记录。

表 3-6　竖直角观测记录

测站	目标	盘位置	竖盘读数 /(° ′ ″)	竖直角		竖盘指标差 /(″)	备注
				半测回 /(° ′ ″)	一测回 /(° ′ ″)		
O	A	左	71 12 36				
		右	288 47 00				
	B	左	96 18 42				
		右	263 41 00				

4. 用盘左始读数为 90°，逆时针方向注记仪器观测 A 目标的竖直角一测回，观测结果 $L=95°12′30″$，$R=264°47′06″$，求该目标的竖直角。

P46 微课：角度测量
部分习题解析(一)

P46 微课：角度测量
部分习题解析(二)

项目4 距离丈量及直线定向

通过本项目的学习，熟悉钢尺测量的工具，钢尺检定与精度量距的方法，直线定向、坐标方位角和象限角的基本定义；掌握视距测量和光电测距的操作方法，直线定向的方法，坐标方位角的计算方法。

能够使用钢尺进行距离测量，具备视距测量的能力，能熟练操作红外测距仪，能够进行直线定向。

4.1 距离测量

4.1.1 钢尺量距

4.1.1.1 钢尺测量工具

距离丈量常用的工具有钢尺、皮尺和辅助工具。其中，辅助工具包括标杆（花杆）、测钎、垂球等。

微课：距离测量

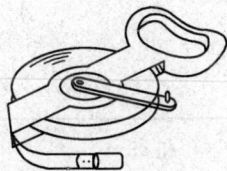

1. 钢尺

钢尺是用薄钢片制成的带状尺，可卷入金属圆盒，故又称钢卷尺，如图 4-1 所示。钢尺尺宽为 10～15 mm，厚度为 0.1～0.4 mm，长度有 20 m、30 m 和 50 m 三种。尺面在每厘米、分米和米处注有数字注记，有的钢尺仅在尺的起点 10 cm 内有毫米分划，而有的钢尺全长内都刻有毫米分划。

按尺上零点位置的不同，钢尺可分为端点尺和刻线尺。尺的零点是从尺环端起始的，称为端点尺[图 4-2(a)]；在尺的前端刻有零分划线的称为刻线尺[图 4-2(b)]。端点尺多用于建筑物墙边开始的丈量工作，较为方便；刻线尺多用于地面点的丈量工作。

图 4-1 钢尺

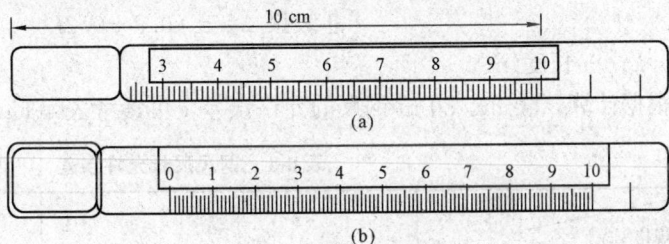

图 4-2 端点尺与刻线尺

(a)端点尺；(b)刻线尺

钢尺抗拉强度高，不易拉伸，所以量距精度较高，在工程测量中常用钢尺量距。钢尺性脆，易折断，易生锈，使用时要避免扭折，且防止受潮。

2. 皮尺

皮尺是用麻线和金属丝织成的带状尺，表面涂有防腐油漆，长度有 20 m、30 m、50 m 三种，如图 4-3 所示。皮尺基本分划为厘米，在分米和整米处有注记数字，尺前端铜环的端点为尺的零点。使用皮尺量距时，要有标杆和测钎的配合，当丈量距离大于尺长或虽然丈量距离小于尺长但地面起伏较大时，用标杆支撑尺段两端量距可引导方向，以免量歪。皮尺受潮易收缩，受拉易伸长，长度变化较大，因此，只适用精度要求较低的距离丈量。

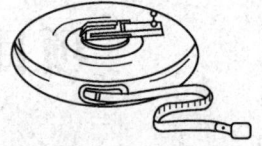

图 4-3 皮尺

3. 辅助工具

（1）标杆。标杆多用木料或铝合金制成，直径约为 3 cm，杆长为 2 m 或 3 m，杆上油漆成红、白相间的 20 cm 色段，非常醒目，杆的下端装有尖头的铁脚，以便插入地下或对准点位，作为照准标志，如图 4-4(a)所示。

（2）测钎。测钎是用直径为 3～6 mm，长度为 30～40 cm 的钢筋制成，上部弯成小圈，下端磨成尖状，钎上可用油漆涂成红、白相间的色段，通常以 6 根或 11 根组成一组，如图 4-4(b)所示。量距时，将测钎插入地面，用以标定尺的端点位置和计算整尺段数，也可作为照准标志。

（3）垂球。垂球用金属制成，上大下尖，呈圆锥形，上端中心系一细绳，悬吊后，要求垂球尖与细绳在同一垂线上，如图 4-4(c)所示。它常用于在斜坡上丈量水平距离。

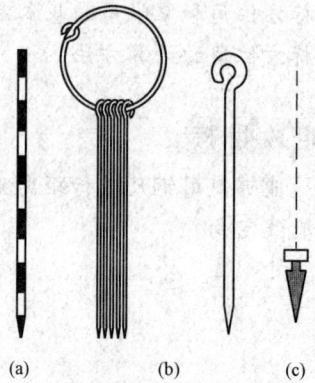

图 4-4 辅助工具
(a)标杆；(b)测钎；(c)垂球

4.1.1.2 钢尺检定

由于钢尺材料质量及制造误差等因素的影响，其实长和名义长(尺上所注的长度)往往不一样，而且钢尺在长期使用中因受外界条件变化的影响也会引起尺长的变化。在丈量前须对所用钢尺进行检定，以便在丈量结果中加入尺长改正。

（1）钢尺检定标准。

1）标准温度为 20 ℃。

2）标准拉力为 49 N。

3）尺长允许误差(mm)(平量法)：

$$Ⅰ 级尺 \Delta = \pm(0.1 + 0.1L) \tag{4-1}$$

$$Ⅱ 级尺 \Delta = \pm(0.3 + 0.2L) \tag{4-2}$$

式中 L——长度(m)。

根据计算，50 m、30 m 钢尺的允许误差，可参考表 4-1。

表 4-1 钢尺尺长允许误差

规格 等级	Ⅰ级	Ⅱ级
50 m	±5.1 mm	±10.3 mm
30 m	±3.1 mm	±6.3 mm

（2）钢尺检定项目。钢尺的检定项目共三项，见表 4-2。

表 4-2　钢尺检定项目

序号	检定项目	检定类别	
		新制的	使用中
1	外观及各部分相互作用	＋	＋
2	线纹宽度	＋	－
3	示值误差	＋	＋

注：表中"＋"表示应检定，"－"表示可不检定。

（3）尺长方程式。所谓尺长方程式即在标准拉力下（30 m 钢尺用 100 N，50 m 钢尺用 150 N）钢尺的实长与温度的函数关系式。其形式为

$$l_t = l_0 + \Delta l + \alpha l_0 (t - t_0) \tag{4-3}$$

式中　l_t——钢尺在温度 t 时的实际长度；

l_0——钢尺的名义长度；

Δl——尺长改正数，即钢尺在温度 t_0 时的改正数，等于实际长度减去名义长度；

α——钢尺的线膨胀系数，其值取为 $1.25 \times 10^{-5} /℃$；

t_0——钢尺检定时的标准温度（20 ℃）；

t——钢尺使用时的温度。

4.1.1.3　直线定线

当两个地面点之间的距离较长或地势起伏较大时，为方便量距工作，需分成若干尺段进行丈量，这就需要在直线的方向上插上一些标杆或测钎，在同一直线上定出若干点，其既能标定直线，又可作为分段丈量的依据，这项工作被称为直线定线。直线定线根据精度要求不同，可分为目测法定线、经纬仪定线、拉绳定线三种。

（1）目测法定线。如图 4-5 所示，目测法定线主要做法如下：

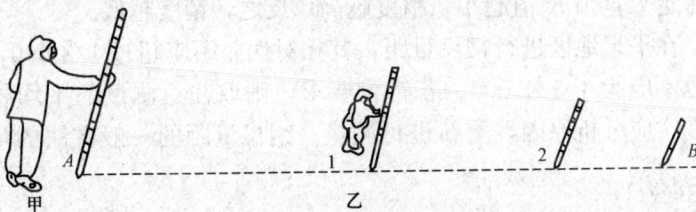

图 4-5　目测法定线

1）先在 AB 点各竖直立好花杆，观测员甲站在 A 点花杆后面，用单眼通过 A 点花杆一侧瞄准 B 点花杆同一侧，形成连线。

2）观测员乙拿一花杆在待定点 1 处，根据甲的指挥左、右移动花杆。当甲观测到三根花杆成一条直线时，喊"好"，乙即可在花杆处标出 1 点，A、1、B 在一条直线上。

3）同法可定出 2 点。

（2）经纬仪定线。如图 4-6 所示，经纬仪定

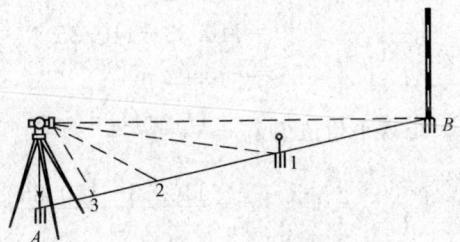

图 4-6　经纬仪定线

线的主要做法如下：

1）在 A 点安置经纬仪，对中、整平。

2）用望远镜照准 B 点处竖立的标志，固定仪器照准部，将望远镜俯向 1 点处投测，观测员手持标杆移动，当标志与十字丝竖丝重合时，将标志立在直线上的 1 点处。其他 2、3 等点的投测，只需将望远镜的俯、仰角度变化，即可向近处或远处投得其他各点位，且使投测的点均在 AB 直线上，则 A、2、1、B 点在一条直线上。

（3）拉绳定线。在确定的已知两点间拉一细绳，然后沿着细绳按照定线点间的间距要小于一整尺段定出各点，做出标记。

4.1.1.4 普通钢尺量距

（1）平坦地面的丈量。沿地面直接丈量水平距离，可先在地面定出直线方向，然后逐段丈量，则直线的水平距离可按下式计算：

$$D = n \cdot l + q \tag{4-4}$$

式中　D——直线的水平距离；

　　　n——整尺段数；

　　　l——钢尺的一整尺段长（m）；

　　　q——不足一整尺的零尺段的长（m）。

为防止错误和提高丈量精度，还要按相反方向从 B 点起返量至 A 点，故称往返测法。往返各丈量一次称为一测回。往返测量所得的距离之差称为较小差。

往返丈量的距离之差与平均距离之比，化成分子为 1 的分数时称为相对误差 K，可用它来衡量丈量结果的精度。即

$$较差 \Delta D = D_{往} - D_{返} \tag{4-5}$$

$$距离平均值 D_{平均} = \frac{D_{往} + D_{往}}{2} \tag{4-6}$$

$$丈量精度 K = \frac{|D_{往} - D_{往}|}{D_{平均}} = \frac{1}{D_{平均}/|D_{往} - D_{往}|} \tag{4-7}$$

相对误差分母越大，则 K 值越小，精度越高；反之，精度越低。

一般情况下，在平坦地区进行钢尺量距，其相对误差不应超过 1/3 000，在量距困难的地区，相对误差也不应大于 1/1 000。若符合要求，则取往返测量的平均长度作为观测结果。若超过该范围，应分析原因，重新进行测量。钢尺量距的一般方法的量距精度一般能达到 $\frac{1}{1\,000} \sim \frac{1}{5\,000}$。

【例 4-1】　如图 4-7 所示，丈量 A、B 两点间距，往测全长为 110.33 m，返测全长为 110.35 m，试求量距相对误差 K 值。

解：较差 $\Delta D = D_{往} - D_{返}$

$\qquad\qquad = 110.33 - 110.35$

$\qquad\qquad = -0.02$ m

距离平均值 $D_{平均} = \dfrac{D_{往} + D_{往}}{2}$

$\qquad\qquad\qquad = \dfrac{110.33 + 110.35}{2}$

$\qquad\qquad\qquad = 110.34$（m）

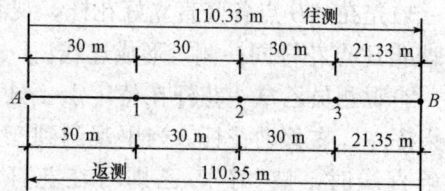

图 4-7　平坦地区往返丈量示意

$$量距相对误差 K = \frac{|D_{往} - D_{往}|}{D_{平均}}$$

$$= \frac{1}{D_{平均} / |D_{往} - D_{往}|}$$

$$= \frac{1}{110.34 / 0.02}$$

$$= \frac{1}{5\ 517}$$

丈量距离常用记录手簿，见表 4-3，随测随填入手簿，立即计算，并查核其精度是否合格。

表 4-3　距离测量手簿

工程名称：××工程			天气：晴		测量：××	
日　　期：20××.×.×			仪器：钢尺		记录：××	
测线		分段丈量长度/m		总长度/m	平均长度/m	精度	备注
		整尺段	零尺段				
AB	往	3×30	21.33	110.33	110.34	$\frac{1}{5\ 517}$	量距方便地区
	返	3×30	21.35	110.35			

（2）倾斜地面的丈量。

1）平尺丈量法。若地面高低不平时，可将尺的一端抬起，使尺身水平。若两尺端高差不大，可用垂球向地面投点。若地面倾斜较大，则可利用垂球架向地面投点，若量整尺段不便操作，可分零尺段丈量。一般来说，从上坡向下坡丈量比较方便，因为这时可将尺的 0端固定在地面桩上，尺身不致串动，如图 4-8 所示。

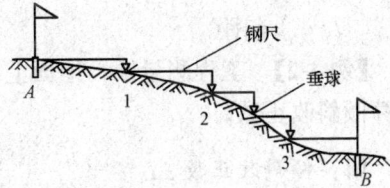

图 4-8　平尺丈量法

2）斜量法。先沿斜坡量尺，并测出尺端高差，然后计算水平距离，即

$$D = D' \cos\alpha \tag{4-8}$$

$$D = \sqrt{D'^2 - h^2} \tag{4-9}$$

4.1.1.5　精密钢尺量距

精密钢尺量距是指量距的精度要求较高、方法较严格的测量距离的方法，通常要求量距的相对误差达到 1/40 000～1/10 000。

（1）精密量距的方法。

1）应清除欲测直线上的障碍物，并开辟出宽度不小于 2 m 的通道，然后用经纬仪进行定线。

2）将欲测直线分成若干段，每段长度略小于整尺段的长度，各分段点钉一小木桩，桩顶钉镀锌薄钢板，画十字细线做标志，以表示相应点的位置。

3）用水准仪测量相邻两木桩顶部之间的高差，以便将倾斜距离改算成水平距离。水准测量一般在量距前进行往测，量距结束后进行返测，同一尺段往返高差的较差应小于 5 mm（量距精度为 1/40 000），或者应小于 10 mm（量距精度为 1/20 000）。

4）施测前应使用经过检定的钢尺，并计算出改正数值。

5)根据改正数值计算出全长值。

(2)直线总水平距离的计算。

1)尺长改正数。设钢尺在标准温度、标准拉力下的实际长度为 l，名义长度为 l_0，则一整尺的尺长改正数为

$$\Delta l = l - l_0 \tag{4-10}$$

平均每丈量 1 m 的尺长改正数为

$$\Delta l_l = \frac{\Delta l}{l_0} = \frac{l - l_0}{l_0} \tag{4-11}$$

2)温度改正数。钢尺长度受温度影响会伸缩。当量距时的温度 t 与检定钢尺时的温度 t_0 不一致时，要进行温度改正，其改正数为

$$\Delta l_t = a \times (t - t_0) l_d \tag{4-12}$$

式中 α——钢尺的线膨胀系数(一般为 0.000 012 5/℃);

   l_d——丈量的一段距离。

当丈量时温度大于检定时温度，改正数 Δl_t 为正，反之为负。

3)倾斜改正。倾斜距离 D' 与水平距离 D 之差，称为倾斜改正数。为了将倾斜距离 D' 改算为水平距离 D，需计算倾斜改正数，即

$$\Delta l_h = -\frac{h^2}{2l_d} \tag{4-13}$$

式中 h——两点间高差;

   l_d——斜距。

【例 4-2】   工程测量中，地面上两桩间高差为 +0.513 m，两桩间斜距为 99.523 m，试计算倾斜改正数。

解：倾斜改正数 $\Delta l_h = -\frac{h^2}{2l_d} = -\frac{(0.513)^2}{2 \times 99.523} = -0.001(\text{m})$

4)改正后的水平距离。每量一段距离 l_d，其相应改正后的水平距离为

$$L = l_d + \Delta l_d + \Delta l_t + \Delta l_h \tag{4-14}$$

4.1.2 视距测量

视距测量是根据几何光学原理，利用望远镜中十字丝横线上下的两条视距线，测定仪器至立尺点的水平距离与高差的一种方法。其操作简便、速度快，一般只要通视，可不受地形起伏限制，但测距精度较低，其精度约为 1/300，一般用于地形测图。

1. 视距测量原理及测法

(1)水平视线视距原理及测法。水准仪和经纬仪十字丝的上下各有一条平行等距的上线和下线叫作视距丝，也叫作上下丝，如图 4-9 所示。

如图 4-10 所示，当望远镜水平时，A、B 两点间的水平距离 D 及高差 h 分别为

$$D = KL \tag{4-15}$$
$$h = i - v \tag{4-16}$$

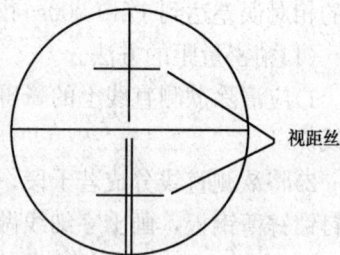

视距丝

图 4-9   视距丝示意

式中 K——视距常数，通常 $K=100$;

   L——望远镜上下丝在标尺上读数的差值，称为视距间隔或尺间隔;

h——A、B 点间高差(测站点与立尺点之间的高差);

i——仪器高(地面点至经纬仪横轴或水准仪视准轴的高度);

v——十字丝中丝在尺上的读数。

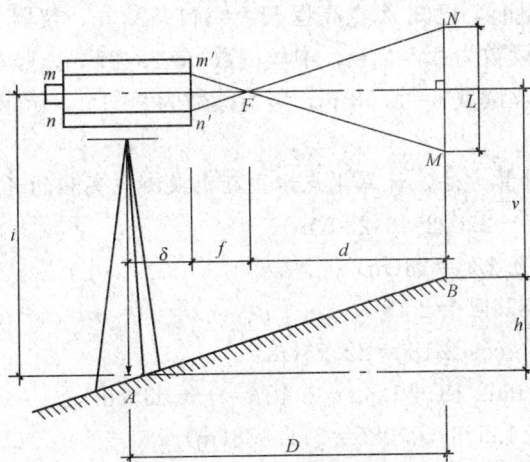

图 4-10　视线水平时的视距测量

(2)倾斜视线视距原理及测法。当地面起伏较大时,如图 4-11 所示,用视距法测定 B 点至 A 站的水平距离 D 和高差 h,即

$$D = KL\cos^2\alpha \qquad (4-17)$$

$$h = D \cdot \tan\alpha + i - v \qquad (4-18)$$

式中　α——视线倾斜角(竖直角)。

其他符号与前面符号意义相同。

2. 视距测量观测及计算

欲测定 A、B 两点间的平距和高差,已知 A 点高程求 B 点高程,其计算方法如下:

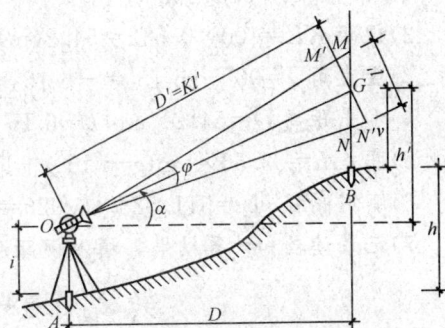

图 4-11　视线倾斜时的视距测量

(1)安置经纬仪于 A 点,量取仪器高 i,在 B 点竖立视距尺。

(2)用盘左或盘右,转动照准部瞄准 B 点的视距尺,分别读取上、中、下三丝在标尺上的读数 b、l、a,计算出视距间隔 $n = a - b$。为计算方便,读取视距时,可使下丝或上丝对准尺上一个整分米处,直接在尺上读出尺间隔 n,或者在瞄准读中丝时,使中丝读数 l 等于仪器高 i。

(3)调竖盘指标水准管气泡居中,读取标尺上的中丝读数 v(读到毫米)和竖盘读数(读到分)。

(4)将上述观测数据记入视距测量手簿。

(5)根据上述观测数据进行计数,即

1)尺间隔 L =下丝读数-上丝读数;

2)视距:$KL = 100L$;

3)竖直角:$\alpha = 90° -$ 竖盘读数;

4)水平距离:$D = KL\cos^2\alpha$;

5)高差：$h = D \cdot \tan\alpha + i - v$；

6)测点高程：$H_B = H_A + h$。

(6)列表，记录读数和计算结果。

【例 4-3】 工程测量时，已知 A 点高程 $H_A = 311.523$ m，仪器 $i = 1.42$ m，1 点的上丝读数为 2.312 m，下丝读数为 2.542 m，中丝读数 $v = 2.427$ m，竖盘读数为 87°42′，2 点的尺间隔为 0.542 m，中丝读数 $v = 1.58$ m，竖盘读数为 96°15′，试求 1 点和 2 点的水平距离及测点高程。

解：(1)根据上述计算方法，计算 1 点水平距离及测点高程的具体步骤如下：

1)尺间隔 $L = 2.542 - 2.312 = 0.230$(m)

2)视距 $KL = 100 \times 0.230 = 23$(m)

3)竖直角 $\alpha = 90° - 87°42′ = 2°18′$

4)水平距离 $D = 23 \times \cos^2 2°18′ = 22.96$(m)

5)高差 $h = 22.96 \times \tan 2°18′ + 1.42 - 2.427 = -0.085$(m)

6)测点高点 $H_1 = 311.523 - 0.085 = 311.438$(m)

7)记录读数和计算结果，填入视距测量手簿(表 4-4)。

(2)2 点水平距离及测点高程与 1 点计算方法完全相同，即

1)尺间隔 $L = 0.542$ m

2)视距 $KL = 100 \times 0.542 = 54.2$(m)

3)竖直角 $\alpha = 90° - 96°15′ = -6°15′$

4)水平距离 $D = 54.2 \times \cos^2(-6°15′) = 53.56$(m)

5)高差 $h = 53.56 \times \tan(-6°15′) + 1.42 - 1.58 = -6.026$(m)

6)测定高程 $H_2 = 311.523 - 6.026 = 305.497$(m)

7)记录读数和计算结果，填入视距测量手簿(表 4-4)。

表 4-4　视距测量手簿

测站：A　　　　　　　　　测站高程：311.523 m　　　　　　　　仪器高：1.42 m

点号	视距(KL)/m	中丝读数/m	竖盘读数	竖直角	水平距离/m	高差/m	高程/m	备注
1	23	2.427	87°42′	2°18′	22.96	−0.085	311.438	
2	54.2	1.580	96°15′	−6°15′	53.56	−6.026	305.497	

4.1.3　光电测距

光电测距仪是以红外光、激光、电磁波为载波的光电测距仪器。与传统的钢尺量距相比，光电测距具有精度高、作业效率高、受地形影响小等优点。测距仪按测程可分为短程测距仪(小于 5 km)、中程测距仪(5～15 km)和远程测距仪(大于 15 km)。短程测距仪常以红外光做载波，故称为红外测距仪。红外测距仪被广泛应用于工程测量和地形测量。

4.1.3.1　光电测距的原理

如图 4-12 所示，欲测定 A、B 两点之间的距离 D，可在 A 点安置能发射和接收光波的光电测距仪，在 B 点设置反射棱镜(与光电测距仪高度一致)，光电测距仪发出的光束经棱

镜反射后，又返回到测距仪。通过测定光波在待测距离两端点间往返传播一次的时间 t，根据光波在大气中的传播速度 c，计算距离 D 为

$$D=\frac{1}{2}ct_{2D} \qquad (4\text{-}19)$$

式中 c——光在大气中的光速值，$c=\dfrac{c_0}{n}$。

其中，c_0 为真空中的光速值，其值为 $(299\,792\,458\pm1.2)$ m/s；n 为大气折射率，它与测距仪所用光源的波长 λ、测线上的气温 t、气压 p 有关。

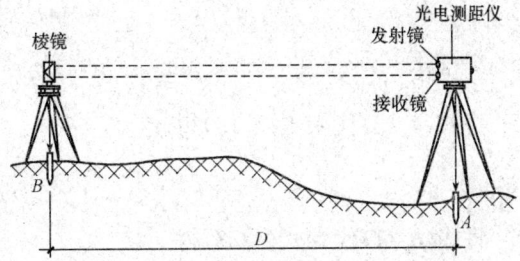

图 4-12　光电测距原理

由式(4-19)可知，测定距离的精度，主要取决于测定时间 t_{2D} 的精度。因此，大多采用间接测定法来测定 t_{2D}。根据测量光波间接测定 t_{2D} 的方法有脉冲式和相位式两种。

1. 脉冲式光电测距仪测距的原理

脉冲式光电测距仪是将发射光波的光调制成一定频率的尖脉冲，通过测量发射的尖脉冲在待测距离上往返传播的时间来计算距离。如图 4-13 所示，在尖脉冲光波离开测距仪发射镜的瞬间，触发打开电子门，此时，时钟脉冲进入电子门填充，计数器开始计数。在仪器接收镜接收到由棱镜反射回来的尖脉冲光波的瞬间，关闭电子门，计数器停止计数。设时钟脉冲的振荡频率为 f_0，周期为 $T_0=1/f_0$，计数器计得的时钟脉冲个数为 q，则有

$$t_{2D}=qT_0=\frac{q}{f_0} \qquad (4\text{-}20)$$

2. 相位式光电测距仪测距的原理

由于脉冲宽度和电子计数器时间分辨率的限制，脉冲式光电测距仪测距精度较低。高精度的测距仪，一般采用相位式光电测距仪。

相位式光电测距仪是将发射光波的光调制成正弦波的形式，通过测量正弦光波在待测距离上往返传播的相位差来计算距离。图 4-14 所示为将返程的正弦波以反射棱镜站 B 点为中心对称展开后的图形。正弦光波振荡一个周期的相位差是 2π，设发射的正弦光波经过 $2D$ 距离后的相位移为 φ，则 φ 可以分解为 N 个 2π 整数周期和不足一个整数周期相位差 $\Delta\varphi$，也即有

$$\varphi=2\pi N+\Delta\varphi \qquad (4\text{-}21)$$

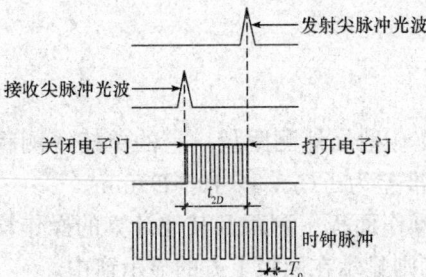

图 4-13　脉冲式光电测距仪测距原理

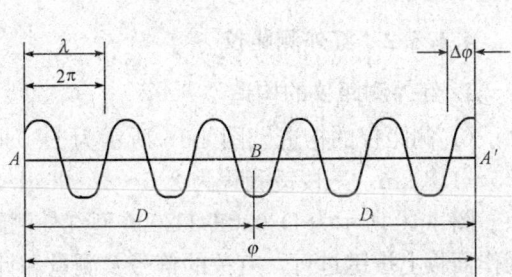

图 4-14　相位式光电测距仪测距原理

设正弦光波振荡频率为 f，角频率为 ω，波长为 λ_s（$\lambda_s = c/f$），光变化一周期的相位移为 2π，则

$$\varphi = \omega t_{2D} = 2\pi f t_{2D}$$

$$t_{2D} = \frac{\varphi}{2\pi f} \qquad (4-22)$$

将式(4-22)代入式(4-19)得

$$D = \frac{c}{2f} \cdot \frac{\varphi}{2\pi} \qquad (4-23)$$

将式(4-21)代入式(4-23)得

$$D = \frac{c}{2f}\left(N + \frac{\Delta\varphi}{2\pi}\right) = \frac{\lambda_s}{2}(N + \Delta N) \qquad (4-24)$$

式中 ΔN —— $\Delta N = \dfrac{\Delta\varphi}{2\pi}$，$\Delta N$ 小于 1，为不足一个周期的小数；

N —— 整周期数。

式(4-24)中 $\lambda_s = c/f$ 为正弦波的波长，$\lambda_s/2$ 为正弦波的半波长，又称测距仪的测尺。取 $c \approx 3 \times 10^8$ m，则不同的调制频率 f 对应的测尺长度见表 4-5。

表 4-5　调制频率与测尺长度的关系

调制频率 f	15 MHz	7.5 MHz	1.5 MHz	150 kHz	75 kHz
测尺 $\lambda_s/2$	10 m	20 m	100 m	1 km	2 km

由表 4-5 可知，f 与 $\lambda_s/2$ 的关系：调制频率越大，测尺长度越短。

如果能够测出正弦光波在待测距离上往返传播的整周期数 N 和不足一个周期的小数 ΔN，就可以依式(4-24)计算出待测距离 D。

由于测距仪的测相装置相位计只能测定往返调制光波不足一个周期的小数 ΔN，测不出整周期数 N，其测相误差一般小于 $1/1\,000$。这就使式(4-24)产生多值解，只有当待测距离小于测尺长度时(此时 $N=0$)，才有确定的距离值。一般通过在相位式光电测距仪中设置多个测尺，用各测尺分别测距，然后将测距结果组合起来的方法来解决距离的多值解问题。在仪器的多个测尺中，用较长的测尺(1 km 或 2 km)测定距离的大数(千米、百米、十米、米数)，称为粗尺；用较短的测尺(10 m 或 20 m)测定距离的尾数(米、分米、厘米、毫米数)，称为精尺。粗尺和精尺的数据组合起来即可得到实际测量的距离值。精粗测尺测距结果的组合过程由测距仪内的微处理器自动完成后输送到显示窗。

4.1.3.2　红外测距仪

1. 红外测距仪的构造

(1)测距仪的构造。图 4-15 所示为 D3030E/D2000 型红外测距仪。它的单棱镜测程为 1.5～1.8 km，三棱镜测程为 2.5～3.2 km，测距标准差为 $\pm(5 + 3 \times 10^{-6} D)$mm。

图 4-16 所示为 D3030E/D2000 型红外测距仪的操作面板。测距及其他计算的操作均在操作面板上按键进行，有关的信号及测量和计算结果则显示在面板上方的显示窗中。

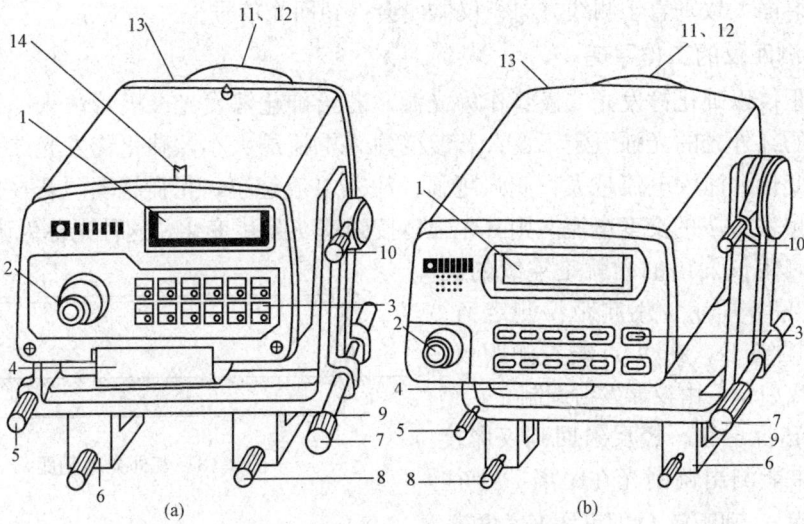

图 4-15　D3030E/D2000 型红外测距仪

(a)D3030E 型示意；(b)D2000 型示意

1—显示器；2—照准望远镜；3—键盘；4—电池；5—照准轴水平调整螺旋；

6—座架；7—俯仰螺旋；8—座架固定螺旋；9—间距调整螺钉；

10—俯仰角锁定螺旋；11—物镜；12—物镜罩；13—RS-232 接口；14—粗瞄器

V. H		T. P. C		SIG		AVE		MSR		ENT	
1	0	2	0	3	0	4	0	5	0	—	0
X. Y. Z		X. Y. Z		S. H. V		SO		TRK		PWR	
6	0	7	0	8	0	9	0	0	0	0	0

D3030E 型面板

V. H	T. P. C	SIG	AVE	MSR	ENT
1	2	3	4	5	—
X. Y. Z	X. Y. Z	S. H. V	SO	TRK	PWR
6	7	8	9	0	0

D2000 型面板

图 4-16　D3030E/D2000 型红外测距仪的操作面板

(2)棱镜反射镜的构造。棱镜反射镜简称棱镜。用红外测距仪测距时，棱镜是不可或缺的。构成反射棱镜的光学部分是直角光学玻璃锥体，它如同在正方体玻璃上切下的一角，如图 4-17 所示。图中 ABC 为透射面，呈等边三角形；另外三个面 ABD、BCD 和 CAD 为反射面，呈等腰直角三角形。反射面镀银，面与面之间相互垂直。

这种结构的棱镜，无论光线从哪个方向入射透射面，棱镜必将入射光线反射回入射光的发射方向。所以测量时，只

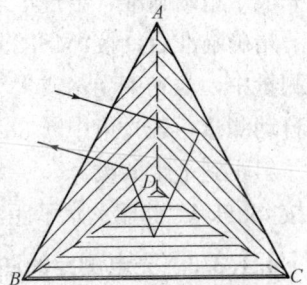

图 4-17　棱镜反射镜

要棱镜的透射面大致垂直于测线方向，仪器便会得到回光信号。

2. 红外测距仪的工作原理

红外测距仪以砷化镓发光二极管作为光源。若给砷化镓发光二极管注入一定的恒定电流，它发出的红外光的光强恒定不变；若改变注入电流的大小，砷化镓发光二极管发射的光强也随之变化，注入电流越大，光强越强，注入电流越小，光强越弱。若在发光二极管上注入的是频率为 f 的交变电流，则其光强也按频率 f 发生变化，这种光称为调制光。

相位法测距仪发出的光就是连续的调制光，如图 4-18 所示。用测距仪测定 A、B 两点间的距离 D，在 A 点安置测距仪，在 B 点安置反射镜。由仪器发射调制光，经过距离 D 到达反射镜，经反射回到仪器接收系统。如果能测出调制光在距离 D 上往返传播的时间 t，则距离 D 即可按下式求得

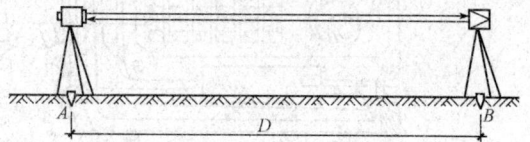

图 4-18　红外光电测距

$$D = \frac{1}{2}ct$$

式中　　c——调制光在大气中的传播速度。

3. 红外测距仪测距

(1)安置仪器。先在测站上安置好经纬仪，对中、整平后，将测距仪主机安装在经纬仪支架上，用连接器固定螺钉锁紧，将电池插入主机底部、扣紧。在目标点安置反射棱镜，对中、整平，并使镜面朝向主机。

(2)观测垂直角、气温和气压。用经纬仪十字横丝照准觇板中心，测出垂直角 α。同时，观测和记录温度和气压计上的读数。观测垂直角、气温和气压，目的是对测距仪测量出的斜距进行倾斜改正、温度改正和气压改正，以得到正确的水平距离。

(3)测距准备。按电源开关键"PWR"开机，主机自检并显示原设定的温度、气压和棱镜常数值，自检通过后将显示"good"。

若修正原设定值，可按"T. P. C"键后输入温度、气压值或棱镜常数(一般通过"ENT"键和数字键逐个输入)。一般情况下，只要使用同一类的反光镜，棱镜常数不变，而温度、气压，每次观测均可能不同，需要重新设定。

(4)距离测量。调节主机照准轴水平调整手轮(或经纬仪水平微动螺旋)和主机俯仰微动螺旋，使测距仪望远镜精确瞄准棱镜中心。在显示"good"状态下，精确瞄准也可根据蜂鸣器声音来判断，信号越强，声音越大，上、下、左、右微动测距仪，使蜂鸣器的声音最大，便完成了精确瞄准，出现" "。

精确瞄准后，按"MSR"键，主机将测定并显示经温度、气压和棱镜常数改正后的斜距。在测量中，若光束受挡或大气抖动等，测量将暂被中断，此时" "消失，待光强正常后继续自动测量；若光束中断 30 s，须光强恢复后，再按"MSR"键重测。

斜距到平距的改算，一般在现场用测距仪进行，方法：按"V. H"键后输入垂直角值，再按"S. H. V"键显示水平距离。连续按"S. H. V"键可依次显示斜距、平距和高差。

4.1.3.3　光电测距的注意事项

(1)测距仪是精密仪器，使用时应避开电磁场干扰，并防止大的冲击振动。

（2）测距仪应避免阳光直晒，在强阳光下或雨天作业时，应撑伞保护仪器。

（3）测距仪物镜不可对着太阳或其他强光源（如探照灯等），特别在架设仪器或测量时，以免损坏光敏二极管。

（4）测距仪测距易受气象条件影响，其测距宜在阴天进行。

（5）应尽可能避免测线两侧及镜站后方有反射物体（如房屋的玻璃窗、反射物质做成的路标等）及其他光源，以减小背景干扰，避免引起较大的测量误差，并应尽量避免逆光观测。

（6）仪器不用时，应关闭电源，长期不用时，应将电池取出。

（7）仪器在运输过程中应注意防潮和防震。

（8）经常保持仪器清洁和干燥。

4.2　直线定向

在量得两点之间的水平距离后，还要确定这两点连线的方向，才能把直线的相对位置确定下来。

4.2.1　标准方向的种类

微课：直线定向

直线定向时，常用的标准方向有真子午线方向、磁子午线方向、坐标纵轴线方向。

1. 真子午线方向

包括地球南北极的平面与地球表面的交线称为真子午线。通过地面上一点，指向地球南北极的方向线，就是该点的真子午线方向。指向北方的一端简称真北方向，指向南方的一端简称真南方向。真子午线方向是用天文测量的方法确定的。

2. 磁子午线方向

磁子午线是一点通过地球南北磁极所做的平面与地球表面的交线，为磁针在该点上自由静止时所指的方向线。磁子午线方向可用罗盘仪测定。

3. 坐标纵轴线方向

坐标纵轴线（坐标 x 轴）是在坐标系中确定直线方向时采用的标准方向。常以坐标纵轴线（南北轴）为准，测区内通过任一点与坐标纵轴平行的方向线，称为该点的坐标纵轴线方向。

4.2.2　直线方向的表示方法

在测量工作中，常采用方位角来表示直线的方向。通过测站的子午线与测线间顺时针方向的水平夹角称为方位角。由于子午线方向有真北、磁北和坐标北（轴北）之分，故对应的方位角分别称为真方位角（用 A 表示）、磁方位角（用 A_m 表示）和坐标方位角（用 α 表示）。方位角角值范围为 $0°\sim360°$ 且恒为正值，如图 4-19 所示。

1. 真方位角与磁方位角之间的关系

真子午线收敛于地球南北极，磁子午线收敛于地磁场南北极。由于地球南北极与地磁场南北极不重合，导致真子午线与磁子午线也不重合。地球上某点真子午线方向与磁子午线方向的夹角叫作磁偏角，用 δ 表示，如图 4-20 所示。磁子午线北端在真子午线东边称为东偏，磁偏角为正值；磁子午线北端在真子午线西边称为西偏，磁偏角为负值。真方位角与磁方位角之间的关系可由下式表示：

$$A = A_m + \delta \tag{4-25}$$

我国磁偏角 δ 的变化为 $-10°$（东北地区）$\sim +6°$（西北地区）。

2. 真方位角与坐标方位角之间的关系

对于高斯平面直角坐标系，某点的坐标纵轴方向是此点所在带的中央子午线北方向，它与此点的真子午线方向之间的夹角称为子午线收敛角，用 γ 表示，如图 4-21 所示。在中央子午线以东，各点坐标纵轴位于真子午线东边，子午线收敛角为正值；在中央子午线以西，各点坐标纵轴位于真子午线西边，子午线收敛角为负值。真方位角与坐标方位角之间的关系可由下式表示：

$$A = \alpha + \gamma \tag{4-26}$$

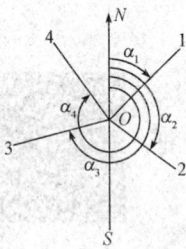

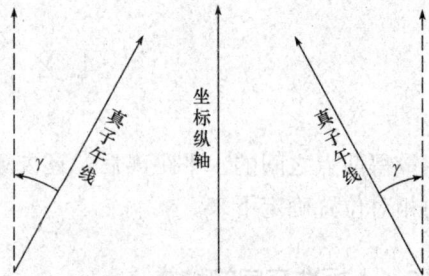

图 4-19　方位角示意　　图 4-20　磁偏角　　图 4-21　子午线收敛角

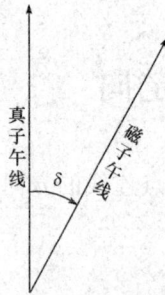

3. 磁方位角与坐标方位角之间的关系

由式(4-25)与式(4-26)可知，磁方位角与坐标方位角之间的关系可由下式表示：

$$A_m = \alpha + \gamma - \delta \tag{4-27}$$

4.3　罗盘仪的认识与使用

4.3.1　罗盘仪的构造

罗盘仪是由望远镜、罗盘盒和基座三部分构成的，如图 4-22（a）所示。现分述如下：

（1）望远镜。望远镜用于瞄准目标，由物镜、十字丝、目镜组成。使用时首先转动目镜进行调焦使十字丝清晰，然后用望远镜大致照准目标，再转动物镜对光螺旋使目标清晰，最后以十字丝竖丝精确对准目标。望远镜一侧为竖直度盘，可以测量竖直角。

（2）罗盘盒。罗盘盒如图 4-22（b）

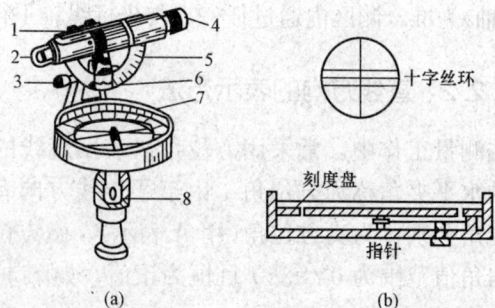

图 4-22　罗盘仪

（a）罗盘仪的构造；（b）罗盘盒

1—望远镜制动螺旋；2—目镜；3—望远镜微动螺旋；
4—物镜；5—竖直度盘；6—竖直度盘指标；7—罗盘盒；8—球臼

所示。罗盘盒内有磁针和刻度盘。磁针用于确定南北方向并用来指标读数,它安装在度盘中心顶针上,能自由转动,为减少顶针的磨损,不用时用磁针制动螺旋将磁针抬起,固定在玻璃盖上。

磁针南端装有铜箍以克服磁倾角,使磁针转动时保持水平。由于观测时随望远镜转动的不是磁针(磁针永指南北)而是刻度盘,为了直接读取磁方位角,所以刻度盘以逆时针注记。

(3)基座。基座是球臼结构,安装在三脚架上,松开球臼接头螺旋,摆动罗盘盒使水准气泡居中,此时刻度盘已处于水平位置,旋紧接头螺旋。

4.3.2 罗盘仪的使用

测定直线磁方位角的方法如下:
(1)安置罗盘仪于直线的一个端点,进行对中和整平。
(2)用望远镜瞄准直线另一端点的标杆。
(3)松开磁针制动螺旋,将磁针放下,待磁针静止后,磁针在刻度盘上所指的读数即为该直线的磁方位角。读数时当刻度盘的0°刻划在望远镜的物镜一端,应按磁针北端读数;如果在目镜一端,则应按磁针南端读数。图 4-23 中刻度盘0°刻划在物镜一端,应按指北针读数,其磁方位角为 240°。

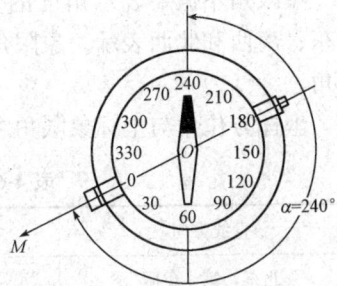

图 4-23　罗盘仪的使用

4.4　地面点的平面坐标计算

4.4.1　坐标方位角和象限角

1. 正、反坐标方位角

直线是有向线段,在平面上一直线的正、反坐标方位角如图 4-24 所示,地面上 1、2 两点之间的直线 1-2,可以在两个端点上分别进行直线定向。在 1 点上确定 1-2 直线的方位角为 α_{12},在 2 点上确定 2-1 直线的方位角为 α_{21}。称 α_{12} 为直线 1-2 的正方位角,α_{21} 为直线 1-2 的反方位角。同样,也可称 α_{21} 为直线 2-1 的正方位角,而 α_{12} 为直线 2-1 的反方位角。一般在测量工作中常以直线的前进方向称为正方向;反之称为反方向。在平面直角坐标系中,通过直线两端点的坐标纵轴方向彼此平行,因此,正、反坐标方位角之间的关系式为

$$\alpha_{反} = \alpha_{正} \pm 180° \qquad\qquad (4-28)$$

当 $\alpha_{正} < 180°$ 时,式(4-28)用加 180°;当 $\alpha_{正} > 180°$ 时,式(4-28)用减 180°。

2. 象限角

由坐标纵轴的北端或南端起,顺时针或逆时针至某直线间所夹的锐角,并注出象限名称,称为该直线的象限角,以 R 表示,角值范围为 0°~90°,如图 4-25 所示。

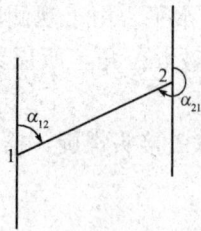

图 4-24 正、反坐标方位角示意

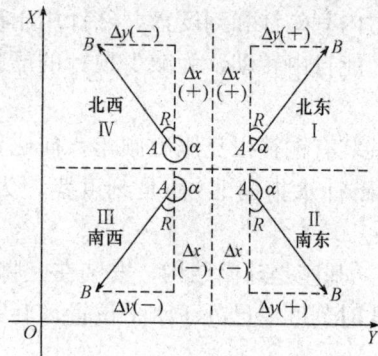

图 4-25 象限角与方位角的关系

象限角不但要表示角度的大小，还要注记该直线位于第几象限。象限角分别用北东、南东、南西和北西表示。象限角一般只在坐标计算时使用，这时所说的象限角是指坐标象限角。

坐标方位角与坐标象限角之间的换算关系见表 4-6。

表 4-6 坐标方位角与坐标象限角的换算关系

直线方向	由坐标方位角推算象限角	由象限角推算坐标方位角
北东，第Ⅰ象限	$R=\alpha$	$\alpha=R$
南东，第Ⅱ象限	$R=180°-\alpha$	$\alpha=180°-R$
南西，第Ⅲ象限	$R=\alpha-180°$	$\alpha=180°+R$
北西，第Ⅳ象限	$R=360°-\alpha$	$\alpha=360°-R$

4.4.2 坐标方位角计算

1. 坐标正算

根据已知点的坐标，已知边长及该边的坐标方位角，计算未知点的坐标的方法，称为坐标正算。

如图 4-26 所示，A 为已知点，坐标为 x_A、y_A，已知 AB 边长为 D_{AB}，坐标方位角为 α_{AB}，求 B 点坐标 x_B、y_B。

由图 4-26 可知：

$$\left.\begin{array}{l} x_B=x_A+\Delta x_{AB} \\ y_B=y_A+\Delta y_{AB} \end{array}\right\} \qquad (4-29)$$

图 4-26 坐标正、反算

其中

$$\left.\begin{array}{l} \Delta x_{AB}=D_{AB} \cdot \cos\alpha_{AB} \\ \Delta y_{AB}=D_{AB} \cdot \sin\alpha_{AB} \end{array}\right\} \qquad (4-30)$$

式中，$\sin\alpha_{AB}$ 和 $\cos\alpha_{AB}$ 的函数值随着 α_{AB} 所在象限的不同有正、负之分，因此，坐标增量同样具有正、负号。其符号与 α 角值的关系见表 4-7。

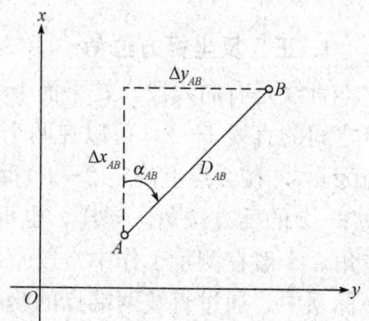

微课：坐标正算

表 4-7　坐标增量的正负号

象限	方向角 $\alpha/(°)$	$\cos\alpha$	$\sin\alpha$	Δx	Δy
Ⅰ	0～90	+	+	+	+
Ⅱ	90～180	−	+	−	+
Ⅲ	180～270	−	−	−	−
Ⅳ	270～360	+	−	+	−

2. 坐标反算

根据两个已知点的坐标求算出两点间的边长及其方位角，称为坐标反算。由图 4-26 可知：

$$D_{AB} = \sqrt{\Delta x_{AB}^2 + \Delta y_{AB}^2} = \sqrt{(x_B - x_A)^2 + (y_B - y_A)^2} \tag{4-31}$$

$$\alpha_{AB} = \arctan\frac{\Delta y_{AB}}{\Delta x_{AB}} = \arctan\frac{y_B - y_A}{x_B - x_A} \tag{4-32}$$

微课：坐标反算

注意，在用计算器按式(4-32)计算坐标方位角时，得到的角值只是象限角，还必须根据坐标增量的正负，按表 4-7 确定坐标方位角所在象限，再将象限角换算为坐标方位角。

4.5　距离丈量误差与注意事项

4.5.1　钢尺量距误差及注意事项

影响钢尺量距精度的因素很多，但其产生误差的原因主要有以下几种：

(1)尺长误差。如果钢尺的名义长度和实际长度不符，则产生尺长误差。尺长误差是积累的，丈量的距离越长，误差越大。因此，新购置的钢尺必须经过检定，测出其尺长改正值 ΔL_l。

(2)温度误差。钢尺的长度随温度而变化，当丈量时的温度和标准温度不一致时，将产生温度误差。按照钢的膨胀系数计算，温度每变化 1 ℃，丈量距离为 30 m 时对距离的影响为 0.4 mm。

(3)钢尺倾斜和垂曲误差。在高低不平的地面上采用钢尺水平法量距时，钢尺不水平或中间下垂而成曲线时，都会使量得的长度比实际长度大。因此，丈量时必须注意钢尺水平。

(4)定线误差。丈量时钢尺没有准确地放在所量距离的直线方向上，使所量距离不是直线而是一组折线，造成丈量结果偏大，这种误差称为定线误差。丈量 30 m 的距离，当偏差为 0.25 m 时，量距偏大 1 mm。

(5)拉力误差。钢尺在丈量时所受到的拉力应与检定时拉力相同。若拉力变化±2.6 kg，尺长将改变±1 mm。

(6)丈量误差。丈量时在地面上标志尺端点位置处插测钎不准，前、后尺手配合不佳，余长读数不准等都会引起丈量误差，这种误差对丈量结果的影响可正可负，大小不定。在丈量中要尽力做到对点准确，配合协调。

4.5.2 视距测量的误差

1. 读数误差

视距丝的读数是影响视距精度的重要因素。由视距公式可知，如果尺间隔有 1 mm 误差，将使视距产生 0.1 m 误差。因此，有关测量规范对视线长度有限制要求。另外，由上丝对准整分米数，由下丝直接读出视距间隔可减小读数误差。

2. 标尺倾斜误差

标尺倾斜对测定水平距离的影响随视准轴竖直角的增大而增大。山区测量时的竖直角一般较大，此时应特别注意将标尺竖直。视距标尺上一般装有水准器，立尺者在观测者读数时应参照尺上的水准器来使标尺竖直及稳定。

3. 视距乘常数 K 的误差

通常认定视距乘常数 $K=100$，但由于视距丝间隔有误差、视距尺有系统性刻划误差，以及仪器检定各种因素的影响，都会使 K 值不为 100。K 值一旦确定，误差对视距的影响将是系统性的。

4. 外界条件的影响

近地面的大气折光使视线弯曲，给视距测量带来误差。根据试验，只有在视线离地面超过 1 m 时，折光影响才比较小。空气对流使视距尺的成像不稳定，从而造成读数误差增大，因此，对视距精度影响很大。如果风力较大使尺子不易立稳而发生抖动，将会对视距间隔产生影响。

项目小结

本项目主要介绍了距离测量、直线定向、罗盘仪的认识与使用、地面点的平面坐标计算、距离丈量误差与注意事项等内容。

1. 由于钢尺材料质量及制造误差等因素的影响，其实长和名义长（尺上所注的长度）往往不一样，而且钢尺在长期使用中因受外界条件变化的影响也会引起尺长的变化。在丈量前须对所用钢尺进行检定，以便在丈量结果中加入尺长改正。视距测量法是根据几何光学原理，利用望远镜中十字丝横线上下的两条视距线，测定仪器至立尺点的水平距离与高差的一种方法。

2. 在量得两点之间的水平距离后，还要确定这两点连线的方向，才能把直线的相对位置确定下来。在测量工作中，常采用方位角来表示直线的方向。

3. 罗盘仪由望远镜、罗盘盒和基座三部分构成。

4. 一般在测量工作中常以直线的前进方向为正方向，反之称为反方向。根据已知点的坐标，已知边长及该边的坐标方位角，计算未知点的坐标的方法，称为坐标正算。根据两个已知点的坐标求算出两点间的边长及其方位角，称为坐标反算。

5. 影响钢尺量距精度的因素很多，但其产生误差的原因主要有尺长误差、温度误差、钢尺倾斜和垂曲误差、定线误差、拉力误差、丈量误差。

课后习题

一、填空题

1. 当地面两点之间的距离大于钢尺的一个尺段时，就需要在直线方向上标定若干个分段点，以便于用钢尺分段丈量，这项工作称为_____。

2. 在平坦地面丈量距离时，以往、返各丈量一次称为一个_____。

3. 用检定过的钢尺量距，量距结果要经过_____、_____和_____才能得到实际距离。

4. 水准仪视线水平是根据_____来确定的。经纬仪视线水平是根据在竖盘水准管气泡居中时，用竖盘读数为_____或_____来确定的。

5. 直线定向时，常用的标准方向有_____、_____、_____。

6. 在测量工作中，常采用_____来表示直线的方向。

二、选择题

1. 按照钢的膨胀系数计算，温度每变化 1 ℃，丈量距离为 30 m 时对距离影响为（   ）mm。

    A. 0.1 　　　　　 B. 0.2 　　　　　 C. 0.3 　　　　　 D. 0.4

2. 标尺倾斜对测定水平距离的影响随视准轴竖直角的增大而（   ）。

    A. 增大 　　　　 B. 减小 　　　　 C. 不变 　　　　 D. 不确定

3. 下列关于光电测距仪的使用说法不正确的是（   ）。

    A. 使用时应避开电磁场干扰，并防止大的冲击振动

    B. 测距仪应避免阳光直晒，在强阳光下或雨天作业时应撑伞保护仪器

    C. 测距仪测距易受气象条件影响，其测距宜在晴天进行

    D. 仪器不用时应关闭电源，长期不用时，应将电池取出

4. 坐标方位角的取值范围为（   ）。

    A. 0°～270° 　　 B. −90°～90° 　　 C. 0°～360° 　　 D. 0°～180°

5. 某直线的坐标方位角为 121°23′36″，则反坐标方位角为（   ）。

    A. 238°36′24″ 　　　　　　　　 B. 301°23′36″

    C. 58°36′24″ 　　　　　　　　　 D. −58°36′24″

6. 坐标反算是根据直线的起、终点平面坐标，计算直线的（   ）。

    A. 斜距、水平角 　　　　　　　 B. 水平距离、方位角

    C. 斜距、方位角 　　　　　　　 D. 水平距离、水平角

三、计算题

1. 用钢尺往、返丈量了一段距离，其平均值为 158.46 m，要求量距的相对误差为 1/3 000，则往、返丈量这段距离的绝对误差不能超过多少？

2. 某钢尺名义长度为 30 m，在 +5 ℃时加标准拉力丈量的实际长度为 29.992 m，问此时该钢尺的尺长方程式如何表达？在标准温度 +20 ℃时其尺长方程式又如何表达？（设其膨胀系数为 $\alpha = 0.000\ 012\ 5$）

3. 试完成表 4-8 所示经纬仪普通视距测量手簿。

表 4-8 视距测量手簿

测站：A 测站高程 $h_0 = 312.08$　　　　　　仪器高：$i = 1.45$　　　　　　仪器：DJ6

点号	上丝读数 下丝读数/m	视距间隔 l/m	中丝读数 v/m	竖盘读数	竖直角	水平距离 D/m	高差 h/m	高程 D/m
1	1.237 0.663		0.865	87°30′18″				
2	1.445 0.555		1.000	93°15′30″				

4. 假设已测得各直线的坐标方位角分别为 37°25′25″、173°37′30″、226°18′20″和334°48′55″，试分别求出它们的象限角和反坐标方位角。

微课：距离测量与直线定向
部分习题解析

项目 5　全站仪及其使用

学习目标

通过本项目的学习，了解全站仪的主要特点和基本功能，全站仪的构造和基本测量模式；掌握全站仪菜单模式主要功能。

能力目标

能够正确安置全站仪，利用全站仪进行角度测量、距离测量、坐标测量、放样测量和程序测量。

5.1　全站仪的认识

5.1.1　全站仪简介

全站仪，即全站型电子速测仪（Electronic Total Station），是一种集光、机、电为一体的高技术测量仪器，是集水平角、垂直角、距离（斜距、平距）、高差测量功能于一体的测绘仪器系统。因安装一次仪器就能完成该测站上全部测量工作，所以称为全站仪。全站仪广泛用于地上大型建筑和地下隧道施工等精密工程测量或变形监测领域。

全站仪的精度主要从测角精度和测距精度两方面来衡量。国内外生产的高、中、低等级全站仪多达几十种。目前普遍使用的全站仪有日本拓普康（Topcon）公司的 GTS 系列、索佳（Sokkia）公司的 SET 系列和 PowerSET 系列、宾得（Pentax）公司的 PTS 系列、尼康（Nikon）公司的 DTM 系列；瑞士徕卡（Lejca）公司的 WildTC 系列；中国南方测绘公司的 NTS 系列等。

5.1.2　全站仪的分类

（1）全站仪按其外观结构，可分为积木型全站仪和整体型全站仪。

1）积木型全站仪。积木型全站仪又称组合型全站仪，早期的全站仪大都是积木型结构。其电子测速仪、电子经纬仪、电子记录器各是一个整体，可以分离使用，也可以通过电缆或接口将它们组合起来，形成完整的全站仪。

2）整体型全站仪。整体型全站仪大多将测距、测角和记录单元在光学、机械等方面设计成一个不可分割的整体，其中测距仪的发射轴、接收轴和望远镜的视准轴为同轴结构。这对保证较大垂直角条件下的距离测量精度非常有利。

（2）全站仪按测距仪测距，可分为短距离测距全站仪、中测程全站仪和长测程全站仪三类。

1）短距离测距全站仪。测程小于 3 km，一般精度为±(5 mm+5 μm)，主要用于普通测量和城市测量。

2）中测程全站仪。测程为 3～15 km，一般精度为±(5 mm+2 μm)、±(2 mm+2 μm)，通常用于一般等级的控制测量。

3）长测程全站仪。测程大于 15 km，一般精度为±(5 mm+1 μm)，通常用于国家三角网及特级导线的测量。

5.1.3　全站仪的主要特点

（1）采用先进的同轴双速制、微动机构，使照准更加快捷、准确。

（2）具有完善的人机对话控制面板，由键盘和显示窗组成，除照准目标以外的各种测量功能和参数均可通过键盘来实现。仪器两侧均有控制面板，操作方便。

（3）设有双轴倾斜补偿器，可以自动对水平和竖直方向进行补偿，以消除竖轴倾斜误差的影响。

（4）机内设有测量应用软件，能方便地进行三维坐标测量、放样测量、后方交会、悬高测量、对边测量等多项工作。

（5）具有双路通视功能，仪器将测量数据传输给电子手簿式计算机，也可接收电子手簿式计算机的指令和数据。

5.1.4　全站仪的基本功能

由于全站仪可以同时完成水平角、垂直角和边长测量，加之仪器内部有固化的测量应用程序，因此，可以现场完成常见的测量工作，提高了野外测量的速度和效率。

1. 角度测量

全站仪具有电子经纬仪的测角部，除一般的水平角和垂直角测量功能外，还具有以下附加功能：

（1）水平角设置。输入任意值；任意方向置零；任意角值锁定（照准部旋转时，角值不变）；右角/左角的测量；角度复测模式（按测量次数计算其平均值的模式）。

（2）垂直角显示变换。可以天顶距、高度角、倾斜角、坡度等方式显示垂直角。

（3）角度单位变换。可以 360°等方式显示角度。

（4）角度自动补偿。使用电子水准器，可以从照准轴方向和水平轴两个方向来检测仪器倾斜值，具有补偿垂直轴误差、水平轴误差、照准轴误差、偏心差多项误差的功能。

2. 距离测量

（1）全站仪具有光波测距仪的测距部，除测量至反光镜的距离（斜距）外，还可根据全站仪的类型、反射棱镜数目和气象条件，改变其最大测程，以满足不同的测量目的和作业要求。

（2）测距模式的变换。

1）按具体情况，可设置为高精度测量模式和快速测量模式。

2）可选取距离测量的最小分辨率，通常有 1 cm、1 mm、0.1 mm 三种。

3)可选取测距次数,主要有单次测量(能显示一次测量结果,然后停止测量);连续测量(可进行不间断测量,只要按停止键,测量马上停止);指定测量次数;多次测量平均值自动计算(根据所定的测量次数,测量后显示平均值)。

4)可设置测距精度和时间,主要有精密测量(测量精度高,需要数秒测量时间);简易测量(测量精度低,可快速测量);跟踪测量(如在放样时,边移动反射棱镜边测距,测量时间小于 1 s,通常测量的最小单位为 1 cm)。

(3)各种改正功能。在测距前设置相应的参数,距离测量结果可自动进行棱镜常数的改正、气象(温度和气压)的改正和球差及折光差的改正。

1)斜距归算功能。由测量的垂直角(天顶距)和斜距可计算出仪器至棱镜的平距和高差,并立即显示出来。如事先输入仪器高和棱镜高,测距测角后便可计算出测站点与目标点间的平距和高差。

2)距离调阅功能。测距后,按操作键可以随意调阅斜距、平距、高差中的任意一个。

3. 三维坐标测量

对仪器进行必要的参数设定后,全站仪可直接测定点的三维坐标,如在地形测图等场合使用,可大大提高作业效率。

首先,在一已知点安置仪器,输入仪器高和棱镜高,输入测站点的平面坐标和高程,照准另一已知点(称为定向点或后视点),利用机载后视定向功能定向,将水平度盘读数安置为测站至定向点的方位角;接着,照准目标点(也称为前视点)上的反射棱镜,按测距键,即可测量出目标点的坐标值(X、Y、Z)。

4. 辅助功能

(1)休眠和自动关机功能。当仪器长时间不操作时,为节省电量,仪器可自动进入休眠状态,需要操作时可按功能键唤醒,仪器恢复到先前状态。也可设置仪器在一定时间内无操作时自动关机,以免电池耗尽电量。

(2)显示内容个性化。可根据用户的需要,设置显示的内容和页面。

(3)电子水准器。由仪器内部的倾斜传感器检测垂直轴的倾斜状态,以数字和图形的形式显示,指导测量员高精度置平仪器。

(4)照明系统。在夜晚或黑暗环境下观测时,仪器可对显示屏、操作面板、十字丝实施照明。

(5)导向光引导。在进行放样作业时,利用仪器发射的恒定和闪烁可见光,引导持镜员快速找到方位。

(6)数据管理功能。测量数据可存储到仪器内存、扩展存储器,还可由数据输出端口实时输出到电子手簿。测量数据可现场进行查询。

5. 程序测算功能

全站仪内部配置有微处理器、存储器和输入/输出接口,与 PC 具有相同的结构模式,可以运行复杂的应用程序,具有对测量数据进一步处理和存储的功能。其存储器有三类,即 ROM 存储器,用于操作系统和厂商提供的应用程序;RAM 存储器,用于存储测量数据和结果;PC 存储卡,用于存储测量数据、计算结果和应用程序。各厂商提供的应用程序在数量、功能、操作方法等方面不尽相同,应用时可参阅其操作手册,但基本原理是一致的。

5.2 全站仪构造与基本测量模式

5.2.1 全站仪构造

下面以 GTS－310 系列全站仪为例进行介绍。GTS－310 系列全站仪的外貌和结构如图 5-1 所示，其结构与经纬仪相似。

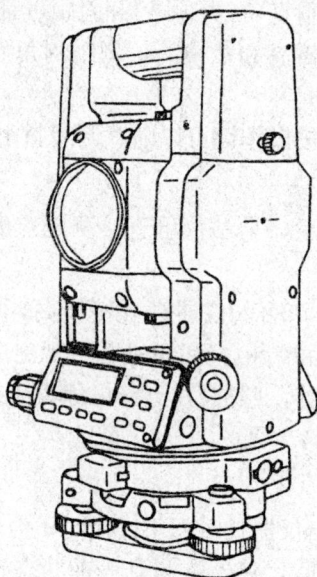

图 5-1 GTS－310 系列全站仪

5.2.2 全站仪键盘

仪器的键盘设置情况如图 5-2 所示。键盘分为两部分，一部分为操作键，在显示屏的右方，共有六个键；另一部分为功能键（软键），在显示屏的下方，共有四个键。现分别简述功能如下。

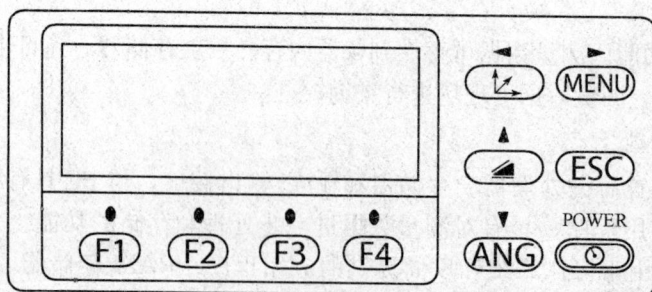

图 5-2 全站仪键盘

（1）操作键。GTS－310 系列全站仪操作键的名称及功能见表 5-1。

表 5-1　GTS—310 系列全站仪操作键名称及功能

按键	名称	功能
↙	坐标测量键	坐标测量模式
◢	距离测量键	距离测量模式
ANG	角度测量键	角度测量模式
MENU	菜单键	在菜单模式和正常测量模式之间切换，在菜单模式下设置应用测量与照明调节方式
ESC	退出键	·返回测量模式或上一层模式 ·从正常测量模式直接进入数据采集模式或放样模式
POWER	电源键	电源接通/切断　（ON/OFF）
F1～F4	软键(功能键)	相当于显示的软键信息

（2）功能键（软键）。软键信息显示在显示屏的底行，软件功能相当于显示的信息。

5.2.3　测量模式

GTS—310 系列全站仪的测量模式见表 5-2～表 5-4。

表 5-2　角度测量模式

页数	软键	显示符号	功能
1	F1	OSET	水平角设置为 0°00′00″
	F2	HOLD	水平角读数锁定
	F3	HSET	用数字输入设置水平角
	F4	P1↓	显示第 2 页软键功能
2	F1	TILT	设置倾斜改正开或关(ON/OFF)(若选择 ON，则显示倾斜改正值)
	F2	REP	重复角度测量模式
	F3	V%	垂直角/百分度(%)显示模式
	F4	P2↓	显示第 3 页软键功能
3	F1	H—BZ	仪器每转动水平角 90°是否要发出蜂鸣声的设置
	F2	R/L	水平角右/左方向计数转换
	F3	CMPS	垂直角显示格式(高度角/天顶距)的切换
	F4	P3↓	显示下一页(第 1 页)软键功能

表 5-3　坐标测量模式

页数	软键	显示符号	功能
1	F1	MEAS	进行测量
	F2	MODE	设置测距模式，Fine/Coarse/Tracking(精测/粗测/跟踪)
	F3	S/A	设置音响模式
	F4	P1↓	显示第 2 页软键功能

页数	软键	显示符号	功能
2	F1	R. HT	输入棱镜高
	F2	INS. HT	输入仪器高
	F3	OCC	输入仪器站坐标
	F4	P2↓	显示第 3 页软键功能
3	F1	OFSET	选择偏心测量模式
	F3	m/f/i	距离单位米/英尺/英寸切换
	F4	P3↓	显示下一页(第 1 页)软键功能

表 5-4　距离测量模式

页数	软键	显示符号	功能
1	F1	MEAS	进行测量
	F2	MODE	设置测距模式，Fine/Coarse/Tracking(精测/粗测/跟踪)
	F3	S/A	设置音响模式
	F4	P1↓	显示第 2 页软键功能
2	F1	OFSET	选择偏心测量模式
	F2	S. O	选择放样测量模式
	F3	m/f/i	距离单位米/英尺/英寸切换
	F4	P2↓	显示下一页(第 1 页)软键功能

5.3　全站仪菜单模式主要功能

5.3.1　全站仪的安置

(1)安装电力充电的配套电池，也可使用外部电源。

(2)将仪器安置在三脚架上，精确对中和整平。

(3)在操作时应使用中心连接螺旋直径为 5/8 英寸(1.587 5 cm)的拓普康宽框木制三脚架。其具体操作方法与光学经纬仪的安置相同。

微课：全站仪的架设

5.3.2　仪器的开机

首先确认仪器已经整平，然后打开电源开关(POWER 键)，仪器开机后应确认棱镜常数(PSM)和大气改正值(PPM)并可调节显示屏。最后根据需要进行各项测量工作。

5.3.3　字母数字输入

仪器字母数字的输入主要有仪器高、棱镜高、测站点和后视点的参数的输入。具体操作见表 5-5。

表 5-5　字母数字输入

操作步骤	操作及按键	显示
①用▼或▲键将箭头移到待输入的条目	▼或▲	点号→ 标识符： 仪高：　　　　　0.000　m 输入　查找　记录　测站
②按 F1（输入）键，箭头即变成等号（＝），这时在底行上显示字符	F1	点号→ 标识符： 仪高：　　　　　0.000　m 1234　　5678　　90.-[ENT] ABCD　EFGH　IJKL　[ENT] [F1]　　[F2]　　[F3] [F4]
③按▼或▲键，选择另一页	▼或▲	点号→ 标识符： 仪高：　　　　　0.000　m （E）（F）（G）（H） [F1] [F2] [F3] [F4]
④按软功能键选择一组字符，如按 F2 选择"EFGH"	F2	点号 G 标识符： 仪高：　　　　　0.000　m ABCD　EFGH　IJKL　[ENT]
⑤按软键选择某个字符，如按 F3 选择"G"，再用同样方法输入下一个字符	F3	点号＝GOOD↑ 标识符： 仪高：　　　　　0.000　m ABCD　EFGH　IJKL　[ENT]
⑥按 F4（ENT）键，箭头移动到下一个条目	F4	点号＝GOOD↑ 标识符：→ 仪高：　　　　　0.000　m 输入　查找　记录　测站

若要修改字符，可按◀或▶键将光标移到要修改的字符上，并再次输入。

5.3.4　角度测量

（1）水平角（右角）和垂直角测量。将仪器调为角度测量模式，具体操作见表 5-6。

表 5-6　水平角（右角）和垂直角测量

操作步骤	操作及按键	显示
①照准第一个目标 A	照准 A	V:　　　　　　90°10′20″ HR:　　　　　120°30′40″ 置零　锁定　置盘　P1↓
②设置目标 A 水平角为 0°00′00″	F1	水平角置零 　>OK? …　　…　　[是]　[否]

操作步骤	操作及按键	显示
③按 F1(置零)键和"是"键	F3	V: 90°10′20″ HR: 0°00′00″ 置零　锁定　置盘　P1↓
④照准第二个目标 B，显示目标的 V/H	照准 B	V: 96°48′24″ HR: 153°29′21″ 置零　锁定　置盘　P1↓

（2）水平角（右角/左角）的切换。将仪器调为角度测量模式，具体操作见表 5-7。

表 5-7　水平角（右角/左角）的切换

操作步骤	操作及按键	显示
①按 F4 键(↓)两次转到第 3 页功能	F4 两次	V: 90°10′20″ HR: 120°30′40″ 置零　锁定　置盘　P1↓
②按 F2(R/L)右角模式 HR 切换到左角模式 HL	F2	倾斜　复制　V%　P2↓ H-蜂鸣　R/L　竖角　P3↓
③以左角模式 HL 进行测量		V: 90°10′20″ HR: 239°29′20″ H-蜂鸣　R/L　竖角　P3↓

（3）水平角的设置。

1）通过锁定角度值进行设置。将仪器调为角度测量模式，具体操作见表 5-8。

表 5-8　通过锁定角度值进行设置

操作过程	操作及按键	显示
①用水平微动螺旋旋转到所需的水平角	显示角度	V: 90°10′20″ HR: 130°40′20″ 置零　锁定　置盘　P1↓
②按 F2(锁定)键	F2	水平角锁定 HR: 130°40′20″ ＞设置? …　…　[是][否]
③照准目标	照准	
④按 F3 键完成水平角设置，显示窗变为正常的角度	F3	V: 90°10′20″ HR: 130°40′20″ 置零　锁定　置盘　P1↓

2)通过键盘输入进行设置。将仪器调为角度测量模式，具体操作见表5-9。

表5-9 通过键盘输入进行设置

操作过程	操作及按键	显示
①照准目标	照准	V: 90°10′20″ HR: 170°30′20″ 置零 锁定 置盘 P1↓
②按 F3(置盘)键	F3	水平角设置 HR: 输入 … … 回车 1234 5678 90 [ENT]
③通过键盘输入所要求的水平角	F1 70.402 0 F4	V: 90°10′20″ HR: 70°40′20″ 置零 锁定 置盘 P1↓

3)垂直角百分度(V%)模式。将仪器调为角度测量模式，按以下操作进行：

①按 F4 键转到显示屏第 2 页。

②按 F3(V%)键，显示屏即显示 V%，进入垂直角百分度(%)模式。

5.3.5 距离测量

(1)棱镜常数的设置。拓普康的棱镜常数为 0，设置棱镜改正为 0。若使用其他厂家生产的棱镜，则在使用之前应先设置一个相应的常数，即使电源关闭，所设置的值也仍会被保存在仪器中。

(2)距离测量(连续测量)。将仪器调为距离测量模式，具体操作见表5-10。

表5-10 距离测量

操作过程	操作及按键	显示
①照准棱镜中心	照准	V: 90°10′30″ HR: 120°30′40″ 置零 锁定 置盘 P1↓
②按距离测量键，距离测量开始显示测量的距离		HR: 120°30′40″ HD*[r]: m VD: m 测量 模式 S/A P1↓
*再次按 键，显示变为水平角(HR)、垂直角(V)和斜距(SD)	照准	HR: 120°30′40″ HD: 123.456m VD: 5.678m 测量 模式 S/A P1↓

操作过程	操作及按键	显示
①照准棱镜中心		V: 90°10′20″ HR: 120°30′40″ SD: 131.678m 测量 模式 S/A P1↓
②按 ◢ 键，连续测量开始		V: 90°10′20″ HR: 120°30′40″ 置零 锁定 置盘 P1↓
③当连续测量不再需要时，可按 F1(测量)键，"﹡"标志消失并显示平均值	F1 ◢	HR: 120°30′40″ HD﹡[r] m VD: m 测量 模式 S/A P1↓
﹡当光电测距(EDM)正在工作时，再按 F1(测量)键，模式转变为连续测量模式		HR: 120°30′40″ HR﹡[r] m VD: m 测量 模式 S/A P1↓ ↓ HR: 120°30′40″ HD: 123.456m VD: 5.678m 测量 模式 S/A P1↓

(3)精测模式/跟踪模式/粗测模式。

1)精测模式：这是正常的测距模式，最小显示单位为 0.2 mm 或 1 mm，其测量时间为 0.2 mm 模式下大约为 2.8 s，1 mm 模式大约为 1.2 s。

2)跟踪模式：此模式观测时间要比精测模式短，最小显示单位为 10 mm，测量时间约为 0.4 s。

3)粗测模式：该模式观测时间比精测模式短，最小显示单位为 10 mm 或 1 mm，测量时间约为 0.7 s。具体操作见表 5-11。

表 5-11 粗测模式

操作过程	操作及按键	显示
①在距离测量模式下按 F2(模式)键，设置模式的首字符(F/T/C)将显示出来(F：精测；T：跟踪；C：粗测)	F2	HR: 120°30′40″ HD: 123.456m VD: 5.678m 测量 模式 S/A P1↓
②按 F1(精测)键、F2(跟踪)键或 F3(粗测)键	F1～F3	HR: 120°30′40″ HD: 123.456m VD: 5.678m 精测 跟踪 粗测 F HR: 120°30′40″ HD: 123.456m VD: 5.678m 测量 模式 S/A P1↓

5.3.6 放样测量

该功能可显示出测量的距离与输入的放样距离之差。测量距离－放样距离＝显示值，具体操作见表 5-12。

表 5-12 放样测量

操作过程	操作及按键	显示
①在距离测量模式下，按 F4(↓)键进入第 2 页功能	F4	HR: 120°30′40″ HD＊ 123.456m VD: 5.678m 测量 模式 S/A P1↓ -------- 偏心 放样 m/f/i P2↓
②按 F2(放样)键，显示出上次设置的数据	F2	放样 HD: 0.000m 平距 高差 斜距
③通过按 F1～F3 键选择测量模式。例：水平距离	F1	放样 HD: 0.000m 输入 … … 回车 1234 5678 90 [ENT]
④输入放样距离	F1 输入数据 F4 照准 P	放样 HD: 100.000m 输入 … … 回车
⑤照准目标(棱镜)，测量开始，显示出测量距离与放样距离之差		HR: 120°30′40″ dHD＊[r]: m VD: m 测量 模式 S/A P1
⑥移动目标棱镜，直至距离差等于 0 m 为止		HR: 120°30′40″ dHD＊[r]: 23.456m VD: 5.678m 测量 模式 S/A P1↓

5.3.7 坐标测量

(1)测站点坐标的设置。设置仪器(测站点)相对于测量坐标原点的坐标，仪器可自动转换和显示未知点(棱镜点)在该坐标系中的坐标，如图 5-3 所示。其具体操作见表 5-13。

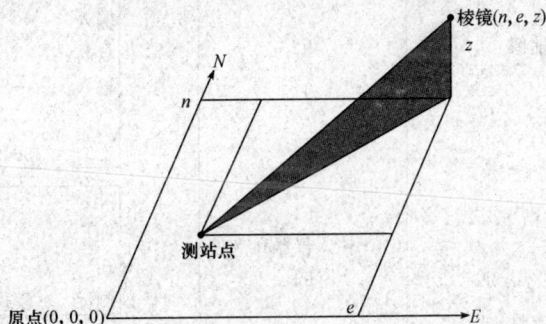

微课：全站仪的操作—坐标测量

图 5-3 测站点坐标设置

表 5-13　测站点坐标的设置

操作过程	操作及按键	显示
①在坐标测量模式下，按 F4(↓)键进入第 2 页功能	F4	N：　　　　123.456m E：　　　　 34.567m Z：　　　　 78.912m 测量　　模式　　S/A　　P1↓ -------- 镜高　　仪高　　测站　　P2↓
②按 F3（测站）键	F3	N→：　　　　0.000m E：　　　　　0.000m Z：　　　　　0.000m 输入　　…　　…　　回车 -------- 1234　　5678　　90　［ENT］
③输入 N 坐标	F1 输入数据 F4	N　　　　 51.456m E→：　　　　0.000m Z：　　　　　0.000m 输入　　…　　…　　回车
④按同样方法输入 E 和 Z 坐标。输入数据后，显示屏返回坐标测量模式		N：　　　　 51.456m E：　　　　 34.567m Z：　　　　 78.912m 测量　　模式　　S/A　　P1↓

(2)仪器高的设置。电源关闭后，可保存仪器高，具体操作见表 5-14。

表 5-14　仪器高的设置

操作过程	操作及按键	显示
①在坐标测量模式下，按 F4(↓)键，进入第 2 页功能	F4	N：　　　　123.456m E：　　　　 34.567m Z：　　　　 78.912m 测量　　模式　　S/A　　P1↓ -------- 镜高　　仪高　　测站　　P2↓
②按 F2(仪高)键，显示当前值	F2	仪器高 输入 仪高：　　　　0.000m 输入　　…　　…　　回车 -------- 1234　　5678　　90　［ENT］
③输入棱镜高	F1 输入仪器高 F4	N：　　　　123.456m E：　　　　 34.567m Z：　　　　 78.912m 测量　　模式　　S/A　　P1↓

（3）目标高（棱镜高）的设置。此项功能用于获取 Z 坐标值，电源关闭后，可保存目标高，具体操作见表 5-15。

表 5-15　目标高的设置

操作过程	操作及按键	显示
①在坐标测量模式下，按 F4（↓）键，进入第 2 页功能	F4	N:　　　　　123.456m E:　　　　　34.567m Z:　　　　　78.912m 测量　　模式　S/A　P1↓ ------------------------------ 镜高　　仪高　测站　P2↓
②按 F2（镜高）键，显示当前值	F2	镜高 输入 镜高:　　　　　0.000m 输入　…　…　回车 ------------------------------ 1234　5678　90　[ENT]
③输入棱镜高	F1 输入棱镜高 F4	N:　　　　　123.456m E:　　　　　34.567m Z:　　　　　78.912m 测量　　模式　S/A　P1↓

（4）坐标测量的过程。通过输入仪器高和棱镜高后进行坐标测量时，可直接测定未知点的坐标。具体操作见表 5-16。

表 5-16　坐标测量过程

操作过程	操作及按键	显示
①设置已知点 A 的方向角	设置方向角	V:　　　　　90°10′20″ HR:　　　　　120°30′40″ 置零　锁定　置盘　P1↓
②照准目标 B	照准目标	N*[r]:　　　　　m E:　　　　　m Z:　　　　　m 测量　模式　S/A　P1↓ ↓
③按↙键，开始测量显示结果	↙	N:　　　　　123.456m E:　　　　　34.567m Z:　　　　　78.912m 测量　模式　S/A　P1↓

📁 ➤ 项目小结

本项目主要介绍了全站仪的基础知识、全站仪构造与基本测量模式、全站仪菜单模式主要功能等内容。

1. 全站仪是集水平角、垂直角、距离(斜距、平距)、高差测量功能于一体的测绘仪器系统。全站仪可以同时完成水平角、垂直角和边长测量等工作,提高了野外测量的速度和效率。

2. GTS—310 系列全站仪的测量模式有角度测量模式、坐标测量模式、距离测量模式。

📁 ➤ 课后习题

一、填空题

1. 全站仪按其外观结构可分为＿＿＿＿＿和＿＿＿＿＿。

2. 全站仪的键盘分为＿＿＿＿＿和＿＿＿＿＿两部分。

3. 在使用全站仪开始进行测量前,应先做好的准备工作有＿＿＿＿＿、＿＿＿＿＿和＿＿＿＿＿。

二、选择题

1. 下列关于全站仪的应用说法不正确的是(　　　)。

　　A. 可使控制测量和碎部测量同时进行

　　B. 可将设计好的管线、道路、工程建设中的建筑物、构筑物等的位置按图纸设计数据测设到地面上

　　C. 可进行导线测量、前方交会测量、后方交会测量等

　　D. 不能将全站仪与计算机、绘图仪连接在一起,形成一套完整的外业实时测绘系统

2. 全站仪功能键(软键)信息显示在显示屏的(　　　)。

　　A. 上行　　　　　　　B. 中间　　　　　　　C. 底行　　　　　　　D. 任意位置

3. 全站仪距离测量若使用的气压单位是 mmHg,按 1 hPa=(　　　)mmHg 进行换算。

　　A. 0.50　　　　　　　B. 0.65　　　　　　　C. 0.76　　　　　　　D. 0.80

4. 使用全站仪进行面积测量时,计算面积的点组成的图形不能(　　　)。

　　A. 平行　　　　　　　B. 重合　　　　　　　C. 交叉　　　　　　　D. 重叠

三、简答题

1. 简述全站仪的主要特点。

2. 全站仪的使用有哪些注意事项?

项目6　全球定位系统(GPS)测量

学习目标

　　通过本项目的学习，了解 GPS 组成，GPS 定位的坐标系统与时间系统，GPS RTK 技术；理解 GPS 定位的基本原理；掌握 GPS 定位测量的技术要求，GPS 控制网的布设形式，GPS 测量作业。

能力目标

　　能够使用 GPS 进行野外数据采集。

6.1　GPS 概述

　　全球定位系统(Navigation System Timing and Ranging/Global Positioning System, GPS)是美国国防部研制的采用距离交会原理进行工作的新一代军民两用的卫星导航定位系统，具有全球性、全天候、高精度、连续的三维测速、导航、定位与授时能力，最初主要应用于军事领域，由于其定位技术的高度自动化及其定位结果的高精度，很快也引起了广大民用部门，尤其是测量单位的关注。特别是近十几年来，GPS 技术在应用基础研究，各领域的开拓及软件、硬件的开发等方面都取得了迅速的发展，使得该技术已经广泛地渗透到经济建设和科学研究的许多领域。GPS 技术给大地测量、工程测量、地籍测量、航空摄影测量、变形监测等多个学科带来了深刻的技术革新。

6.1.1　GPS 组成

　　GPS 由 GPS 空间卫星星座、地面监控系统和 GPS 用户设备三部分组成。

　　(1)GPS 空间卫星星座。卫星星座由 21 颗工作卫星和 3 颗在轨备用卫星组成，如图 6-1 所示。24 颗卫星均匀分布在 6 个轨道平面内，轨道平面的倾角为 $55°$，卫星的平均高度为 20 200 km，运行周期为 11 h 58 min。卫星用 L 波段的两个无线电载波向广大用户连续不断地发送导航定位信号，导航定位信号中含有卫星的位置信息，使卫星成为一个动态的已知点。卫星通过天顶时，

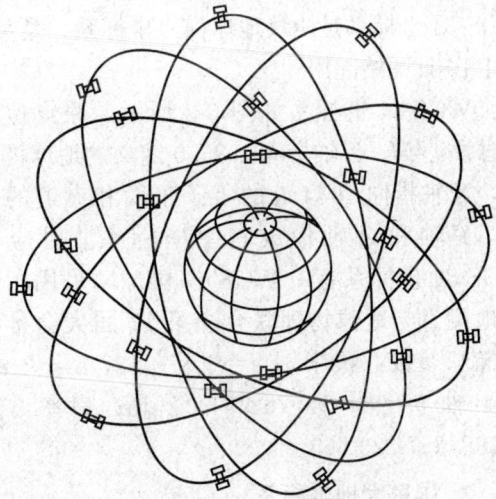

图 6-1　GPS 空间卫星星座

卫星的可见时间为 5 h，在地球表面上任何时刻，在卫星高度角 15°以上，平均可同时观测到 6 颗卫星，最多可达 11 颗卫星。在用 GPS 信号导航定位时，为了解算测站的三维坐标，必须同时观测 4 颗 GPS 卫星，称为定位星座。这 4 颗卫星在观测过程中的几何位置分布对定位精度有一定的影响。对于某地某时，甚至不能测得精确的点位坐标，这种时间段称为"间歇段"。但这种间歇段是很短暂的，并不影响全球绝大多数地方的全天候、高精度、连续实时的导航定位测量。

（2）地面监控系统。GPS 工作卫星的地面监控系统包括 1 个主控站、3 个注入站和 5 个监测站。主控站设在美国本土科罗拉多，其主要任务是根据各监测站对 GPS 卫星的观测数据，计算各卫星的轨道参数、钟差参数等，并将这些数据编制成导航电文，传送到注入站。另外，主控站还负责纠正卫星的轨道偏离，必要时调度卫星，让备用卫星取代失效的工作卫星；负责监测整个地面检测系统的工作；检验注入给卫星的导航电文，监测卫星是否将导航电文发给用户。3 个注入站分别设在大西洋的阿松森群岛、印度洋的迪戈加西亚岛和太平洋的卡瓦加兰。注入站的主要任务是将主控站发来的导航电文注入相应卫星的存储器。监测站除了位于主控站和注入站的 4 个站以外，还在夏威夷设置了一个监测站。监测站的主要任务是为主控站提供卫星的观测数据，每个监测站均用 GPS 信号接收机对每颗可见卫星每 6 min 进行一次伪距测量和积分多普勒观测，采用气象要素等数据。

（3）GPS 用户设备。用户设备由 GPS 接收机、数据处理软件及其终端设备（如计算机）等组成。GPS 接收机可捕获到按一定卫星高度截止角所选择的待测卫星的信号，跟踪卫星的运行，并对信号进行交换、放大和处理，再通过计算机和相应软件，经基线解算、网平差，求出 GPS 接收机中心（测站点）的三维坐标。

6.1.2　GPS 定位的坐标系统与时间系统

6.1.2.1　GPS 定位的坐标系统

1. WGS-84 坐标系

GPS 卫星定位测量所采用的坐标系是 WGS-84（World Geodetie System 1984）坐标系。WGS-84 坐标系是协议地球（心）坐标系，是美国国防部研制建立的大地坐标系，自 1987 年 1 月 10 日开始起用。

WGS-84 坐标系如图 6-2 所示，原点位于地球质心 M，Z 轴指向 1984.0 定义的地球极方向，X 轴指向 1984.0 的零子午面和赤道的交点，Y 轴和 Z 轴构成右手坐标系。对应于 WGS-84 坐标系有一 WGS-84 椭球，采用国际大地测量与地球物理联合会第 17 届大会推荐的椭球参数：长半轴 $a = 6\ 378\ 137$ m± 2 m；短半轴 $b = 6\ 356\ 752.314\ 2$ m；扁率 $\alpha = 1/298.257\ 223\ 563$。

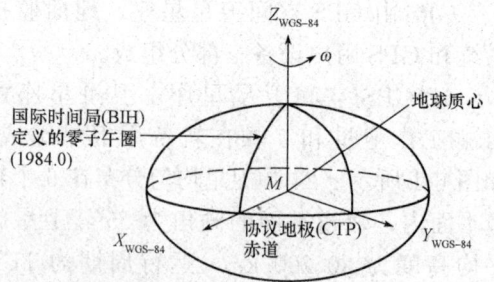

图 6-2　WGS-84 坐标系示意

2. 国家大地坐标系

我国目前采用的大地坐标系为 1980 年国家大地坐标系（简称 C_{80}），也称西安坐标系。

1980 年国家大地坐标系是我国目前采用的大地坐标系，是根据椭球定位的基本原理和我国的实际地理位置而建立的。参考椭球短轴 Z 轴平行于地球质心指向地极原点（$JYD_{1968.0}$）的方向，大地起始子午面平行于格林尼治平均天文台子午面，X 轴在大地起始子午面内与 Z 轴垂直指向经度 $0°$ 方向，Y 轴与 Z、X 轴构成右手坐标系。

我国天文大地网整体平差时，采用 1975 年国际大地测量与地球物理联合会第 16 届大会推荐的 1975 国际椭球参数：长半轴 $a=6\ 378\ 140\ m\pm5\ m$；短半轴 $b=6\ 356\ 755.288\ 158\ m$；扁率 $\alpha=(a-b)/a=1/298.257$。

3. GPS 成果的坐标转换

由于我国目前使用的是国家大地坐标系，而 GPS 定位成果是属于 WGS-84 坐标系，由此必须进行 GPS 成果的坐标转换。

GPS 网通常是由同步图形之间的互相连接而成的，在解算得到同步观测基线向量之后，就以 GPS 基线向量为观测值进行平差，这种网称为 GPS 基线向量网。GPS 基线向量网的平差有无约束平差、约束平差、联合平差三种方法。

（1）无约束平差。无约束平差只固定网中一点的坐标，其主要目的是考察网本身的内符合精度，以及基线向量之间有无明显的系统误差和粗差，同时为 GPS 大地高与公共点正高联合确定 GPS 网点的正高，提供经平差处理的大地高数据，但是无约束平差不能解决 GPS 网成果转换问题。

（2）约束平差。约束平差以国家大地坐标系（或地方坐标系）的某些点的坐标、边长和方位角为约束条件，设立 GPS 网与地面网之间的转换参数，在国家大地坐标系中进行平差，是一种有效的转换方法。

（3）联合平差。联合平差是除 GPS 基线向量观测值和上述约束数据外，还有地面常规观测值边长、方向、高差等，将这些数据一并进行平差，也是一种有效的转换方法。

6.1.2.2　GPS 定位的时间系统

GPS 定位时，作为观测目标的 GPS 卫星以每秒几千米的速度运动。对观测者而言，卫星的位置（方向、距离、高度）和速度都在不断地迅速变化。任何一个观测量都必须给定取得该观测量的时刻。为了保证观测量的精度，对观测时刻要有一定的精度要求。

在天文学和空间科学技术中，时间系统是精确描述天体和卫星运行位置及其相互关系的重要基准，也是利用卫星进行定位的重要基准。

利用 GPS 进行精密导航和定位，应尽可能获得高精度的时间信息。时间包含了"时刻"和"时间间隔"两个概念。时刻是指发生某一现象的瞬间。在天文学和卫星定位中，与所获取数据对应的时刻也称历元。时间间隔是指发生某一现象所经历的过程，是这一过程始末的时间之差。

1. 世界时系统

最早建立的时间系统是以地球自转运动为基准的世界时系统。按地球自转运动时所选取的空间参考点不同，世界时系统的分类及内容见表 6-1。

2. 原子时

物质内部的原子跃迁所辐射和吸收的电磁波频率具有很高的稳定度，由此建立的原子时是最理想的时间系统。

表 6-1　世界时系统的分类及内容

序号	分类	内容
1	恒星时 (Sidereal Time, ST)	以春分点为参考点, 由春分点的周日视运动所确定的时间称为恒星时。 (1)春分点连续两次经过本地子午圈的时间间隔为一恒星日, 含 24 个恒星小时。恒星时以春分点通过本地子午圈时刻为起算原点, 在数值上等于春分点相对于本地子午圈的时角, 同一瞬间不同测站的恒星时不同, 具有地方性, 也称地方恒星时。 (2)由于岁差和章动的影响, 地球自转轴在空间的指向是变化的, 春分点在天球上的位置也不固定。对于同一历元, 真北天极和平北天极有真春分点和平春分点之分, 相应的恒星时就有真恒星时和平恒星时之分
2	平太阳时 (Mean Solar Time, MT)	由于地球公转的轨道为椭圆, 根据天体运动的开普勒定律, 可知太阳的视运动速度是不均匀的, 如果以真太阳作为观察地球自转运动的参考点, 则不符合建立时间系统的基本要求。 假设一个参考点的视运动速度等于真太阳周年运动的平均速度, 且在天球赤道上做周年视运动, 这个假设的参考点在天文学中称为平太阳。平太阳连续两次经过本地子午圈的时间间隔为一平太阳日, 包括 24 个平太阳时
3	世界时 (Universal Time, UT)	以平子夜为零时起算的格林尼治平太阳时称为世界时。世界时与平太阳时的时间尺度相同, 起算点不同。1956 年以前, 秒被定义为一个平太阳日的 1/86 400, 是以地球自转这一周期运动作为基础的时间尺度。 由于自转的不稳定性, 在 UT 中加入极移改正得 UT1, 加入地球自转角速度的季节改正得 UT2。虽然经过改正, 其中仍包含地球自转角速度的长期变化和不规则变化的影响, 世界时 UT2 不是一个严格均匀的时间系统

原子时秒长的定义: 位于海平面上的铯[133]原子基态的两个超精细能极在零磁场中跃迁辐射振荡 9 192 631 770 周所持续的时间为一原子时秒。原子时秒为国际制秒(SI)的时间单位。原子时的原点为 AT=UTC−0.003 9 s。

不同的地方原子时之间存在差异, 为此, 国际上大约 100 座原子钟, 通过相互比对, 经数据处理推算出统一的原子时系统, 称为国际原子时(International Atomic Time, IAT)。

3. 协调世界时(Universal Time Coordinated, UTC)

近 20 年, 世界时每年比原子时慢约 1 s, 且两者之差逐年积累。采用一种以原子时秒长为基础, 在时刻上尽量接近于世界时的一种折中时间系统, 称为协调世界时或协调时, 可避免发播的原子时与世界时之间产生过大偏差。

采用闰秒或跳秒的方法使协调时与世界时的时刻相接近, 即当协调时与世界时的时刻差超过±0.9 s 时, 便在协调时中引入一闰秒(正或负)。

此外, 需要注意的是, 一般在 12 月 31 日或 6 月 30 日末加入, 具体日期由国际地球自转服务组织(IERS)安排并通告。GPS 采用 UTC, 我国采用北京时, 两者相差 8 h。

6.1.2.3　GPS 定位的基本原理

GPS 定位的基本原理是根据高速运动的卫星瞬间位置作为已知的起算数据, 采用空间距离后方交会的方法, 确定待测点的位置。如图 6-3 所示, 假设 t 时刻在地面待测点上安置 GPS 接收机, 可以测定 GPS 信号到达接收机的时间 Δt, 再加上接收机所接收到的卫星星历等其他数据, 可以确定以下四个方程式:

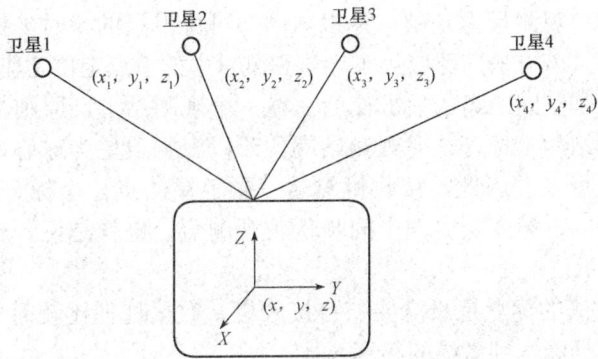

图 6-3　GPS 定位原理

$$
\begin{cases}
[(x_1-x)^2+(y_1-y)^2+(z_1-z)^2]^{1/2}+c(v_1-v_t)=d_1 \\
[(x_2-x)^2+(y_2-y)^2+(z_2-z)^2]^{1/2}+c(v_2-v_t)=d_2 \\
[(x_3-x)^2+(y_3-y)^2+(z_3-z)^2]^{1/2}+c(v_3-v_t)=d_3 \\
[(x_4-x)^2+(y_4-y)^2+(z_4-z)^2]^{1/2}+c(v_4-v_t)=d_4
\end{cases} \tag{6-1}
$$

式中　$(x_1,\ y_1,\ z_1)$、$(x_2,\ y_2,\ z_2)$、$(x_3,\ y_3,\ z_3)$、$(x_4,\ y_4,\ z_4)$——卫星 1、2、3、4 在 t 时刻的空间直角坐标；

v_1、v_2、v_3、v_4——t 时刻 4 颗卫星的钟差，它们均由卫星所广播的卫星星历来提供；

v_t——t 时刻接收机的钟差；

c——传播信号的速度；

d_1、d_2、d_3、d_4——所测 4 颗卫星 1、2、3、4 的距离。

求解式(6-1)方程，即可得到待测点的空间直角坐标$(x,\ y,\ z)$。

利用 GPS 进行定位的方式有多种，按用户接收机天线所处的状态来分，可分为静态定位和动态定位；按参考点的位置不同，可分为单点定位和相对定位。

(1)静态定位和动态定位。

1)静态定位。静态定位是指 GPS 接收机在进行定位时，待定点的位置相对其周围的点位没有发生变化，其天线位置处于固定不动的静止状态。此时接收机可以连续不断地在不同历元同步观测不同的卫星，获得充分的多余观测量，根据 GPS 卫星的已知瞬间位置，解算出接收机天线相对中心的三维坐标。由于接收机的位置固定不动，就可以进行大量的重复观测，因此，静态定位可靠性强，定位精度高，在大地测量、工程测量中得到了广泛的应用，是精密定位中的基本模式。

2)动态定位。动态定位是指在定位过程中，接收机位于运动着的载体上，天线也处于运动状态的定位。动态定位使用 GPS 信号实时地测得运动载体的位置。如果按照接收机载体的运行速度，还可将动态定位分为低动态(几十米/秒)、中等动态(几百米/秒)、高动态(几千米/秒)三种形式。其特点是测定一个动点的实时位置，多余观测量少，定位精度较低。

(2)单点定位和相对定位。

1)单点定位。单点定位也称绝对定位，如图 6-4 所示，就是采用一台接收机进行定位的模式，它所确定的是接收机天线相位中心在 WGS-84 坐标系中的绝对位置，因此，单点定位的结果也属于该坐标系统。GPS 绝对定位的基本原理是以 GPS 卫星和用户接收机天线之间的距离(或距离差)观测量为基础，并根据已知可见卫星的瞬时坐标来确定用户接收机天线相位中心的位置。该方法广泛应用于导航和测量中的单点定位工作。

单点定位的实质是空间距离的后方交会。在一个观测站上，原则上需有三个独立的观测距离才可以算出测站的坐标，这时观测站应位于以三颗卫星为球心，相应距离为半径的球面与地面交线的交点上。因此，接收机对这三颗卫星的点位坐标分量再加上钟差参数，共有四个未知数，所以，至少需要四个同步伪距观测值。也就是说，至少必须同时观测四颗卫星，如图6-3所示。

GPS绝对定位方法的优点是只需要一台接收机，数据处理比较简单，定位速度快；但其缺点是精度较低，只能达到米级的精度。

2)相对定位。GPS相对定位又称差分GPS定位，是采用两台以上的接收机(含两台)同步观测相同的GPS卫星，以确定接收机天线间相互位置关系的一种方法，如图6-5所示。其最基本的情况是用两台接收机分别安置在基线的两端，同步观测相同的GPS卫星，确定基线端点在世界大地坐标系中的相对位置或坐标差(基线向量)，在一个端点坐标已知的情况下，用基线向量推求另一待定点的坐标。相对定位可以推广到多台接收机安置在若干条基线的端点，通过同步观测GPS卫星确定多条基线向量。

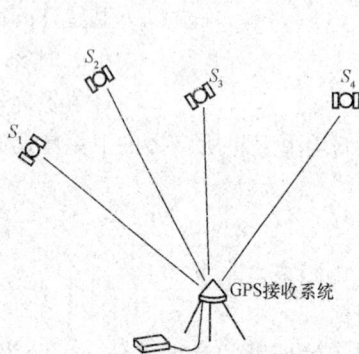

图 6-4　GPS 单点定位　　　　　图 6-5　GPS 相对定位

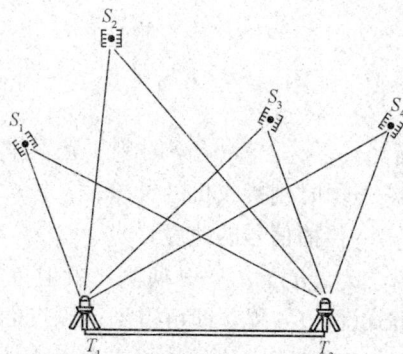

当然，也可以使用多台接收机分别安置在若干条基线的端点，通过同步观测以确定各条基线的向量数据。相对定位对于中等长度的基线，其精度可达 $10^{-7} \sim 10^{-6}$。相对定位也可按用户接收机在测量过程中所处的状态，分为静态相对定位和动态相对定位两种。

①静态相对定位。静态相对定位的最基本情况是用两台GPS接收机分别安置在基线的两端，固定不动；同步观测相同的GPS卫星，以确定基线端点在坐标系中的相对位置或基线向量，由于在测量过程中，通过重复观测取得了充分的多余观测数据，从而提高了GPS定位的精度。

②动态相对定位。动态相对定位的数据处理有两种方式：一种是实时处理；另一种是测后处理。前者的观测数据无须存储，但难以发现粗差，精度较低；后者在基线长度为数千米的情况下，精度为 1～2 cm，较为常用。

6.2　GPS定位测量的技术要求

(1)各等级卫星定位测量控制网的主要技术要求，应符合表6-2的规定。

表 6-2　卫星定位测量控制网的主要技术要求

等级	平均边长 /km	固定误差 A /mm	比例误差系数 B /(mm·km⁻¹)	约束点间的 边长相对中误差	约束平差后 最弱边相对中误差
二等	9	≤10	≤2	≤1/250 000	≤1/120 000
三等	4.5	≤10	≤5	≤1/150 000	≤1/70 000
四等	2	≤10	≤10	≤1/100 000	≤1/40 000
一级	1	≤10	≤20	≤1/40 000	≤1/20 000
二级	0.5	≤10	≤40	≤1/20 000	≤1/10 000

(2)各等级控制网的基线精度,按式(6-2)计算:

$$\sigma = \sqrt{A^2 + (B \cdot d)^2} \tag{6-2}$$

式中　σ——基线长度中误差(mm);

　　　A——固定误差(mm);

　　　B——比例误差系数(mm/km);

　　　d——平均边长(km)。

(3)卫星定位测量控制网观测精度的评定,应满足下列要求:

1)控制网的测量中误差,按式(6-3)计算:

$$m = \sqrt{\frac{1}{3N}\left[\frac{WW}{n}\right]} \tag{6-3}$$

式中　m——控制网的测量中误差(mm);

　　　N——控制网中异步环的个数;

　　　n——异步环的边数;

　　　W——异步环环线全长闭合差(mm)。

2)控制网的测量中误差,应满足相应等级控制网的基线精度要求,并应符合式(6-4)的规定:

$$m \leqslant \sigma \tag{6-4}$$

(4)卫星定位测量控制网的布设,应符合下列要求:

1)应根据测区的实际情况、精度要求、卫星状况、接收机的类型和数量以及测区已有的测量资料进行综合设计。

2)首级网布设时,宜联测两个以上高等级国家控制点或地方坐标系的高等级控制点;对控制网内的长边,宜构成大地四边形或中点多边形。

3)控制网应由独立观测边构成一个或若干个闭合环或附合路线;各等级控制网中构成闭合环或附合路线的边数不宜多于六条。

4)各等级控制网中独立基线的观测总数,不宜少于必要观测基线数的1.5倍。

5)加密网应根据工程需要,在满足精度要求的前提下可采用比较灵活的布网方式。

(5)卫星定位测量控制点位的选定,应符合下列要求:

1)点位应选在稳固地段,同时应方便观测、加密和扩展,每个控制点宜有一个通视方向。

2)点位应对空开阔,高度角在15″以上的范围内,应无障碍物;点位周围不应有强烈干扰接收卫星信号的干扰源或强烈反射卫星信号的物体,距大功率无线电发射源宜大于200 m,距高压输电线路或微波信号传输通道宜大于 50 m。

3)宜利用符合要求的原有控制点。

6.3 GPS 控制网的布设形式

GPS 控制网的图形设计主要取决于用户的要求、经费、时间、人力以及所投入的接收机的类型、数量和后勤保障条件。根据不同的用途，GPS 控制网的图形布设通常有点连式、边连式、网连式和边点混连式四种基本连接方式。除此之外，也有布设成星形网连接、三角锁式连接、导线网式连接等。选择何种组网，取决于工程所需要的精度、野外条件和接收机台数等因素。

1. 点连式

点连式图形相邻同步图形之间仅有一个公共点连接，如图 6-6 所示。这种方式所构成的图形几何强度很弱，没有或极少有非同步图形闭合条件，一般不能单独采用。在图 6-6 中，有 15 个定位点，无多余观测(无异步检核条件)，最少观测时段 7 个(同步环)，最少观测基线为 $n-1=14$ 条(n 为点数)。

2. 边连式

边连式同步图形之间有一条公共基线连接，如图 6-7 所示。这种网的几何强度较高，有较多的复测边和异步图形闭合条件。采用相同的仪器台数，观测时段数将比点连式增加很多。

3. 网连式

网连式图形相邻同步图形之间由两个以上公共点相连接，如图 6-8 所示。这种方式需要 4 台以上接收机。显然这种密集的布点方法，其图形的几何强度和可靠性指标非常高，但花费的时间和经费也较多，一般只适用较高精度的控制网。

图 6-6 点连式图形   图 6-7 边连式图形   图 6-8 网连式图形

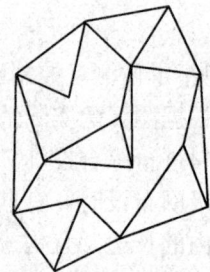

4. 边点混连式

边点混连式图形将点连式和边连式有机地结合起来组网，以保证网的几何强度和可靠性指标，如图 6-9 所示。其优点是既保证了强度和可靠性，又减少了作业量，降低了成本，是一种较为理想的布网方法。

5. 星形网连接

星形网图形简单，直接观测边之间不构成任何图形，抗粗差能力极差，如图 6-10 所示。

其作业只需两台接收机，是一种快速定位的作业图形，常用于快速静态定位与准动态定位。因此，星形网连接广泛应用于精度较低的工程测量，如地质测量、地籍测量和地形测量。

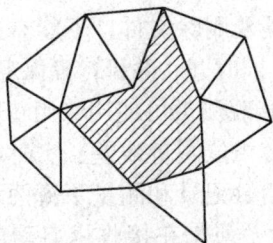

图 6-9　边点混连式图形　　　　　　　图 6-10　星形网连接图形

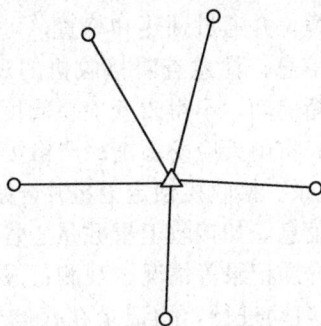

6. 三角锁式连接

三角锁式连接图形是用点连式或边连式组成连续发展的三角锁同步图形，如图 6-11 所示。这种连接方式适用狭长地区的 GPS 布网，如铁路、公路、渠道及管线工程控制。

7. 导线网式连接

导线网式连接图形是将同步图形布设为直伸状，形如导线结构式的 GPS 网，各独立边应构成封闭形状，形成非同步图形，以增加可靠性，适用于精度较高的 GPS 布网，如图 6-12 所示。

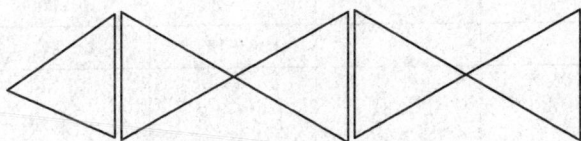

图 6-11　三角锁式连接图形　　　　　　图 6-12　导线网式连接图形

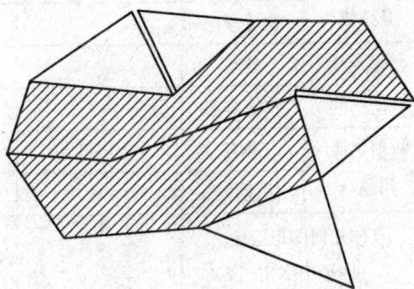

6.4　GPS 测量作业

6.4.1　GPS 测量外业实施

1. 技术要求

GPS 控制测量作业的基本技术要求，应符合表 6-3 的规定。

2. 外业观测

GPS 外业观测工作主要包括天线安置、开机观测、观测记录等内容。

（1）天线安置。观测前，应将天线安置在测站上，对中、整平，并保证天线定向误差不超过 5°，测定天线的高度及气象参数。天线的定向标志应指向正北，兼顾当地磁偏角，以减弱天线相位中心偏差的影响。

（2）开机观测。在离开天线适当位置安放 GPS 接收机，接通接收机与电源、天线、控制器的连接电缆，并通过预热和静置，可启动接收机进行观测。测站观测员应按照说明书正确输入测站信息；注意查看接收机的观测状态；不得远离接收机；在一个观测时段中，不得关机或重新启动，不得改变卫星高度角、采样间隔及删除文件；不能靠近接收机使用手机、对讲机；雷雨天应防雷击；严格按照统一指令，同时开、关机，确保观测同步。

（3）观测记录。接收机锁定卫星并开始记录数据后，观测员可使用专用功能键和选择菜单，查看有关信息，如接收卫星数量、各通道信噪比、相位测量残差、实时定位的结果及其变化、存储介质记录等情况。观测记录形式主要有测量记录和测量手簿两种。测量记录由 GPS 接收机自动进行，均记录在存储介质上；测量手簿是在接收机启动前及观测过程中，由观测者按规程规定的记录格式进行记录。

表 6-3　GPS 控制测量作业的基本技术要求

等级		二等	三等	四等	一级	二级
接收机类型		双频	双频或单频	双频或单频	双频或单频	双频或单频
仪器标称精度		10 mm+2 ppm	10 mm+5 ppm	10 mm+5 ppm	10 mm+5 ppm	10 mm+5 ppm
观测量		载波相位	载波相位	载波相位	载波相位	载波相位
卫星高度角/(°)	静态	≥15	≥15	≥15	≥15	≥15
	快速静态	—	—	—	≥15	≥15
有效观测卫星数	静态	≥5	≥5	≥4	≥4	≥4
	快速静态	—	—	—	≥5	≥5
观测时段长度/min	静态	30～90	20～60	15～45	10～30	10～30
	快速静态	—	—	—	10～15	10～15
数据采样间隔/s	静态	10～30	10～30	10～30	10～30	10～30
	快速静态	—	—	—	5～15	5～15
点位几何图形强度因子 PDOP		≤6	≤6	≤6	≤8	≤8

6.4.2　GPS 测量数据处理

（1）基线解算，应满足下列要求：

1）基线解算可根据观测等级和实际情况选择单基线解算模式、多基线解算模式或整体解算模式；

2）基线解算应采用双差固定解；

3）基线解算结果应包括基线向量的三维坐标增量及其方差－协方差阵和基线长度等信息。

（2）GPS 控制测量外业观测的全部数据应经同步环、异步环和复测基线检核，并应满足下列要求：

1）同步环各坐标分量闭合差及环线全长闭合差，应满足式(6-5)～式(6-9)的要求。

$$W_x \leqslant \frac{\sqrt{n}}{5}\sigma \tag{6-5}$$

$$W_y \leqslant \frac{\sqrt{n}}{5}\sigma \qquad\qquad (6\text{-}6)$$

$$W_z \leqslant \frac{\sqrt{n}}{5}\sigma \qquad\qquad (6\text{-}7)$$

$$W = \sqrt{W_x^2 + W_y^2 + W_z^2} \qquad\qquad (6\text{-}8)$$

$$W \leqslant \frac{\sqrt{3n}}{5}\sigma \qquad\qquad (6\text{-}9)$$

式中　n——同步环中基线边的个数；

　　　W——同步环环线全长闭合差(mm)。

2)异步环各坐标分量闭合差及环线全长闭合差，应满足式(6-10)~式(6-14)的要求。

$$W_x \leqslant 2\sqrt{n}\sigma \qquad\qquad (6\text{-}10)$$

$$W_y \leqslant 2\sqrt{n}\sigma \qquad\qquad (6\text{-}11)$$

$$W_z \leqslant 2\sqrt{n}\sigma \qquad\qquad (6\text{-}12)$$

$$W = \sqrt{W_x^2 + W_y^2 + W_z^2} \qquad\qquad (6\text{-}13)$$

$$W \leqslant 2\sqrt{3n}\sigma \qquad\qquad (6\text{-}14)$$

式中　n——异步环中基线边的个数；

　　　W——异步环环线全长闭合差(mm)。

3)复测基线的长度较差，应满足式(6-15)的要求。

$$\Delta d \leqslant 2\sqrt{2}\sigma \qquad\qquad (6\text{-}15)$$

（3）当观测数据不能满足检核要求时，应对成果进行全面分析，并舍弃不合格基线，但应保证舍弃基线后，所构成异步环的边数不超过卫星定位测量技术要求的规定。否则，应重测该基线或有关的同步图形。

（4）外业观测数据检验合格后，应按规定对 GPS 网的观测精度进行评定。

（5）GPS 测量控制网的无约束平差，应符合下列规定：

1)应选用与导航定位卫星系统一致的坐标系进行三维无约束平差；

2)无约束平差应提供各观测点在该坐标系中的三维坐标、各基线向量三个坐标差观测值的改正数、基线长度、基线方位及相关的精度信息等；

3)无约束平差的基线向量改正数的绝对值，不应超过相应的约束平差等。

（6）GPS 测量控制网的约束平差，应符合下列规定：

1)应选用国家坐标系或地方坐标系，对无约束平差后的观测量进行二维或三维约束平差。

2)对于已知坐标、距离或方位，可强制约束，也可加权约束；约束点间的边长相对中误差应符合表 6-2 中相应等级的规定。

3)约束平差的基线向量改正数与经过剔除粗差后无约束平差结果的同一基线相应改正数较差的绝对值，不应超过相应等级基线中误差的两倍。

4)平差结果应输出观测点在相应坐标系中的二维或三维坐标、基线向量的改正数、基线长度、基线方位角，以及相关的精度信息。

5)控制网约束平差的最弱边边长相对中误差应符合表 6-2 中相应等级的规定。

6.5 GPS—RTK 技术

6.5.1 GPS—RTK 技术简介

RTK(Real Time Kinematic)技术是以载波相位观测量为基础的实时差分 GPS 测量技术,它不仅具有 GPS 技术的所有优点,而且可实时获得观测结果及精度,大大提高了作业效率,是 GPS 定位技术的一个新的里程碑。

建筑工程测量中常规测量方法受横向通视和作业条件的限制,作业强度大,且效率低,大大延长了施工周期。目前,在建筑工程勘测设计中,建立勘测、设计、施工、后期管理一体化的数据链,实现"内外业一体化"的要求,是建筑工程勘测设计技术发展的趋势。RTK 技术满足了这一技术要求,因其高精度、实时性和高效性而在建筑工程测量测图和放线中得到了广泛应用。

RTK 测量的基本思想是在基线上安置一台 GPS 接收机,对所有可见 GPS 卫星进行连续地测量,并将其观测数据通过无线电传输设备实时地发送给用户观测站。在用户观测站上,GPS 接收机在接收 GPS 卫星信号的同时,通过无线电接收设备,接收基准站传输的观测数据,然后根据相对定位的原理,实时地计算并显示用户站的三维坐标及其精度。

6.5.2 GPS—RTK 技术作业模式

根据用户的要求,目前实时动态测量采用的作业模式主要有如下三种:

(1)快速静态测量。采用这种测量模式,要求 GPS 接收机在每一用户站上,静止地进行观测。在观测过程中,连同接收到的基准站的同步观测数据,实时地结算整周未知数和用户站的三维坐标。如果解算结果的变化趋于稳定,且其精度已满足设计要求,便可适时地结束观测。这种模式的定位精度可达 1~2 cm,主要应用于城市、矿山等区域性的控制测量、工程测量和地籍测量等。

(2)准动态测量。采用这种测量模式,通常要求流动的接收机在观测工作开始之前,首先在某一起始点上静止地进行观测,以便采用快速解算整周未知数的方法实时地进行初始化工作。初始化后,流动的接收机在每一观测站,只需静止观测数历元,并连同基准站的同步观测数据,实时地解算流动站的三维坐标。目前,其定位精度可达厘米级。这种模式通常应用于地籍测量、碎部测量、路线测量和工程放样等。

(3)动态测量。采用这种测量模式,首先在某一起始点上静止地观测数分钟,以便进行初始化工作。其后,运动的接收机按预定的采样时间间隔自动地进行观测,并连同基准站的同步观测数据,实时地确定采样点的空间位置。目前,其定位的精度可达厘米级。这种模式主要应用于航空摄影测量和航空物探中采样点的实时定位、航空测量、公路中线测量,以及运动目标的精度导航等。

📁 ➤ 项目小结

本项目主要介绍了 GPS 基础知识、GPS 定位测量的技术要求、GPS 控制网的布设形式、GPS 测量作业、GPS RTK 技术等内容。

1. 全球定位系统(GPS)由 GPS 空间卫星星座、地面监控系统和 GPS 用户设备三部分组成。GPS 定位的基本原理是根据高速运动的卫星瞬间位置作为已知的起算数据，采用空间距离后方交会的方法，确定待测点的位置。

2. 卫星定位测量控制网的布设、精度，卫星定位测量控制点位的选定应符合技术要求。

3. 根据不同的用途，GPS 控制网的图形布设通常有点连式、边连式、网连式和边点混连式四种基本连接方式。

4. GPS 外业观测工作主要包括天线安置、开机观测、观测记录等内容。GPS 测量数据处理应符合规范要求。

5. RTK(Real Time Kinematic)技术是以载波相位观测量为基础的实时差分 GPS 测量技术，它不仅具有 GPS 技术的所有优点，而且可实时获得观测结果及精度，大大提高了作业效率。

📁 ➤ 课后习题

一、填空题

1. 全球定位系统(GPS)由_____、_____和_____三部分组成。

2. GPS 工作卫星的地面监控系统包括_____个主控站、_____个注入站和_____个监测站。

3. 利用 GPS 进行定位的方式有多种，按用户接收机天线所处的状态划分，可分为_____和_____；按参考点的位置不同，可分为_____和_____。

二、选择题(有一个或多个答案)

1. GPS 绝对定位方法的优点是(   )。

    A. 只需一台接收机   B. 数据处理比较简单

    C. 定位速度快   D. 精度较低，只能达到米级的精度

2. 卫星定位测量控制点位的选定应符合的要求是(   )。

    A. 点位应选在稳固地段，同时应方便观测、加密和扩展，每个控制点宜有一个通视方向

    B. 点位应对空开阔，高度角在 $30''$ 以上的范围内，应无障碍物

    C. 点位周围不应有强烈干扰接收卫星信号的干扰源或强烈反射卫星信号的物体，距大功率无线电发射源宜大于 200 m

    D. 宜利用符合要求的原有控制点

三、简答题

1. 卫星定位测量控制网的布设应符合哪些要求？

2. GPS RTK 测量的基本思想是什么？

项目 7 测量误差的基本知识

学习目标

通过本项目的学习，了解测量误差的分类，偶然误差的统计特征；理解测量误差产生的因素；掌握评定精度的标准，观测值的算术平均值及其中误差。

能力目标

能够分析误差产生的原因，能对各种具体的误差进行计算、分析、归类。

7.1 测量误差概述

7.1.1 测量误差产生的因素

在测量工作实践中表明，观测结果不可避免地存在着明显误差。产生测量误差的因素有很多，主要有仪器误差、观测者误差、外界环境条件的影响。

微课：测量误差
基本知识

1. 仪器误差

由于观测所使用的仪器的制造和校正可能不十分完善，其精度受一定限制，使其观测结果的精确程度也受到一定限制，造成测量成果含有误差。

2. 观测者误差

在测量中，由于观测者的技术水平和感觉器官鉴别能力的限制，由此在仪器的对中、整平、瞄准、读数等工作环节时都会产生一定的误差。

3. 外界环境条件的影响

在测量过程中，观测工作易受风力、大气、气压、温度及湿度等因素的影响，以致造成测量结果产生误差。

总之，在测量过程中，必须严格按测量规范去操作，认真、仔细地对待工作，并做好必要的检核措施。

7.1.2 测量误差的分类

测量误差按对观测结果影响的性质不同，可分为系统误差和偶然误差两大类。

1. 系统误差

系统误差是指在相同的观测条件下，对某量进行一系列观测，如误差出现的符号和大小均相同或按一定的规律变化的误差。产生系统误差的主要原因可能是测量仪器和工具的构造不完善或校正不正确。如某钢尺名义长度为 40 m，与标准长度相比，其实际长度为

40.003 m，用此钢尺进行量具时，则每量一尺段就会产生－0.003 m 的误差。这个误差的大小和符号是固定的，属于系统误差。

系统误差具有积累性，对测量结果的影响很大，但它们的符号和大小有一定的规律。有的误差可以用计算改正的方法加以消除，例如尺长误差和温度对尺长的影响；有的误差可以用一定的观测方法加以消除，其改正方法主要有以下两种：

(1)在观测方法和观测程序上采取必要的措施，限制或削弱系统误差的影响。如水准测量中的前后视距应保持相等，分上下午进行往返观测。三角测量中的正、倒镜观测，盘左、盘右读数，分不同的时间段观测等。

(2)分别找出产生系统误差的主要原因，利用已有公式，对观测值进行改正，如对距离观测值进行必要的尺长改正、温度改正、地球曲率改正等。

2. 偶然误差

偶然误差是指在相同的观测条件下，对某量进行一系列的观测，其误差在符号和大小都没有表现出一致的倾向，即每个误差从表面上来看，其符号上或数值上都没有任何规律性的误差。例如，用经纬仪测角时的照准误差，水准仪在水准尺上读数时的估读误差等。产生偶然误差的原因是由于人、仪器和外界条件等多方面因素引起的。

由于偶然误差表现出随机性，所以偶然误差也称随机误差，单个偶然误差的出现不能体现出规律性，但在相同条件下重复观测某一个量，出现的大量偶然误差都具有一定的规律性。

偶然误差是不可避免的。为了提高观测成果的质量，常用的方法是采用多次观测结果的算术平均值作为最后观测结果。

7.1.3 偶然误差的统计特征

从单个偶然误差而言，其大小和符号均没有规律性，但就其总体而言，呈现出一定的统计规律性。例如，在相同观测条件下，对一个三角形的内角进行观测，由于观测带有误差，其内角和观测值不等于它的真值($X=180°$)，两者之差称为真误差，即

$$\Delta i = l_i - X(i = 1, 2, \cdots, n) \tag{7-1}$$

式中　Δi——真误差；

　　　l_i——观测值。

从实践中表明，现观测 162 个三角形的全部三个内角，将其真误差按绝对值大小排列组成表 7-1。

表 7-1　真误差绝对值大小排列

误差区间 (3″)	正误差		负误差		合计	
	个数 k	频率 k/n	个数 k	频率 k/n	个数 k	频率 k/n
0~3	21	0.130	21	0.130	42	0.260
3~6	19	0.117	19	0.117	38	0.234
6~9	12	0.074	15	0.093	27	0.167
9~12	11	0.068	9	0.056	20	0.124
12~15	8	0.049	9	0.056	17	0.105
15~18	6	0.037	5	0.030	11	0.067
18~21	3	0.019	1	0.006	4	0.025
21~24	2	0.012	1	0.006	3	0.018

误差区间 (3″)	正误差		负误差		合计	
	个数 k	频率 k/n	个数 k	频率 k/n	个数 k	频率 k/n
24 以上	0	0	0	0	0	0
$\sum$	82	0.506	80	0.494	162	1.000

从表 7-1 可以看出，偶然误差主要具有以下统计特性：

(1)有限性。在一定的观测条件下，偶然误差的绝对值有一定限值，或者说，超出该限值的误差出现的概率为零。

(2)聚中性。绝对值较小的误差比绝对值较大的误差出现的概率大。

(3)对称性。绝对值相等的正、负误差出现的概率相同。

(4)抵消性。同一量的等精度观测，其偶然误差的算术平均值，随着观测次数 n 的无限增加而趋于零，即

$$\lim_{n \to \infty} \frac{[\Delta]}{n} = 0 \tag{7-2}$$

式中，n 为观测次数；$[\Delta] = \Delta_1 + \Delta_2 + \cdots + \Delta_n$。

在数理统计中，称式(7-2)为偶然误差的数学期望值(理论平均值)等于零。

7.2　评定精度的标准

精度是指对某一个量的多次观测中，其误差分布的密集或离散的程度。为了衡量观测成果的精度，必须明确衡量精度的指标，在测量工作中常采用中误差、容许误差、平均误差和相对误差作为衡量精度的指标。

7.2.1　中误差

中误差是测量中最为常用的衡量精度的标准，在测量工作中常被采用，其是在相同观测条件下，做一系列的观测，并以各个真误差的平方和的平均值的平方根作为评定观测质量的标准，即

$$m = \pm \sqrt{\frac{[\Delta\Delta]}{n}} \tag{7-3}$$

式中　m——中误差；

　　$[\Delta\Delta]$——一组等精度观测误差 Δ_i 自乘的总和；

　　n——观测数。

从式(7-3)可看出中误差与真误差的关系，中误差不等于真误差，它是一组真误差的代表值。中误差 m 值的大小反映了该组观测值精度的高低，而且它能明显地反映出测量结果中较大误差的影响；反之，中误差 m 值较大，表明误差的分布较为离散，观测值之间的差异也大，这组观测的精度就低。

7.2.2　容许误差

容许误差，是指在一定的观测条件下，偶然误差的绝对值不应超过的限值。从偶然误差的

第一特性可看出：在一定的观测条件下，误差的绝对值有一定的限值。根据误差理论和大量的实践证明，在等精度观测某量的一组误差中，大于两倍中误差的偶然误差，其出现的概率为 4.6%，大于三倍中误差的偶然误差，其出现的概率为 0.3%。0.3% 是概率接近于零的小概率事件。由此，偶然误差只能根据偶然误差的特征，合理地处理观测数据，减少偶然误差的影响，求出未知量的最可靠值。此外，当精度要求较高时，采用两倍中误差作为容许误差，即

$$\Delta_容 = 2m \ \text{或} \ \Delta_容 = 3m \tag{7-4}$$

超过上述限差的观测值应舍去不用，或返工重测。

7.2.3 平均误差

在相同的观测条件下，一组独立的真误差为 Δ_1、Δ_2、$\cdots$、Δ_n，则平均误差的定义式为

$$\theta = \lim_{n \to \infty} \frac{[|\Delta|]}{n} \tag{7-5}$$

式中 $|\Delta|$ —— 真误差的绝对值；

n —— 观测数。

当观测数 n 有限时，可用下式计算 θ 的估计值，称之为平均误差。即

$$\theta = \pm \frac{[|\Delta|]}{n} \tag{7-6}$$

平均误差与中误差的关系为

$$\theta \approx 0.797m \approx \frac{4}{5}m$$

计算平均误差较为方便，当 n 有限时，其可靠性不如中误差。

7.2.4 相对误差

在衡量观测值精度时，单纯比较中误差的大小还不能完全表达精度的优劣。例如，用钢尺丈量 100 m 和 200 m 两段距离，观测值的中误差均为 0.01 m，但不能认为两者的测量精度是相同的，因为量距误差与其长度有关。实际上，长度丈量的误差与长度大小有关，距离越长，误差的积累越大，由此必须用相对误差来评定精度。相对误差 K 就是观测值中误差 m 的绝对值与观测值 D 的比，并将其化成分子为 1 的形式，即

$$K = \frac{|m|}{D} = \frac{1}{\dfrac{D}{|m|}} \tag{7-7}$$

7.3 观测值的算术平均值及其中误差

7.3.1 算术平均值

设对某量做了 n 次等精度的独立观测，观测值为 l_1、l_2、$\cdots$、l_n，则算术平均值为

$$x = \frac{l_1 + l_2 + \cdots + l_n}{n} = \frac{[l]}{n} \tag{7-8}$$

可以利用偶然误差的特性，证明算术平均值比组内的任一观测值更为接近于真值。证

明如下：

设未知量的真值为 X，观测值的真误差公式为

$$\Delta_i = L_i - X \quad (i=1, 2, \cdots, n)$$

将上式相加得

$$\Delta_1 + \Delta_2 + \cdots + \Delta_n = (L_1 + L_2 + \cdots + L_n) - nX$$

上述各式相加后再除以 n，得

$$\frac{[\Delta]}{n} = \frac{[l]}{n} - X$$

或

$$X = \frac{[L]}{n} - \frac{[\Delta]}{n}$$

设以 x 表示上式右边第一项的观测值的算术平均值，即

$$x = \frac{[L]}{n}$$

以 Δx 表示算术平均值的真误差，即

$$\Delta x = \frac{[\Delta]}{n}$$

代入上式，即

$$X = x - \Delta x$$

当观测次数无限增多时，Δx 趋近于零，即

$$\lim_{n \to \infty} \Delta x = 0$$

由此可知，当观测次数无限增加时，算术平均值就趋近于未知量的真值。但在实际测量工作中，观测次数 n 总是有限的，而算术平均值不是最接近于真值，但比每一个观测值更接近于真值。通常取算术平均值作为最后结果，它比所有的观测值都可靠。

7.3.2　同精度观测值的中误差

利用观测值真误差求观测值中误差的定义公式为

$$m = \pm \sqrt{\frac{[\Delta\Delta]}{n}}$$

$$\Delta_i = L_i - X \quad (i=1, 2, \cdots, n)$$

将上式两端相加得

$$[v] = 0$$

因此，在相同观测条件下，一组观测值的改正数之和恒等于零。这个结论常用于检核计算。

把真误差式和上式相加，再将式的两端平方，求其总和，并顾及 $[v]=0$，得

$$[\Delta\Delta] = [vv] + n(x-X)^2$$

式中，v 称为改正数，在上式中得

$$(x-X)^2 = \left(\frac{[l]}{n} - X\right)^2 = \frac{1}{n^2}([l] - nX)^2 = \frac{1}{n^2}(\Delta_1 + \Delta_2 + \cdots + \Delta_n)^2$$

$$= \frac{\Delta_1^2 + \Delta_2^2 + \cdots + \Delta_n^2}{n^2} + \frac{2(\Delta_1\Delta_2 + \Delta_2\Delta_3 + \cdots + \Delta_{n-1}\Delta_n)}{n^2}$$

上式右端第二项中 $\Delta_i\Delta_j(i\neq j)$ 为两个偶然误差的乘积。由偶然误差抵消性可知，当 $n\to\infty$ 时，该项趋近于零；当 n 为有限次时，该项为一微小量，可忽略不计，因此

$$(x-X)^2=\frac{[\Delta\Delta]}{n^2}$$

将上式代入原式，得

$$[\Delta\Delta]=[vv]+\frac{[\Delta\Delta]}{n}$$

$$\frac{[\Delta\Delta]}{n}=\frac{[vv]}{n-1}$$

根据中误差定义，得

$$m=\pm\sqrt{\frac{[vv]}{n-1}} \tag{7-9}$$

式(7-9)就是利用观测值的改正数计算等精度观测值中误差的公式，m 代表每一次观测值的精度，故称为观测值中误差。

7.3.3 算术平均值的中误差

算术平均值的计算公式为

$$L=\frac{l_1+l_2+\cdots+l_n}{n}=\frac{1}{n}l_1+\frac{1}{n}l_2+\cdots+\frac{1}{n}l_n \tag{7-10}$$

式(7-10)中 $\frac{1}{n}$ 为常数，而且各观测值是同精度的，由此，它们的中误差均为 m，根据误差传播定律，可得出算术平均值的中误差：

$$M^2=\frac{1}{n^2}m^2+\frac{1}{n^2}m^2+\cdots+\frac{1}{n^2}m^2=\frac{1}{n^2}nm^2=\frac{m^2}{n}$$

将上式两边开方，即

$$M=\pm\frac{m}{\sqrt{n}}=\sqrt{\frac{[vv]}{n(n-1)}} \tag{7-11}$$

由此可知，算术平均值的中误差 M 要比观测值的中误差 m 小 $\sqrt{n}$ 倍，观测次数越多，算术平均值的中误差就越小，精度就越高。

【例 7-1】 等精度观测了某段距离五次，各次观测值列于表 7-2。试求该段距离的观测值的中误差及算术平均值的中误差。

表 7-2 观测值

观测次数	观测值 l/m	改正数 v/mm	vv	计算
1	148.641	-14	196	
2	148.628	-1	1	$L=\dfrac{\sum L}{n}=\dfrac{743.135}{5}=148.627(\text{m})$
3	148.635	-8	64	
4	148.610	$+17$	289	$m=\pm\sqrt{\dfrac{[vv]}{n-1}}=\pm12.1\text{ mm}$
5	148.621	$+6$	36	$M=\pm\dfrac{m}{\sqrt{n}}=\pm5.4\text{ mm}$
$\sum$	743.135	0	586	

项目小结

本项目主要介绍了测量误差的概念、评定精度的标准、观测值的算术平均值及其中误差等内容。

1. 产生测量误差的因素有很多，主要有仪器误差、观测者误差、外界环境条件的影响。测量误差按对观测结果影响的性质不同，可分为系统误差和偶然误差两大类。偶然误差主要具有有限性、聚中性、对称性、抵消性等统计特性。

2. 在测量工作中常采用中误差、容许误差、平均误差和相对误差作为衡量精度的指标。

3. 在实际测量工作中，通常取算术平均值作为最后结果，它比所有的观测值都可靠。

课后习题

一、填空题

1. 误差产生的原因主要有_____、_____和_____三个方面。

2. 在测量工作中衡量精度的指标有_____、_____、_____和_____。

二、选择题

1. 在相同观测条件下，对某量进行一系列的观测，如果误差的大小及符号表现出一致性倾向，即按一定的规律变化或保持为常数，这种误差称为（　　）。

    A. 系统误差　　　　　B. 偶然误差　　　　　C. 粗差　　　　　D. 其他误差

2. 下列不属于偶然误差特征的是（　　）。

    A. 在一定的观测条件下，偶然误差的绝对值有一定限值

    B. 绝对值较小的误差比绝对值较大的误差出现的概率小

    C. 绝对值相等的正、负误差出现的概率相同

    D. 同一量的等精度观测，其偶然误差的算术平均值，随着观测次数 n 的无限增加而趋于零

三、计算题

1. 设某三角形三个内角中两个角的测角中误差为 $\pm 4''$ 和 $\pm 3''$，则求算的第三个角的中误差是多少？

2. 在相同的观测条件下，对某段距离测量了五次，各次长度分别为 121.314 m、121.330 m、121.320 m、121.327 m、121.33 m。试求：（1）该距离算术平均值；（2）距离观测值的中误差；（3）算术平均值的中误差；（4）距离的相对误差。

3. 观测 BM_1 至 BM_2 间的高差时，共设 25 个测站，每测站观测高差中误差均为 ± 3 mm，问：（1）两水准点间高差中误差是多少？（2）若使其高差中误差不大于 ± 12 mm，应设置几个测站？

微课：测量误差
部分习题解析

项目 8 小区域控制测量

学习目标

通过本项目的学习，了解控制测量的概念、平面控制测量方法、高程控制测量方法；掌握导线的布设形式，导线测量外业工作和内业工作，交会定点方法，水准测量和三角高程测量方法。

能力目标

能够进行导线测量，三、四等水准测量，三角高程测量的外业观测和内业计算。

8.1 概述

8.1.1 控制测量的概念

无论是测绘地形图还是施工放样，测量过程中都不可避免地会产生误差。为了限制测量误差的累积，保证测图和施工测量的精度和速度，测量工作必须采取正确的测量程序和方法，即遵循"从整体到局部，先控制后碎部"的原则。也就是说，测量工作必须先进行控制测量；同时，通过控制测量统一测量所用的坐标系统和高程系统。

在测区内，按测量任务所要求的精度，测定一系列控制点的平面位置和高程，建立起测量控制网，作为各种测量的基础，这种测量工作称为控制测量；测定控制点平面位置的工作称为平面控制测量，测定控制点高程的工作称为高程控制测量。

8.1.2 建立控制测量网

8.1.2.1 控制测量网分级

所谓控制网，就是在测区内选择一些有控制意义的控制点构成几何图形。依控制网的功能，控制网可分为平面控制网和高程控制网，测定控制点平面坐标的工作，称为平面控制测量；测定控制点高程的工作，称为高程控制测量。按控制网控制的范围，控制网可分为国家控制网、城市控制网、小区域控制网和图根控制网。

1. 国家控制网

国家控制网是在全国范围内按统一的方案建立的控制网。它是用精密的仪器和精密的方法测定，按最小二乘法原理科学地进行测量数据处理，合理地分配测量误差，最后求得控制点的平面坐标和高程。

国家控制网依其精度可分为一、二、三、四等四个级别，由高级到低级逐级加以控制。

就平面控制而言，先在全国范围内，沿经纬线方向布设一等锁，作为平面控制骨干。在一等锁内再布设二等全面网，作为全面控制的基础。为了测图和公路工程建设的需要，再在二等网的基础上加密三、四等控制网。

2. 城市控制网

城市控制网是在国家控制网的基础上建立起来的，目的在于为城市道路建设设计和施工放样服务。城市控制网建立的方法与国家控制网相同，只是控制网的精度有所不同。为了满足不同目的和要求，城市控制网也要分级建立。

3. 小地区控制网

小地区控制网是指在面积小于 15 km² 范围内建立的控制网，原则上应与国家或城市控制网相连，形成统一的坐标系和高程系。但当连接有困难时，为了建设的需要，也可以建立独立控制网。

小区域控制网也要根据面积大小分级建立，其面积和等级的关系，见表 8-1。

表 8-1 小区域控制网布设要求

测区面积/km²	首级控制	图根控制
2～15	一级小三角或一级导线	二级图根
0.5～2	二级小三角或二级导线	二级图根
0.5 以下	图根控制	

4. 图根控制网

直接以测图为目的建立的控制网，称为图根控制网，其控制点称为图根点。图根控制网也应尽可能与上述各种控制网连接，形成统一系统。个别地区连接有困难时，也可建立独立图根控制网。由于图根控制专为测图而设，所以图根点的密度和精度要满足测图要求。表 8-2 是对平坦地区图根点密度的规定。对山区或特殊困难地区，图根点的密度，可适当增大。

表 8-2 图根控制点密度

测图比例尺	1：500	1：1 000	1：2 000	1：5 000
每平方千米图根点个数	150	50	15	5
每幅图图根点个数	9～10	12	15	20

8.1.2.2 工程控制测量桩

1. 平面控制测量桩

(1)三等平面控制测量桩的规格尺寸如图 8-1 所示。

(2)四等平面控制测量桩的规格尺寸如图 8-2 所示。

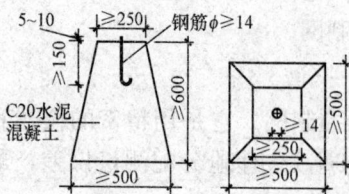

图 8-1 三等平面控制测量桩(单位：mm)

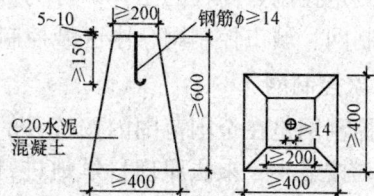

图 8-2 四等平面控制测量桩(单位：mm)

（3）一级平面控制测量桩的规格尺寸如图 8-3 所示。

（4）二级平面控制测量桩的规格尺寸如图 8-4 所示。

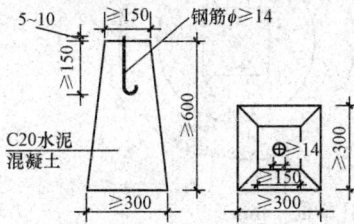

图 8-3　一级平面控制测量桩（单位：mm）

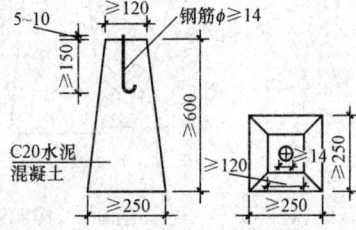

图 8-4　二级平面控制测量桩（单位：mm）

2. 高程控制测量桩

（1）三等高程控制测量桩的规格尺寸如图 8-5 所示。

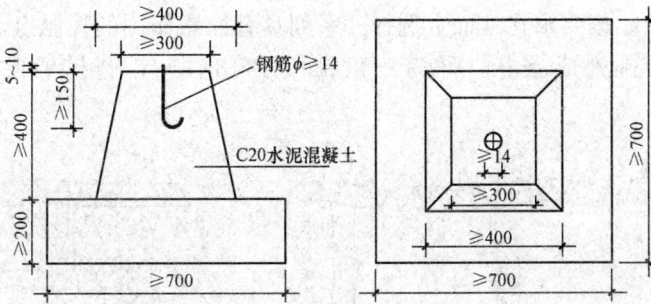

图 8-5　三等高程控制测量桩（单位：mm）

（2）四等高程控制测量桩的规格尺寸如图 8-6 所示。

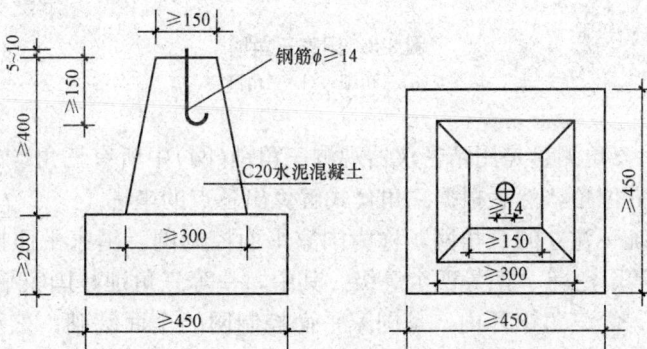

图 8-6　四等高程控制测量桩（单位：mm）

8.1.2.3　控制测量桩的埋设

无论是平面控制测量桩，还是高程控制测量桩，其埋设剖面图如图 8-7 所示。

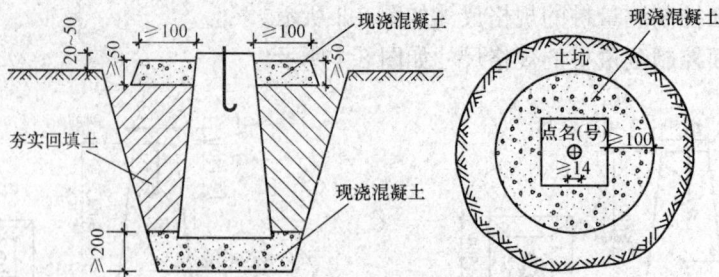

图 8-7 控制测量桩埋设剖面图(单位：mm)

8.1.3 平面控制测量方法

平面控制测量的主要方法有三角测量和导线测量。

1. 三角测量

(1)三角锁(网)。按要求在地面上选择一系列具有控制作用的控制点，组成互相连接的三角形，若三角形排列成条状，称为三角锁[图 8-8(a)]；若扩展成网状，称为三角网[图 8-8(b)]。

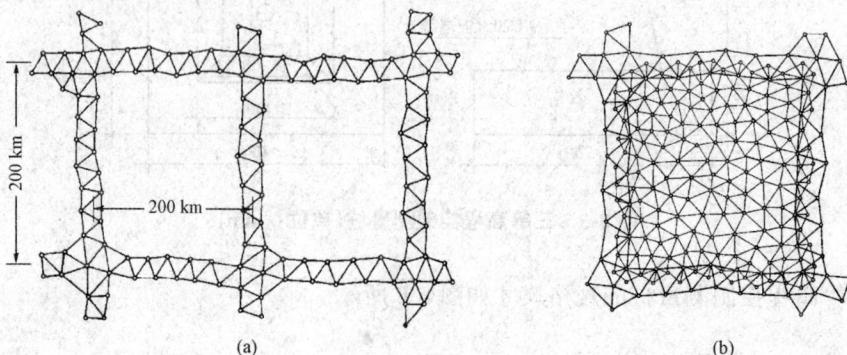

(a)   (b)

图 8-8 国家三角网

(a)三角锁；(b)三角网

(2)三角测量。三角测量是用精密仪器观测三角锁(网)中所有三角形的内角，并精确测定起始边的边长和方位角，然后根据三角公式解算出各点的坐标。

在全国范围内统一建立的三角网，称为国家平面控制网。国家平面控制网按精度从高到低分为一等、二等、三等、四等四个等级。其中，一等三角锁是国家平面控制网的骨干；二等三角网布设于一等三角锁环内，是国家平面控制网的全面基础；三等、四等三角网是二等三角网的进一步加密。

2. 导线测量

将相邻控制点依次用直线相连而组成的折线称为导线。构成导线的控制点称为导线点。导线测量就是依次测量各导线边的水平距离以及相邻导线边的水平夹角，然后根据起算数据，推算各导线边的坐标方位角，从而求出各导线点的平面坐标。

导线测量是建立小地区平面控制网常用的一种方法，特别是地物分布较复杂的建筑区、视线障碍较多的隐蔽区和带状地区，多采用导线测量的方法。

8.1.4 高程控制测量方法

高程控制测量的方法主要有水准测量和三角高程测量。高程控制测量精度等级的划分，依次为二等、三等、四等、五等。各等级高程控制宜采用水准测量，四等及以下等级可采用电磁波测距三角高程测量；五等也可采用 GPS 拟合高程测量。首级高程控制网的等级，应根据工程规模、控制网的用途和精度要求合理选择。首级网应布设成环形网，加密网宜布设成附合路线或结点网。测区的高程系统，宜采用 1985 年国家高程基准。在已有高程控制网的地区测量时，可沿用原有的高程系统；当小测区联测有困难时，也可采用假定高程系统。高程控制点间的距离，一般地区应为 1～3 km，工业厂区、城镇建筑区宜小于 1 km。但一个测区及周围至少应有 3 个高程控制点。

8.1.5 小区域平面控制测量

在小区域(面积≤15 km²)内建立的平面控制网，称为小区域平面控制网。小区域平面控制网应尽可能与当地已经建立的国家或城市控制网联测，并以国家或城市控制网的数据作为起算和校核标准。如果测区范围附近没有合适的高等级控制点，或附近有合适的高等级控制点但不方便联测，也可以建立测区独立控制网。

小区域平面控制网也应由高级到低级分级建立。测区范围内建立最高一级的控制网，称为首级控制网；最低一级的直接为测图而建立的控制网，称为图根控制网。首级控制与图根控制的关系见表 8-3。

表 8-3 首级控制与图根控制的关系

测区面积/km²	首级控制	图根控制
1～10	一级小三角或一级导线	两级图根
0.5～2	二级小三角或二级导线	两级图根
0.5 以下	图根控制	

直接用于地形测图的控制点称为图根控制点，简称图根点。图根点位置的测定工作，称为图根控制测量。图根点的密度取决于测图比例尺和地形的复杂程度，具体应符合表 8-4 的规定。

表 8-4 图根点密度

测图比例尺	图根点密度/(点·km⁻²)
1∶5 000	5
1∶2 000	15
1∶1 000	50
1∶500	150

8.2 导线测量

8.2.1 导线的布设形式

根据测区的不同情况和具体要求，导线可按下列三种形式进行布设。

1. 闭合导线

闭合导线是从一个已知点 B 出发，经过若干个导线点 1、2、3、4 等又回到原已知点 B 上，形成一个闭合多边形，如图 8-9 所示。闭合导线本身具有严密的几何条件，因此，可以对观测成果进行坐标和角度的检核，通常用于面积较宽阔的独立地区测图控制和二级以下的公路带状地形图的测图控制。

2. 附合导线

附合导线是从一个已知边的一个已知点出发，经过一系列导线点，最后附合到另一个已知边的一个已知点上，如图 8-10 所示。由于两端都有已知的坐标和方位角，该形式同样可以对观测成果进行坐标和方位角的检核，通常用于带状地区的首级控制，广泛地应用于公路、铁路、水利和城建区等工程勘测与施工。

3. 支导线

支导线是从一个已知控制点和一个已知方向出发，既不附合到另一已知控制点，也不回到原起点上，如图 8-11 所示。

支导线只具有必要的起始数据，缺少对观测成果的检核，因此，仅用于图根控制测量，而且一条导线上布设的导线点一般不得超过 4 个。

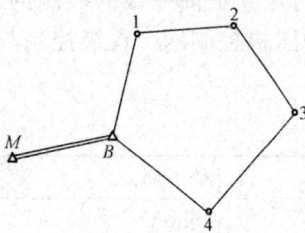

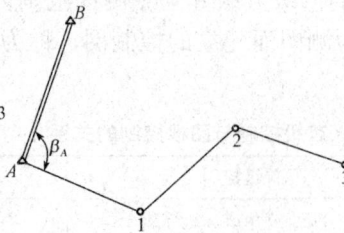

| 图 8-9 闭合导线 | 图 8-10 附合导线 | 图 8-11 支导线 |

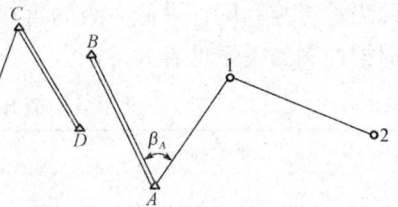

8.2.2 导线测量的技术要求

(1)各等级导线测量的主要技术要求应符合表 8-5 的规定。

表 8-5 导线测量的主要技术要求

等级	导线长度 /km	平均边长 /km	测角中误差 /(")	测距中误差 /mm	测距相对中误差	测回数			方位角闭合差 /(")	导线全长相对闭合差
						1"级仪器	2"级仪器	6"级仪器		
三等	14	3	1.8	20	1/150 000	6	10	—	$3.6\sqrt{n}$	≤1/55 000
四等	9	1.5	2.5	18	1/80 000	4	6	—	$5\sqrt{n}$	≤1/35 000
一级	4	0.5	5	15	1/30 000	—	2	4	$10\sqrt{n}$	≤1/15 000
二级	2.4	0.25	8	15	1/14 000	—	1	3	$16\sqrt{n}$	≤1/10 000
三级	1.2	0.1	12	15	1/7 000	—	1	2	$24\sqrt{n}$	≤1/5 000

注：1. 表中 n 为测站数。

2. 当测区测图的最大比例尺为 1:1 000 时，一、二、三级导线的导线长度、平均边长可适当放长，但最大长度不应大于表中规定相应长度的两倍。

（2）当导线平均边长较短时，应控制导线边数不超过表 8-5 相应等级导线长度和平均边长算得的边数；当导线长度小于表 8-5 规定长度的 1/3 时，导线全长的绝对闭合差不应大于 13 cm。

（3）导线网中，结点与结点、结点与高级点之间的导线段长度不应大于表 8-5 中相应等级规定长度的 0.7。

（4）导线网的布设应符合下列规定：

1）导线网用作测区的首级控制时，应布设成环形网，且宜联测两个已知方向。

2）加密网可采用单一附合导线或结点导线网形式。

3）结点间或结点与已知点间的导线段宜布设成直伸形状，相邻边长不宜相差过大，网内不同环节上的点也不宜相距过近。

8.2.3 导线测量外业工作

导线测量的外业工作包括选点、测角、量边、定向等。

1. 选点

在选点前，应首先收集测区已有地形图和高一级控制点的成果资料，然后到现场踏勘，了解测区现状和寻找已知控制点，再拟订导线的布设方案，最后到野外踏勘，选定导线点的位置。

导线点位的选定应符合下列规定：

（1）点位应选在土质坚实、稳固可靠、便于保存的地方，视野应相对开阔，便于加密、扩展和寻找。

（2）相邻点之间应通视良好，其视线距障碍物的距离，三等、四等不宜小于 1.5 m，四等以下宜保证便于观测，以不受旁折光的影响为原则。

（3）当采用电磁波测距时，相邻点之间视线应避开烟囱、散热塔、散热池等发热体及强电磁场。

（4）相邻两点之间的视线倾角不宜过大。

（5）充分利用已有控制点。

（6）导线点应有足够的密度，分布要均匀，以便于控制整个测区。

（7）导线边长应大致相等，尽量避免相邻边长相差悬殊，以保证和提高测角精度。

导线点选定后，应用明显的标志固定下来，通常是用一木桩打入土中，桩顶高出地面 1~2 cm，并在桩顶钉一小钉，作为临时标志，如图 8-12（a）所示。当导线点选择在水泥、沥青等坚硬地面时，可直接钉一钢钉作为标志，需要长期保存使用的导线点，应埋设混凝土桩，桩顶刻"十"字，作为永久性标志，如图 8-12（b）所示。导线点选定后，应进行统一编号，并绘制导线线路草图和点之记。

2. 测角

导线转折角有左、右之分，以导线为界，沿前进方向向左侧的角称为左角；沿前进方向向右侧的角称为右角。在附合导线中一般测量其左角，在闭合导线中一般测量其内角。闭合导线若按逆时针方向编号，其内角即为左角；反之，均为右角。对于图根导线，一般用 DJ6 型经纬仪观测一个测回，盘左、盘右测得角度之差不得大于 $40''$，并取平均值作为最后角度。

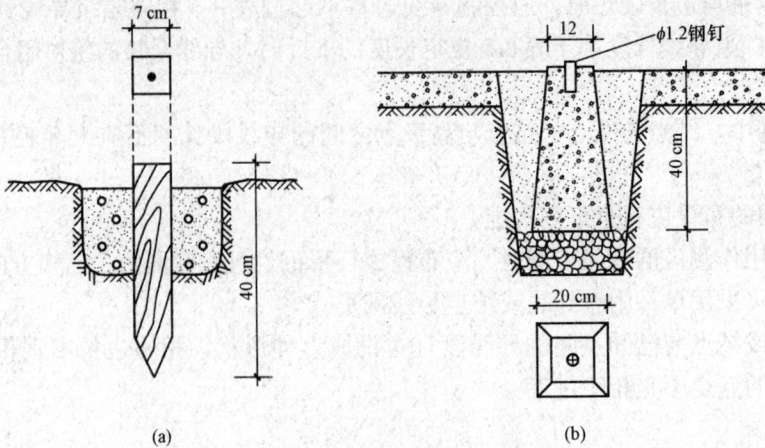

图 8-12 导线点的埋设

(a)临时导线点；(b)永久导线点

3. 量边

用来计算导线点坐标的导线边长应是水平距离。边长可以用全站仪观测，也可用检定过的钢尺丈量。对于等级导线，应按规范进行精密测距；对于图根导线，若用钢尺量距，可以往、返各丈量一次，也可以同一方向丈量两次，取其平均值，其相对误差不大于 1/3 000。

4. 定向

导线定向的目的，是使导线点的坐标纳入国家坐标系或该地区的统一坐标系。当导线与测区已有控制点连接时，必须测出连接角即导线边与已知边发生联系的角，如图 8-13 所示。

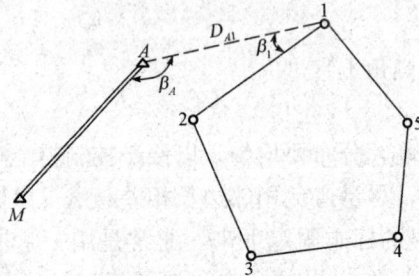

图 8-13 连接测量示意

8.2.4 导线测量内业工作

导线测量内业计算的目的是根据已知点的起始数据和外业观测结果计算各导线点的坐标。计算前，应全面检查导线测量的外业记录，如数据是否齐全，有无遗漏、记错或算错，成果是否符合精度要求等。然后，绘制导线略图，将已知数据和观测成果标注于草图上。

1. 导线测量数据处理

(1)当观测数据中含有偏心测量成果时，应首先进行归心改正计算。

(2)水平距离计算，应符合下列规定：

1)测量的斜距，须经气象改正和仪器的加、乘常数改正后，才能进行水平距离计算。

2)两点之间的高差测量，宜采用水准测量。当采用电磁波测距三角高程测量时，其高差应进行大气折光改正和地球曲率改正。

3)水平距离可按式(8-1)计算：

$$D_p = \sqrt{S^2 - h^2} \tag{8-1}$$

式中　D_p——测线的水平距离(m)；

　　　S——经气象及加、乘常数等改正后的斜距(m)；

　　　h——仪器的发射中心与反光镜的反射中心之间的高差(m)。

(3)导线网水平角观测的测角中误差，应按式(8-2)计算：

$$m_\beta = \sqrt{\frac{1}{N}\left[\frac{f_\beta f_\beta}{n}\right]} \tag{8-2}$$

式中　f_β——导线环的角度闭合差或附合导线的方位角闭合差($''$)；

　　　n——计算 f_β 时的相应测站数；

　　　N——闭合环及附合导线的总数。

(4)测距边的精度评定，应按式(8-3)和式(8-4)计算；当网中的边长相差不大时，可按式(8-5)计算网的平均测距中误差。

1)单位权中误差：

$$\mu = \sqrt{\frac{[Pdd]}{2n}} \tag{8-3}$$

式中　d——各边往、返测的距离较差(mm)；

　　　n——测距边数；

　　　P——各边距离的先验权，其值为 $\dfrac{1}{\sigma_D^2}$，σ_D 为测距的先验中误差，可按测距仪器的标称精度计算。

2)任一边的实际测距中误差：

$$m_{Di} = \mu\sqrt{\frac{1}{p_i}} \tag{8-4}$$

式中　m_{Di}——第 i 边的实际测距中误差(mm)；

　　　p_i——第 i 边距离测量的先验权。

3)网的平均测距中误差：

$$m_{Di} = \sqrt{\frac{[dd]}{2n}} \tag{8-5}$$

式中　m_{Di}——平均测距中误差(mm)。

(5)测距边长度的归化投影计算，应符合下列规定：

1)归算到测区平均高程面上的测距边长度，应按式(8-6)计算：

$$D_H = D_p\left(1 + \frac{H_p - H_m}{R_A}\right) \tag{8-6}$$

式中　D_H——归算到测区平均高程面上的测距边长度(m)；

　　　D_p——测线的水平距离(m)；

H_p——测区的平均高程(m);

H_m——测距边两端点的平均高程(m);

R_A——参考椭球体在测距边方向法截弧的曲率半径(m)。

2)归算到参考椭球面上的测距边长度，应按式(8-7)计算：

$$D_0 = D_p\left(1 - \frac{H_m + h_m}{R_A + H_m + h_m}\right) \tag{8-7}$$

式中　D_0——归算到参考椭球面上的测距边长度(m);

h_m——测区大地水准面高出参考椭球面的高差(m)。

3)测距边在高斯投影面上的长度，应按式(8-8)计算：

$$D_g = D_0\left(1 + \frac{y_m^2}{2R_m^2} + \frac{\Delta y^2}{24R_m^2}\right) \tag{8-8}$$

式中　D_g——测距边在高斯投影面上的长度(m);

y_m——测距边两端点横坐标的平均值(m);

R_m——测距边中点处在参考椭球面上的平均曲率半径(m);

Δy——测距边两端点横坐标的增量(m)。

(6)一级及以上等级的导线网计算，应采用严密平差法；二级、三级导线网，可根据需要采用严密或简化平差方法。当采用简化平差方法时，成果表中的方位角和边长应采用坐标反算值。

(7)平差后的精度评定，应包含有单位权中误差、点位误差椭圆参数或相对点位误差椭圆参数、边长相对中误差或点位中误差等。当采用简化平差时，平差后的精度评定可作相应简化。

(8)内业计算中数字取位，应符合表 8-6 的规定。

表 8-6　内业计算中数字取位要求

等级	观测方向值及各项修正数/(″)	边长观测值及各项修正数/m	边长与坐标/m	方位角/(″)
三等、四等	0.1	0.001	0.001	0.1
一级及以下	1	0.001	0.001	1

2. 闭合导线计算

现以图 8-14 所示的闭合导线为例，介绍闭合导线内业计算的步骤，具体运算过程及结果参见表 8-7。

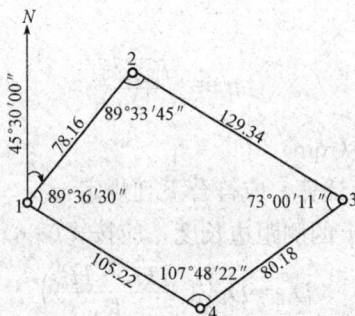

图 8-14　闭合导线草图

微课：导线测量
计算简介

表 8-7　闭合导线坐标计算表

点号	观测角 β /(° ′ ″)	改正数 /(″)	改正后角值 /(° ′ ″)	坐标方位角 α /(° ′ ″)	距离 D /m	纵坐标增量 Δx 计算值 /m	改正数 /cm	改正后 /m	横坐标增量 Δy 计算值 /m	改正数 /cm	改正后 /m	坐标值 x/m	y/m	点号
1	2	3	4	5	6	7	8	9	10	11	12	13	14	15
1				45 30 00	78.16	+54.78	+2	+54.80	+55.75	−1	55.74	320.00	280.00	1
2	89 33 45	+18	89 34 03	135 55 57	129.34	−92.93	+3	−92.90	+89.96	−3	+89.93	374.80	335.74	2
3	73 00 11	+18	73 00 29	242 55 28	80.18	−36.50	+2	−36.48	−71.39	−1	−71.40	281.90	425.67	3
4	107 48 22	+18	107 48 40	315 06 48	105.22	+74.55	+3	+74.58	−74.25	−2	−74.27	245.42	354.27	4
1	89 36 30	+18	89 36 48	45 30 00								320.00	280.00	1
Σ	359 58 48	+72	360 00 00		392.90	−0.10	+0.10	0.00	+0.07	−0.07	0.00			

辅助计算：

$$f_\beta = \sum\beta_测 - \sum\beta_理 = 359°58'48'' - 360° = -72''$$

$$f_{\beta容} = \pm60''\sqrt{4} = \pm120''\ (f_\beta < f_{\beta容})$$

$$f_x = \sum\Delta x = -0.10\ \text{m}$$

$$f_y = \sum\Delta y = +0.07\ \text{m}$$

$$f_D = \sqrt{f_x^2 + f_y^2} = 0.12\ \text{m}$$

$$K = \frac{|f_D|}{\sum D} = \frac{0.12}{392.90} = \frac{1}{3\ 270}\ (K < K_容)$$

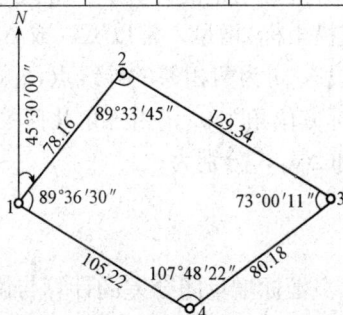

计算之前，首先将导线草图中的点号、角度的观测值、起始边的方位角以及边长的量测值、起始点的坐标等填入"闭合导线坐标计算表"，见表 8-7 中的第 1 栏、第 2 栏、第 5 栏、第 6 栏、第 13 栏和第 14 栏的第一项。然后，按以下步骤进行计算：

(1)角度闭合差的计算与调整。闭合导线在几何上是一个多边形，其内角和的理论值为

$$\sum\beta_理 = (N-2)\times180° \tag{8-9}$$

但在实际观测过程中，由于存在着误差，实测的多边形的内角和不等于上述理论值，两者的差值称为闭合导线的角度闭合差，习惯以 f_β 表示，即

$$f_\beta = \sum\beta_测 - \sum\beta_理 = \sum\beta_测 - (N-2)\times180° \tag{8-10}$$

式中　$\sum\beta_理$ ——转折角的理论值；

　　　$\sum\beta_测$ ——转折角的外业观测值。

如果 $f_\beta > f_{\beta容}$，则说明角度闭合差超限，不满足精度要求，应返工重测，直到满足精度要求为止；如果 $f_\beta \leqslant f_{\beta容}$，则说明所测角度满足精度要求，在此情况下，可将角度闭合差进行调整。因为各角观测均在相同的观测条件下进行，所以可认为各角产生的误差相等。因此，角度闭合差调整的原则是将 f_β 以相反的符号平均分配到各观测角中，若不能均分，一般情况下，将余数分配给短边的夹角，即各角度的改正数为

$$v_\beta = -f_\beta/N$$

则各转折角调整以后的值（又称改正值）为

$$\beta = \beta_{\text{测}} + v_\beta \qquad (8\text{-}11)$$

调整后的内角和必须等于理论值，即 $\sum \beta = (N-2) \times 180°$。

（2）导线边坐标方位角的推算。根据起始边的已知坐标方位角及调整后的各内角值，可以推导出前一边的坐标方位角 $\alpha_{\text{前}}$ 与后一边的坐标方位角 $\alpha_{\text{后}}$ 的关系式：

$$\alpha_{\text{前}} = \alpha_{\text{后}} \pm \beta \mp 180° \qquad (8\text{-}12)$$

但在具体推算时要注意以下几点：

1）式（8-12）中的"$\pm\beta\mp180°$"项，若 β 角为左角，则应取"$+\beta-180°$"；若 β 角为右角，则应取"$-\beta+180°$"。

2）如用公式推导出 $\alpha_{\text{前}} < 0°$，则应加上 $360°$；若 $\alpha_{\text{前}} > 360°$，则应减去 $360°$，使各导线边的坐标方位角在 $0° \sim 360°$ 的取值范围内。

3）起始边的坐标方位角最后也能推算出来，推算值应与原已知值相等，否则推算过程有误。

微课：导线边坐标
方位角的推算与
坐标增量的计算

（3）坐标增量的计算。一导线边两端点的纵坐标（或横坐标）之差，称为该导线边的纵坐标（或横坐标）增量，常以 Δx（或 Δy）表示。

设 i、j 为两相邻的导线点，测量两点之间的边长为 D_{ij}，已根据观测角调整后的值推出了坐标方位角为 α_{ij}，由三角几何关系可计算出 i、j 两点之间的坐标增量（在此称为观测值）Δx_{ij} 和 Δy_{ij}，分别为

$$\begin{cases} \Delta x_{ij\text{测}} = D_{ij} \cdot \cos\alpha_{ij} \\ \Delta y_{ij\text{测}} = D_{ij} \cdot \sin\alpha_{ij} \end{cases} \qquad (8\text{-}13)$$

（4）坐标增量闭合差的计算与调整。因闭合导线从起始点出发，经过若干个导线点，最后又回到了起始点，其坐标增量之和的理论值为零，如图 8-15（a）所示，即

$$\begin{cases} \sum \Delta x_{ij\text{理}} = 0 \\ \sum \Delta y_{ij\text{理}} = 0 \end{cases} \qquad (8\text{-}14)$$

实际上，从式（8-13）中可以看出，坐标增量由边长 D_{ij} 和坐标方位角 α_{ij} 计算而得，但是边长同样存在误差，从而导致坐标增量带有误差，即坐标增量的实测值之和 $\sum \Delta x_{ij\text{测}}$ 和 $\sum \Delta y_{ij\text{测}}$ 一般情况下不等于零，这就是坐标增量闭合差，通常以 f_x 和 f_y 表示，如图 8-15（b）所示，即

$$\begin{cases} f_x = \sum \Delta x_{ij\text{测}} \\ f_y = \sum \Delta y_{ij\text{测}} \end{cases} \qquad (8\text{-}15)$$

由于坐标增量闭合差的存在，根据计算结果绘制出来的闭合导线图形不能闭合，如图 8-15（b）所示，不闭合的缺口距离，称为导线全长闭合差，通常以 f_D 表示。按几何关系，用坐标增量闭合差可求得导线全长闭合差 f_D。

$$f_D = \sqrt{f_x^2 + f_y^2} \qquad (8\text{-}16)$$

导线全长闭合差 f_D 随着导线的长度增大而增大，导线测量的精度是用导线全长相对闭合差 K（导线全长闭合差 f_D 与导线全长 $\sum D$ 之比值）来衡量的，即

$$K = \frac{f_D}{\sum D} = \frac{1}{\sum D / f_D} \qquad (8\text{-}17)$$

微课：坐标增量
闭合差的计算与
调整以及导线
点坐标计算

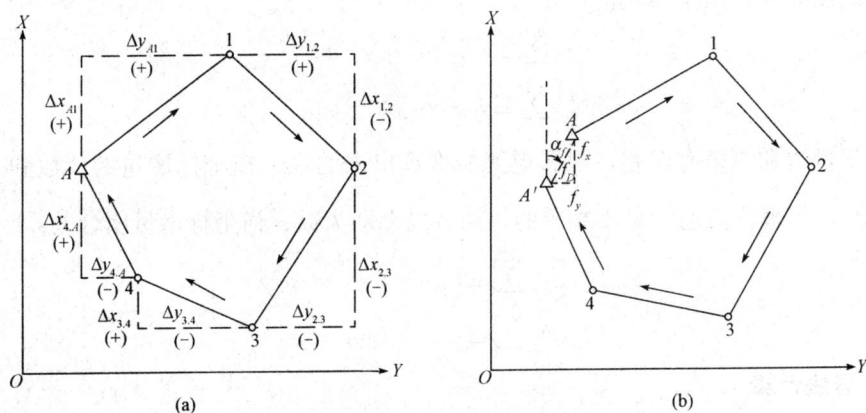

图 8-15　闭合导线坐标增量及闭合差

(a)坐标增量；(b)坐标增量闭合差

导线全长相对闭合差 K 常用分子是 1 的分数形式表示。

若 $K \leqslant K_\text{容}$，表明测量结果满足精度要求，可将坐标增量闭合差反符号后，按与边长成正比的方法分配到各坐标增量上去，从而得到各纵、横坐标增量的改正值，以 ΔX_{ij} 和 ΔY_{ij} 表示：

$$\begin{cases} \Delta X_{ij} = \Delta x_{ij测} + v_{\Delta x_{ij}} \\ \Delta Y_{ij} = \Delta y_{ij测} + v_{\Delta y_{ij}} \end{cases} \tag{8-18}$$

式中，$v_{\Delta x_{ij}}$、$v_{\Delta y_{ij}}$ 分别称为纵、横坐标增量的改正数，即

$$\begin{cases} v_{\Delta x_{ij}} = -\dfrac{f_x}{\sum D} D_{ij} \\ v_{\Delta y_{ij}} = -\dfrac{f_y}{\sum D} D_{ij} \end{cases} \tag{8-19}$$

（5）导线点坐标的计算。根据起始点的已知坐标和改正后的坐标增量 ΔX_{ij} 和 ΔY_{ij}，可按下列公式依次计算各导线点的坐标：

$$\begin{cases} x_j = x_i + \Delta X_{ij} \\ y_j = y_i + \Delta Y_{ij} \end{cases} \tag{8-20}$$

3. 附合导线计算

（1）角度闭合差的计算。附合导线首尾有两条已知坐标方位角的边，如图 8-10 中的 BA 边和 CD 边，称为始边和终边，由于已测得导线各个转折角的大小，所以，可以根据起始边的坐标方位角及测得的导线各转折角，推算出终边的坐标方位角。这样，导线终边的坐标方位角有一个原已知值 $\alpha_\text{终}$，还有一个由始边坐标方位角和测得的各转折角所得的推算值 $\alpha'_\text{终}$。

由于测角存在误差，导致两个数值不相等，两值之差即附合导线的角度闭合差 f_β，即

$$f_\beta = \alpha'_\text{终} - \alpha_\text{终} = \alpha_\text{始} - \alpha_\text{终} \pm \sum \beta \mp n \times 180° \tag{8-21}$$

（2）坐标增量闭合差的计算。附合导线的首尾各有一个已知坐标值的点，如图 8-10 所示的 A 点和 C 点，称为始点和终点。附合导线的纵、横坐标增量的代数和，在理论上应等

于终点与始点的纵、横坐标差值，即

$$\begin{cases} \sum \Delta x_{ij\text{理}} = x_{\text{终}} - x_{\text{始}} \\ \sum \Delta y_{ij\text{理}} = y_{\text{终}} - y_{\text{始}} \end{cases} \qquad (8\text{-}22)$$

但由于量边和测角有误差，根据观测值推算出来的纵、横坐标增量的代数和 $\sum \Delta x_{ij\text{测}}$ 和 $\sum \Delta y_{ij\text{测}}$，与理论值通常是不相等的，两者之差即为纵、横坐标增量闭合差：

$$\begin{cases} f_x = \sum \Delta x_{ij\text{测}} - (x_{\text{终}} - x_{\text{始}}) \\ f_y = \sum \Delta y_{ij\text{测}} - (y_{\text{终}} - y_{\text{始}}) \end{cases} \qquad (8\text{-}23)$$

4. 支导线计算

由于支导线没有多余观测值，不会产生任何闭合差，因此，导线的转折角和坐标增量不需要进行改正。支导线的计算应按下列步骤进行：

（1）根据观测的转折角推算各边的坐标方位角；

（2）根据各边的边长和坐标方位角计算各边的坐标增量；

（3）根据各边的坐标增量推算各点的坐标。

8.3 交会定点

在进行平面控制测量时，如果控制点的密度不能满足测图或工程施工的要求，则需要进行控制点的加密，即补点。控制点的加密通常采用交会法来进行。

交会法定点分为测角交会和测边（距离）交会两种方法。

8.3.1 测角交会

测角交会又分为前方交会、侧方交会和后方交会三种。

如图 8-16（a）所示，分别在两个已知点 A 和 B 上安置经纬仪测出图示的水平角 α 和 β，从而根据几何关系求算出 P 点的平面坐标的方法，称为前方交会。如图 8-16（b）所示，分别在一个已知点（如 A 点）和待定坐标的控制点 P 上安置经纬仪，测出图示的水平角 α 和 γ，从而求算出 P 点的平面坐标的方法，称为侧方交会。如图 8-16（c）所示，仅在待定坐标的控制点 P 上安置经纬仪，分别照准三个已知点（图中的 A、B、C 三点）测出图示的水平角 α 和 β，并根据已知点坐标，求算出 P 点的平面坐标的方法，称为后方交会。

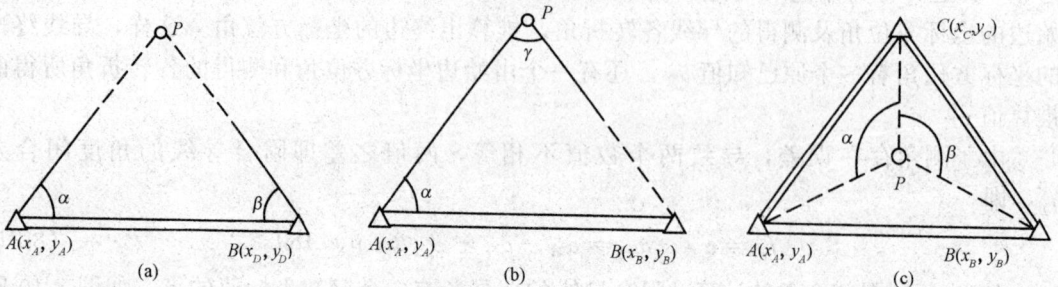

图 8-16 测角交会

（a）前方交会；（b）侧方交会；（c）后方交会

本节仅介绍图 8-16(a)所示的前方交会。

设已知 A 点的坐标为 (x_A, y_A)，B 点的坐标为 (x_B, y_B)。分别在 A、B 两点处设站，测出图示的水平角 α 和 β，则未知点 P 的坐标可按以下方法进行计算。

1. 按坐标计算方法推算 P 点的坐标

(1)用坐标反算公式计算 AB 边的坐标方位角 α_{AB} 和边长 D_{AB}：

$$\alpha_{AB} = \arctan \frac{y_B - y_A}{x_B - x_A}$$

$$D_{AB} = \sqrt{(x_B - x_A)^2 + (y_B - y_A)^2}$$

(8-24)

(2)计算 AP、BP 边的方位角 α_{AP}、α_{BP} 及边长 D_{AP}、D_{BP}：

$$\alpha_{AP} = \alpha_{AB} - \alpha$$

$$\alpha_{BP} = \alpha_{AB} + 180° + \beta$$

$$D_{AP} = \frac{D_{AB}}{\sin\gamma} = \sin\beta$$

$$D_{BP} = \frac{D_{AB}}{\sin\gamma} = \sin\alpha$$

(8-25)

式中，$\gamma = 180° - \alpha - \beta$，且应有 $\alpha_{AP} - \alpha_{BP} = \gamma$(可用做检核)。

(3)按坐标正算公式计算 P 点的坐标：

$$x_P = x_A + D_{AP} \cdot \cos\alpha_{AP}$$

$$y_P = y_A + D_{AP} \cdot \sin\alpha_{AP}$$

(8-26)

或

$$x_P = x_B + D_{BP} \cdot \cos\alpha_{BP}$$

$$y_P = y_B + D_{BP} \cdot \sin\alpha_{BP}$$

(8-27)

由式(8-26)和式(8-27)计算的 P 点坐标理应相等，可用做校核。由于计算中存在小数位的取舍，可能有微小差异，可取其平均值。

2. 按余切公式(变形的戎洛公式)计算 P 点的坐标

略去推导过程，P 点的坐标计算公式为

$$x_P = \frac{x_A \cdot \cot\beta + x_B \cdot \cot\alpha + (y_B - y_A)}{\cot\alpha + \cot\beta}$$

$$y_P = \frac{y_B \cdot \cot\beta + y_B \cdot \cot\alpha + (x_B - x_A)}{\cot\alpha + \cot\beta}$$

(8-28)

在利用式(8-28)计算时，三角形的点号 A、B、P 应按逆时针顺序排列，其中 A、B 为已知点，P 为未知点。

为了校核和提高 P 点精度，前方交会通常是在三个已知点上进行观测，如图 8-17 所示，测定 α_1、β_1 和 α_2、β_2，然后由两个交会三角形各自按式(8-26)或式(8-27)计算 P 点坐标。因测角误差的影响，求得的两组 P 点坐标不会完全相同，其点位较差为 $\Delta D = \sqrt{\delta_x^2 + \delta_y^2}$，其中 δ_x、δ_y 分别为两组 x_P、y_P 坐标值之差。当 $\Delta D \leqslant 2 \times 0.1 M (\text{mm})$($M$ 为测图比例尺分母)时，可取两组坐标的平均值作为最后结果。

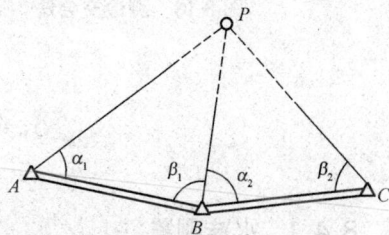

图 8-17　三点前方交会

在实际应用中具体采用哪种交会法定点，需要根据现场的实际情况而定。为了提高交会的精度，在选用交会法的同时，还要注意交会图形的好坏。一般情况下，当交会角［要加密的控制点与已知点所成的水平角，如图 8-16(a)中的∠APB］接近 90°时，其交会精度最高（在此不做推导）。

8.3.2　测边(距离)交会

如图 8-18 所示，在求算加密控制点 P 的坐标时，也可以采用测量出图示边长 a 和 b，然后利用几何关系，计算出 P 点的平面坐标的方法，称为测边(距离)交会。与测角交会一样，测边交会也能获得较高的精度。由于全站仪和光电测距仪在公路工程中的普遍采用，这种方法在测图或工程中已被广泛应用。

在图 8-18 中 A、B 为已知点，测得两条边长分别为 a、b，则 P 点的坐标可按下述方法计算。

首先利用坐标反算公式计算 AB 边的坐标方位角 α_{AB} 和边长 s：

$$\alpha_{AB} = \arctan \frac{y_B - y_A}{x_B - x_A} \tag{8-29}$$

$$S = \sqrt{(x_B - x_A)^2 + (y_B - y_A)^2}$$

根据余弦定理可求出∠A：

$$\angle A = \arccos\left(\frac{s^2 + b^2 - a^2}{2bs}\right)$$

而

$$\alpha_{AP} = \alpha_{AB} - \angle A$$

于是有

$$x_P = x_A + b \cdot \cos\alpha_{AP}$$

$$y_P = y_A + b \cdot \sin\alpha_{AP} \tag{8-30}$$

以上是两边交会法，工程中为了检核和提高 P 点的坐标精度，通常采用三边交会法，如图 8-19 所示。三边交会观测三条边，分两组计算 P 点坐标进行核对，最后取其平均值。

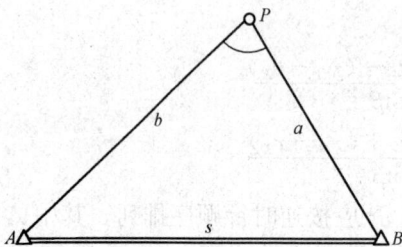

图 8-18　测边交会法　　　　　　图 8-19　三边交会法

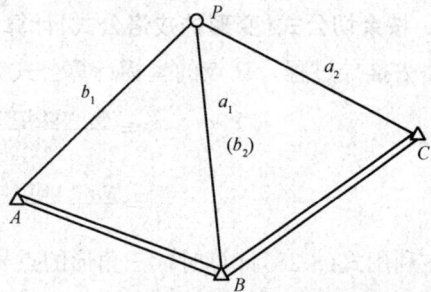

8.4　高程控制测量

8.4.1　水准测量

1. 主要技术要求

(1)水准测量的主要技术要求应符合表 8-8 的规定。

表 8-8　水准测量的主要技术要求

等级	每千米高差全中误差/mm	路线长度/km	水准仪级别	水准尺	观测次数		往返较差、附合或环线闭合差	
					与已知点联测	附合或环线	平地/mm	山地/mm
二等	2	—	DS1、DSZ1	条码因瓦、线条式因瓦	往返各一次	往返各一次	$4\sqrt{L}$	—
三等	6	≤50	DS1、DSZ1	条码因瓦、线条式因瓦	往返各一次	往一次	$12\sqrt{L}$	$4\sqrt{n}$
			DS3、DSZ3	条码式玻璃钢、双面		往返各一次		
四等	10	≤16	DS3、DSZ3	条码式玻璃钢、双面	往返各一次	往一次	$20\sqrt{L}$	$6\sqrt{n}$
五等	15	—	DS3、DSZ3	条码式玻璃钢、单面	往返各一次	往一次	$30\sqrt{L}$	

注：1. 结点之间或结点与高级点之间，其路线的长度，不应大于表中规定的 70%。
2. L 为往返测段、附合或环线的水准路线长度(km)；n 为测站数。
3. 数字水准测量和同等级的光学水准测量精度要求相同，作业方法在没有特指的情况下均称为水准测量。
4. DSZ1 级数字水准仪若与条码式玻璃钢水准尺配套，精度降低为 DSZ3 级。
5. 条码式因瓦水准尺和线条式因瓦水准尺在没有特指的情况下均称为因瓦水准尺。

(2)水准观测的主要技术要求。水准观测应在标石埋设稳定后进行。数字水准仪观测的主要技术要求应符合表 8-9 的规定。光学水准仪观测的主要技术要求应符合表 8-10 的规定。

表 8-9　数字水准仪观测的主要技术要求

等级	水准仪级别	水准尺类别	视线长度/m	前后视的距离较差/m	前后视的距离较差累积/m	视线离地面最低高度/m	测站两次观测的高差较差/mm	数字水准仪重复测量次数
二等	DSZ1	条码式因瓦尺	50	1.5	3.0	0.55	0.7	2
三等	DSZ1	条码式因瓦尺	100	2.0	5.0	0.45	1.5	2
四等	DSZ1	条码式因瓦尺	100	3.0	10.0	0.35	3.0	2
	DSZ1	条码式玻璃钢尺	100	3.0	10.0	0.35	5.0	2
五等	DSZ3	条码式玻璃钢尺	100	近似相等				

注：1. 二等数字水准测量观测顺序，奇数站应为后-前-前-后，偶数站应为前-后-后-前；
2. 三等数字水准测量观测顺序应为后—前—前—后；四等数字水准测量观测顺序应为后-后-前-前；
3. 水准观测时，若受地面振动影响时，应停止测量。

表 8-10 光学水准仪观测的主要技术要求

等级	水准仪型号	视线长度/m	前后视的距离较差/m	前后视的距离较差累积/m	视线离地面最低高度/m	基、辅分划或黑、红面读数较差/mm	基、辅分划或黑、红面所测高差较差/mm
二等	DS1、DSZ1	50	1	3	0.5	0.5	0.7
三等	DS1、DSZ1	100	3	6	0.3	1.0	1.5
三等	DS3、DSZ3	75	3	6	0.3	2.0	3.0
四等	DS3、DSZ3	100	5	10	0.2	3.0	5.0
五等	DS3、DSZ3	100	近似相等	—	—	—	—

注：1. 二等光学水准测量观测顺序，往测时，奇数站应为后-前-前-后，偶数站应为前-后-后-前；返测时，奇数站应为前-后-后-前，偶数站应为后-前-前-后；

2. 三等光学水准测量观测顺序应为后—前—前—后；四等光学水准测量观测顺序应为后-前-前-后；

3. 二等水准视线长度小于 20 m 时，其视线高度不应低于 0.3 m；

4. 三、四等水准采用变动仪器高度观测单面水准尺时，所测两次高差较差，应与黑面、红面所测高差之差的要求相同。

（3）跨河水准观测的主要技术要求应符合表 8-11 的规定。

表 8-11 跨河水准观测的主要技术要求

跨越距离/m	观测次数	单程测回数	半测回远尺读数次数	测回差/mm		
				三等	四等	五等
<200	往返各一次	1	2	—	—	—
200～400	往返各一次	2	3	8	12	25

注：1. 一测回的观测顺序：先读近尺，再读远尺；仪器搬至对岸后，不动焦距先读远尺，再读近尺。

2. 当采用双向观测时，两条跨河视线长度宜相等，两岸岸上长度宜相等，并大于 10 m；当采用单向观测时，可分别在上午、下午各完成半数工作量。

2. 水准点的选设与埋石

（1）地面水准点位应选设在坚实稳固与安全僻静之处，墙脚水准点位应选设于永久性和半永久性的建筑或构筑物上，点位应便于寻找、长期保存和引测。下列地点不应选设水准点：

1）即将进行建筑的位置或准备拆修的建筑物上。

2）低湿、易于淹没之处。

3）不良地质条件（如土崩、滑坡等）之处及地下管线之上。

4）附近有剧烈震动的地点。

5）地势隐蔽不便于观测之处。

6）当采用数字水准仪作业时，水准路线应避开电磁场的干扰。

(2)各等水准点均应埋设永久性标石或标志。标石或标志埋设应符合下列规定：

1)稳固耐久，保持垂直方向的稳定。

2)标石的底部埋设在冻土层以下，并浇灌混凝土基础。

3)水准点可以利用基岩或在坚固的永久性的建筑物上凿埋标志。

3. 水准测量的数据处理

(1)当每条水准路线分测段施测时，应按式(8-31)计算每千米水准测量的高差偶然中误差，其绝对值不应超过表 8-8 中相应等级每千米高差全中误差的 1/2。

$$M_\Delta = \sqrt{\frac{1}{4n}\left[\frac{\Delta\Delta}{L}\right]} \tag{8-31}$$

式中　M_Δ——高差偶然中误差(mm)；

　　　Δ——测段往返高差不符值(mm)；

　　　L——测段长度(km)；

　　　n——测段数。

(2)水准测量结束后，应按式(8-32)计算每千米水准测量高差全中误差，其绝对值不应超过表 8-8 中相应等级的规定。

$$M_W = \sqrt{\frac{1}{N}\left[\frac{WW}{L}\right]} \tag{8-32}$$

式中　M_W——高差全中误差(mm)；

　　　W——附合或环线闭合差(mm)；

　　　L——计算各 W 时，相应的路线长度(km)；

　　　N——附合路线和闭合环的总个数。

(3)当二、三等水准测量与国家水准点附合时，高山地区除应进行正常位水准面不平行修正外，还应进行其重力异常的归算修正。

(4)各等级水准网，应按最小二乘法进行平差并计算每千米高差全中误差。

(5)高程成果的取值，二等水准应精确至 0.1 mm，三、四、五等水准应精确至 1 mm。

8.4.2　三角高程测量

1. 三角高程测量原理

三角高程测量是根据已知点高程及两点间的垂直角和距离确定所求点高程的方法。

如图 8-20 所示，在 M 点安置仪器，用望远镜中丝瞄准 N 点觇标的顶点，测得竖直角 α，并量取仪器高 i 和觇标高 v，若测出 M、N 两点间的水平距离 D，则可求得 M、N 两点间的高差，即

$$h_{MN} = D \cdot \tan\alpha + i - v \tag{8-33}$$

根据 M 点高差 H_M 及高差 h_{MN}，N 点高程为

$$H_N = H_M + D \cdot \tan\alpha + i - v \tag{8-34}$$

三角高程测量一般采用对向观测法，如图 8-20 所示，即由 M 向 N 观测称为直舰，再由 N 向 M 观测称为反舰，直舰和反舰称为对向观测。采用对向观测的方法可以减弱地球曲率和大气折光的影响。对向观测所求得的高差较差不应大于 0.1D(D 为水平距离，以 km 为单位，其结果以 m 为单位)。取对向观测的高差中数为最后结果，即

$$h_{中} = \frac{1}{2}(h_{MN} - h_{NM}) \tag{8-35}$$

式(8-35)适用 M、N 两点距离较近(小于 300 m)的三角高程测量,此时水准面可近似看成平面,视线视为直线。当距离超过 300 m 时,就要考虑地球曲率及观测视线受大气折光的影响。

当考虑地球曲率和大气折光的影响,单向观测时的高差可根据采用斜距或平距分别按下列公式计算:

$$h = S\sin\alpha_v + (1-k)\frac{S^2\cos^2\alpha_v}{2R} + i - v \tag{8-36}$$

$$h = D\tan\alpha_v + (1-k)\frac{D^2}{2R} + i - v \tag{8-37}$$

式中　h——高程导线边两端点的高差(m);

　　　S——高程导线边的倾斜距离(m);

　　　D——高程导线边的水平距离(m);

　　　α_v——垂直角;

　　　k——当地的大气折光系数;

　　　R——地球平均曲率半径(m);

　　　i——仪器高(m);

　　　v——觇牌高(m)。

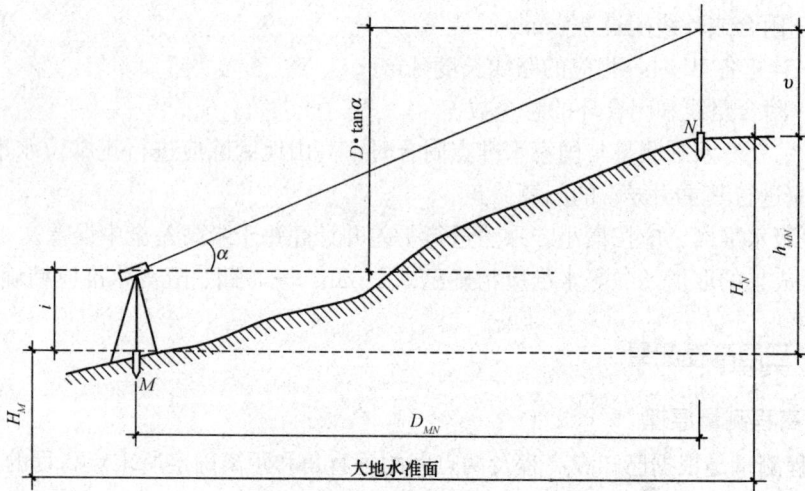

图 8-20　三角高程测量原理

2. 一般规定

(1)三角高程测量,宜在平面控制网的基础上布设成高程导线附合路线、闭合环线或三角高程网。有条件的城市,可布设成光电测距三维控制网。高程导线各边的高差测定应采用对向观测。当仅布设高程导线时,也可采用在两标志点中间设站观测的形式(中间法)。

(2)四等光电测距高程导线的主要技术要求应符合以下规定:

1)高程导线边长的测定,应采用不低于Ⅱ级精度的测距仪往返观测各一测回,测距的各项限差和要求应符合规范相关的规定,每站应读取气温、气压值。

2)垂直角观测应采用觇牌为照准目标,用 DJ2 级经纬仪按中丝法观测三测回,光学测微器两次读数的差不应大于 $3''$，垂直角测回差和指标差较差均不应大于 $7''$。对向观测高差较差不应大于 $\pm 40\sqrt{D}(\text{mm})$（$D$ 为测距边水平距离，km），附合路线或环线闭合差限差同四等水准测量要求。

3）仪器高、觇牌高应在观测前后用经过检验的量杆各量测一次，精确读至 1 mm，当较差不大于 2 mm 时取用中数。

4）内业计算时，垂直角度的取位，应精确至 $0.1''$；测距距离与高程的取位，应精确至 1 mm。单向观测时的高差根据采用斜距或平距应分别按式(8-36)和式(8-37)计算。

（3）经纬仪三角高程导线，应起闭于不低于四等水准联测的高程点上。三角高程网中应有一定数量的高程控制点作为高程起算数据。高程起算点宜布设在锁的两端或网的边缘，三角高程网中任意一点与最近高程起算点最多间隔边数应符合表 8-12 的规定。

表 8-12　三角高程网中任意一点与最近高程起算点的最多间隔边数

等高距/m ＼ 平均边长/km边数	1	2	3	4	5	7	9	平差后平面控制点高程中误差/m
1	10	4	2	—	—	—	—	≤±0.05
2	—	10	7	4	3	—	—	≤±0.10
3	—	—	—	—	10	8	5	≤±0.25

（4）代替四等水准的光电测距高程导线，应适用于不低于三等的水准点上。其边长不应大于 1 km，高程导线的最大长度不应超过四等水准线的最大长度。

（5）进行垂直角观测时，目标的照准位置均应记于观测手簿。由不同方向观测同一点时宜照准同一位置，遇特殊情况可另行选择照准位置，但应在手簿中图示注明。

（6）沉降观测的操作程序如下：

1）在盘左位置上，将望远镜的一根或三根水平丝依次照准该组中的每一标的，并进行垂直度盘读数（重合对径分划线两次）。

2）纵转望远镜，盘右位置依相反的照准次序进行垂直度盘的另一位置观测，即完成该组中每一方向一测回的操作。

3）盘左、盘右两位置照准目标时，目标的成像应位于垂直丝左、右附近的对称位置。用三丝法观测时，纵转望远镜前后，水平丝照准应一律按上、中、下丝的次序进行。

（7）各等级平面控制网用经纬仪三角高程测量测定高程时，垂直角观测的测回数与限差应符合表 8-13 的规定。

表 8-13　垂直角观测的测回数与限差

项目 ＼ 平面网等级		二、三等		四等，一、二级小三角		一、二、三级导线	
		DJ1	DJ2	DJ2	DJ6	DJ2	DJ6
测回数	中丝法	4		2	4	1	2
	三丝法	2		1	2	—	1
垂直角测回差/($''$)		10	15	15	25	15	25
指标差较差/($''$)							

注：1. 垂直角测回差指同一方向由各测回各丝所得的全部垂直角结果互相比较。

2. 指标差较差在分组观测时，仅在一测回内各方向按同一根水平丝计算的结果比较；单独方向连续观测时，则按同方向各测回同一根水平丝计算的结果比较。

此外，需要注意的是，垂直度盘光学测微器两次读数较差：DJ1 级仪器不应大于 1″，DJ2 级仪器不应大于 3″。

(8)觇标高度和仪器高度均应用钢尺丈量两次，读至 5 mm，两次较差不大于 1 cm 时取用中数。量取觇标高度的位置应与观测时照准的位置一致。

(9)各等级平面控制网用三角高程测量测定高程时，计算的高差经地球曲率和大气折光改正后，应符合以下规定：

1)由两个单方向算得的高程不符值不应大于 $0.07\sqrt{S_1^2+S_2^2}$（m）（S_1、S_2 为两个单方向的边长，km）。

2)由对向观测所求得的高差较差不应大于 $0.1S$（m）（S 为边长，km）。

3)由对向观测所求得的高差中数，计算闭合环线或附合路线的高程闭合差不应大于 $\pm 0.05\sqrt{[S^2]}$（m）。

3. 观测与计算

三角高程的观测与计算的主要步骤如下：

(1)安置仪器于测站上，量出仪器高 i；觇标立于测点上，量出觇标高 v。

(2)用经纬仪或测距仪采用测回法观测竖直角 α，取其平均值为最后观测成果。

(3)采用对向观测，其方法同前两步。

📁 **项目小结**

本项目主要介绍了控制测量的基本概念、导线测量、交会定点、高程控制测量等内容。

1. 在测区内，按测量任务所要求的精度，测定一系列控制点的平面位置和高程，建立起测量控制网，作为各种测量的基础，这种测量工作称为控制测量；测定控制点平面位置的工作称为平面控制测量，测定控制点高程的工作称为高程控制测量。

2. 根据测区的不同情况和具体要求，导线可按闭合导线、附合导线、支导线三种形式进行布设。导线测量的外业工作包括选点、测角、量边、定向等。导线测量内业计算的目的是根据已知点的起始数据和外业观测结果计算各导线点的坐标。

3. 交会法定点分为测角交会和测边(距离)交会两种方法。

4. 三角高程测量是根据已知点高程及两点间的垂直角和距离确定所求点高程的方法。

📁 **课后习题**

一、填空题

1. 测定控制点平面位置的工作称为_____。测定控制点高程的工作称为_____。

2. 在全国范围内统一建立的三角网，称为_____。

3. 在小区域(面积_____)内建立的平面控制网，称为小区域平面控制网。

4. 根据测区的不同情况和具体要求，导线可按_____、_____、_____三种形式进行布设。

5. 导线测量的外业工作包括_____、_____、_____、_____等。

6. 三角高程测量是根据两点间的_____和_____来计算两点的高差，然后求出所求点的高程。

二、选择题(有一个或多个答案)

1. 图 8-21 所示的导线属于(　　)。

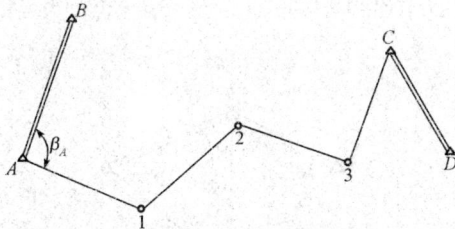

图 8-21　导线示意

   A. 闭合导线　　　　B. 附合导线　　　　C. 支导线　　　　　D. 以上答案都正确

2. 导线测量角度闭合差的调整方法是(　　)。

   A. 反号按角度个数平均分配　　　　　　B. 反号按角度大小比例分配

   C. 反号按边数平均分配　　　　　　　　D. 反号按边长比例分配

3. 衡量导线测量精度的一个重要指标是(　　)。

   A. 坐标增量闭合差　　　　　　　　　　B. 导线全长闭合差

   C. 导线全长相对闭合差　　　　　　　　D. 以上答案都正确

4. 三角高程测量对向观测所求得的高差较差不应大于(　　)D m(D 为平距，以 km 为单位)。

   A. 0.1　　　　　　　B. 0.2　　　　　　　C. 0.3　　　　　　　D. 0.4

三、计算题

1. 附合导线已知数据和观测数据见表 8-14。请计算出各导线点的坐标值。

表 8-14　附合导线已知数据和观测数据

点号	观测角 /(° ′ ″)	距离/m	坐标值/m	
			x	y
A'				
$A(P_1)$	186 35 22		167.81	219.17
		86.09		
P_2	163 31 14			
		133.06		
P_3	184 39 00			
		155.64		
P_4	194 22 30			
		155.02		
$B(P_5)$	163 02 47		134.37	742.69
B'				

2. 图 8-22 所示为角度前方交会法示意，已知数据为

$$\begin{cases} x_A = 37\ 477.54 \\ y_A = 16\ 307.24 \end{cases} \quad \begin{cases} x_B = 37\ 327.20 \\ y_B = 16\ 266.42 \end{cases} \quad \begin{cases} x_C = 37\ 163.69 \\ y_C = 16\ 046.65 \end{cases}$$

观测数据为

$$\begin{cases} \alpha_1 = 40°41'57'' \\ \beta_1 = 75°19'02'' \end{cases} \quad \begin{cases} \alpha_2 = 58°11'35'' \\ \beta_2 = 69°06'23'' \end{cases}$$

试计算 P 点的坐标 x_P、y_P。

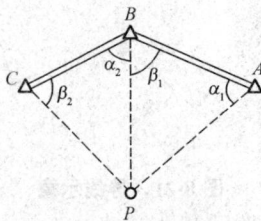

图 8-22   计算题 2 图

项目 9   大比例尺地形图的测绘与应用

学习目标

通过本项目的学习，了解比例尺、比例尺精度、地形图的图外注记、地物符号和地貌符号等基本知识；掌握地形图的分幅与编号，大比例尺地形图的测绘方法，地形图的应用。

能力目标

能够正确阅读、绘制地形图，具备测绘大比例尺地形图的基本技能；能够利用地形图确定线路的最佳方案，完成断面图的绘制，确定汇水面积并根据地形图进行场地平整。

9.1   地形图的基本知识

9.1.1   比例尺

比例尺是指图上一段直线的长度与其相应的实地水平长度之比。比例尺分为数字比例尺和图示比例尺两种。

1. 数字比例尺

数字比例尺是用分子为 1、分母为整数的分数表示。设图上一段直线的长度为 d，相应的实地水平长度为 D，则该图的比例尺为

微课：地形图的基本知识

$$\frac{d}{D} = \frac{1}{\frac{D}{d}} = \frac{1}{M} \tag{9-1}$$

式中 M——比例尺分母。

比例尺有大小之分，其大小是根据分数值的大小来确定的，M 越小，此分数值越大，则比例尺就越大；反之则相反。

数字比例尺也可以写成 $1:M$ 的形式，如 $1:500$、$1:1\,000$ 等。

2. 图示比例尺

为了便于应用，以及减小由于图纸伸缩而引起的使用中的误差，通常在地形图上绘制图示比例尺。

图示比例尺有直线比例尺和斜线比例尺等，如图 9-1 所示。

直线比例尺是最常见的图示比例尺，它根据数字比例尺绘制而成。如 $1:1\,000$ 的直线比例尺，取 1 cm 为基本单位，每基本单位所代表的实地长度为 10 m，从直线比例尺上可直接读得基本单位的 1/10，可估读到 1/100。

图示比例尺一般标注在图纸的下方，便于用分规直接在图上量取直线段的水平距离，并可消除图纸伸缩变形的影响。

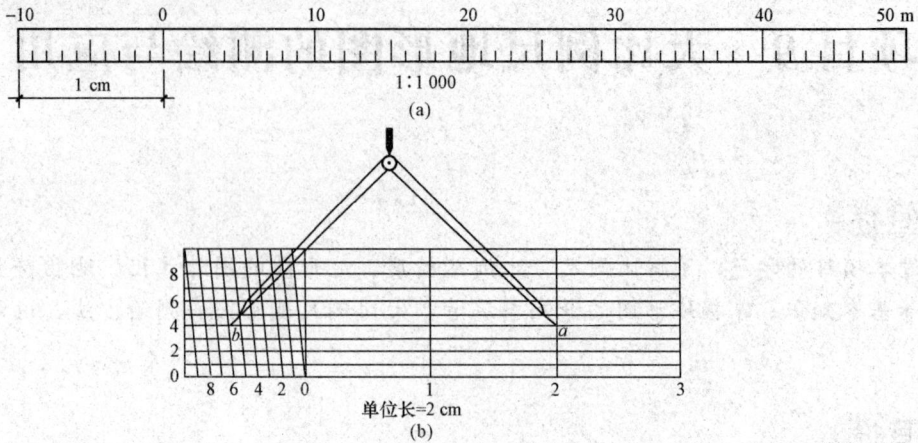

图 9-1　图示比例尺

(a)直线比例尺；(b)斜线比例尺

9.1.2　地形图按比例尺分类

地形图按比例尺大小，可分为大、中、小三种比例尺地形图。

1. 大比例尺地形图

通常把 1 : 500、1 : 1 000、1 : 2 000 和 1 : 5 000 比例尺的地形图称为大比例尺地形图。大比例尺地形图通常是实测得到的，也可以用低航高的航片或用地面立体摄影测量的方法测绘。

公路、铁路、城市规划、水利等工程上普遍使用大比例尺地形图。

2. 中比例尺地形图

把 1 : 10 000、1 : 25 000、1 : 50 000、1 : 100 000 比例尺的地形图称为中比例尺地形图。中比例尺地形图，目前均为航空摄影测量方法成图。

3. 小比例尺地形图

把小于 1 : 100 000、1 : 200 000、1 : 250 000、1 : 500 000 等比例尺的地形图称为小比例尺地形图。小比例尺地形图由其他比例尺图编绘而成。

1 : 5 000、1 : 10 000、1 : 25 000、1 : 50 000、1 : 100 000、1 : 250 000、1 : 500 000、1 : 1 000 000 这八种比例尺地形图称为国家基本比例尺地形图。

9.1.3　比例尺精度

人们用肉眼能分辨的图上最小距离为 0.1 mm，即在图纸上当两点间的距离小于 0.1 mm 时，人眼就无法再分辨了。因此，把相当于图上 0.1 mm 的实地水平距离称为比例尺精度，即

$$比例尺精度 = 0.1M(\text{mm}) \tag{9-2}$$

式中　M——比例尺分母。

显然，比例尺大小不同，则其比例尺精度数值也不同，见表 9-1。

表 9-1　比例尺精度对照

比例尺	1：500	1：1 000	1：2 000	1：5 000	1：10 000
比例尺精度/m	0.05	0.1	0.2	0.5	1

比例尺精度对测图和设计用图都有重要的意义：

（1）根据测图比例尺，确定实地量距的最小尺寸。例如，用1：2 000 的比例尺测图时，实地量距只需量到 0.2 m，因为即使量得再精细，在图上也是表示不出来的。

（2）根据测图要求，选用大小合适的比例尺。如在测图时要求在图上能反映出地面上 0.05 m 的细节，则所选的比例尺不应小于1：500。图的比例尺越大，其表示的地物地貌就越详细，精度也越高，但测绘工作量会成倍增加。所以应按城市和工程规划、施工的实际需要选择测图比例尺。

9.1.4　地形图的图外注记

对于一幅标准的大比例尺地形图，图廓外应注有图名、图号、接图表、比例尺、图廓、坐标格网和其他图廓外注记等，如图 9-2 所示。

微课：地形图
概念及识读

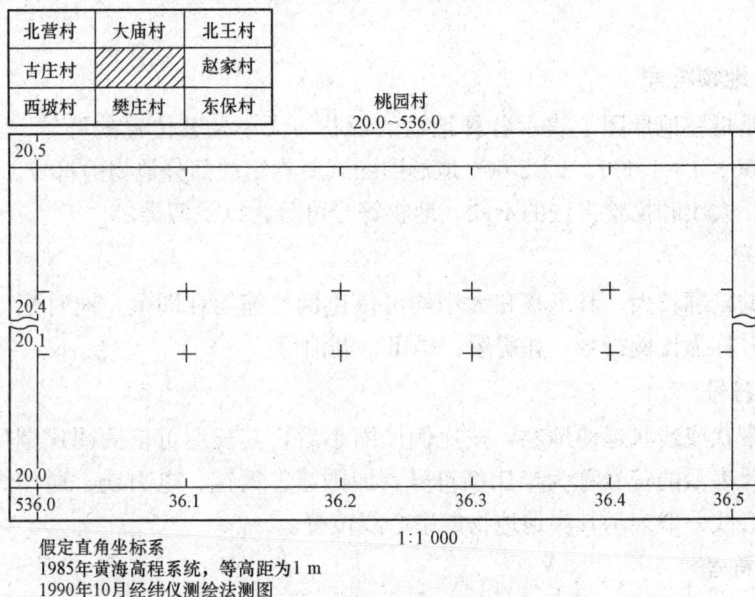

图 9-2　地形图廓和接图表

1. 图名

图名可以采用文字、数字图名并用，这样便于地形图的测绘、管理和使用。文字图名通常使用图幅内具有代表性的地名、村庄或企事业单位名称命名。数字图名可以由当地测绘部门根据具体情况编制。图名标注在地形图北图廓外上方中央。

2. 图号

图号是保管和使用地形图时，为使图纸有序存放、检索和使用而将地形图按统一规定进行编号。大比例尺地形图通常是以该图幅西南角点的纵、横坐标千米数编号。当测区较小且只测一种比例尺图时，通常采用数字顺序编号，数字编号的顺序是由左到右、由上到下。图号注记在图名的正下方。

3. 接图表

接图表是本图幅与相邻图幅之间位置关系的示意简表，表上注有邻接图幅的图名或图号。读图或用图时，根据接合图表可迅速找到与本图幅相邻的有关地形图，并可用它来拼接相邻图幅。

4. 图廓和坐标格网

地形图都有内、外图廓。内图廓线较细，是图幅的范围线；外图廓线较粗，是图幅的装饰线。图幅的内图廓线是坐标格网线，在图幅内绘有坐标格网交点短线，图廓的四角注记有坐标。

5. 其他注记

大比例尺地形图应在外图廓线下面中间位置注记数字比例尺，标明测图所采用的坐标系和高程系，标明成图方式和绘图时执行的地形图图式，注明测量员、绘图员、检查员等。

9.1.5 地物符号和地貌符号

地形图主要运用规定的符号反映地球表面的地貌、地物的空间位置及相关信息。地形图的符号分为地物符号和地貌符号，这些符号总称为地形图图式，图式由国家有关部门统一制定。

9.1.5.1 地物符号

地物符号是指在地形图上表示各种地物的形状、大小及其位置的符号。表 9-2 所示是国家标准 1∶500、1∶1 000、1∶2 000 地形图图式所规定的部分地物的符号。

根据形状、大小和描绘方法的不同，地物符号可分为以下四类。

1. 比例符号

有些地物的轮廓较大，其形状和大小均可依比例尺缩绘在图上，同时配以规定的符号表示，这种符号称为比例符号，如房屋、稻田、湖泊等。

2. 半比例符号

对于一些带状或线状延伸地物，按比例尺缩小后，其长度可依测图比例尺表示，而宽度不能依比例尺表示的符号称为半比例符号，如围墙、篱笆、电力线、通信线等地物的符号。符号的中心线一般表示其实地地物的中心线位置。

3. 非比例符号

地面上轮廓较小的地物，按比例尺缩小后无法描绘在图上，应采用规定的符号表示，这种符号称为非比例符号，如三角点、导线点、水准点、独立树、路灯、检修井等。非比例符号的中心位置和实际地物的位置关系如下：

（1）规则几何图形符号，如导线点、水准点等，符号中心就是实物中心。

（2）宽底符号，如水塔、烟囱等，符号底线中心为地物中心。

（3）底部为直角的符号，如独立树，符号底部的直角顶点反映实物的中心位置。

比例符号、半比例符号和非比例符号不是一成不变的，主要依据测图比例尺与实物轮廓而定。

4. 注记符号

注记符号就是用文字、数字或特定的符号对地形图上的地物所做的补充和说明，如图上注明的地名、控制点名称、高程、房屋层数及河流名称、深度、流向等。

表 9-2　地物符号(部分)

编号	符号名称	图例	编号	符号名称	图例
1	三角点 a. 土堆上的 张湾岭、黄土岗—点名 156.718、203.623—高程 5.0—比高	3.0 △ 张湾岭 / 156.718 a 5.0 ▲ 黄土岗 / 203.623	11	棚房 a. 四边有墙的 b. 一边有墙的 c. 无墙的	a ⬜ • 1.0 b ⬜ • 1.0 c ⬜ • 1.0 1.0 0.6
2	导线点 a. 土堆上的 Ⅰ16、Ⅰ23—等级、点号 84.46、94.40—高程 2.4—比高	2.0 ⊙ Ⅰ16 / 84.46 a 2.4 ⊕ Ⅰ23 / 94.40	12	窑洞 a. 地面上的 　a1. 依比例尺的 　a2. 不依比例尺的 　a3. 房屋式的窑洞 b. 地面下的 　b1. 不依比例尺的 　b2. 依比例尺的	a1 🎧 a2 ⌂ a3 ⌂ b1 ⌂ ⊠ b2 ⌂
3	埋石图根点 a. 土堆上的 12、16—等级 275.46、175.64—高程 2.5—比高	3.0 ⊞ 12 / 275.46 a 2.5 ⊞ 16 / 175.64			
4	不埋石图根点 18—等级 84.47—高程	3.0 ⊡ 18 / 84.47	13	学校	0.5 文 0.4 / 0.8 0.4
5	水准点 Ⅱ—等级 京石 5—点名、点号 32.805—高程	3.0 ⊗ Ⅱ京石5 / 32.805			
6	卫星定位等级点 B—等级 14—点名、点号 495.263—高程	1.0 ◬ B14 / 495.263	14	医疗点	3.3 ✚ 0.8 3.3
7	建筑中的房屋	建	15	商场、超市	混凝土4 Ⓜ
8	破坏房屋	破 3.0 1.0	16	门墩 a. 依比例尺的 b. 不依比例尺的	a ▬▬—▭ / 1.0 b ▬▬ ▬▬
9	钟楼、鼓楼、城楼、古关塞 a. 依比例尺的 b. 不依比例尺的	a ⬆ b 2.4 ⬆	17	纪念塔、北回归线标志塔 a. 依比例尺的 b. 不依比例尺的	a 🜊 b 🜊
10	单幢房屋 a. 一般房屋 b. 有地下室的房屋 c. 凸出房屋 d. 简易房屋 混、钢—房屋结构 1、3、28—房屋层数 2—地下房屋层数	0.8 a 混1 b 混3—2 3.0 1.0 c 钢28 d 简	18	旗杆	1.0 4.0 ⌐ 3.0 / 3.0

编号	符号名称	图例	编号	符号名称	图例
19	庙宇	0.4 1.2 3.3 1.8 1.8 2.4	29	假石山	
20	气象台(站)	3.8 3.0 1.0	30	电杆	1.0
21	宝塔、经塔、纪念塔 a. 依比例尺的 b. 不依比例尺的	a b 381.3	31	电线架	8.0
22	围墙 a. 依比例尺的 b. 不依比例尺的	a 30.0 0.3 b 0.3 30.0 0.3	32	电线塔(铁塔) a. 依比例尺的 b. 不依比例尺的	a 4.0 1.0 b 4.0
23	栅栏、栏杆	10.0 1.0	33	高压输电线 架空的 a. 电杆 35—电压(kV) 地面下的 a. 电缆标 输电线入地口 a. 依比例尺的 b. 不依比例尺的	0 35 4.0 11.0 1.0 4.0 a b
24	篱笆	10.0 1.0 0.8			
25	活树篱笆	8.0 1.0 0.1	34	水龙头	3.6 1.0
26	台阶	0.8 1.0 1.0	35	消火栓	1.0 3.0 3.0
27	路灯	1.4 0.3 0.8 3.0 3.0	36	阀门	1.0 1.8 3.0
28	岗亭、岗楼 a. 依比例尺的 b. 不依比例尺的	a b	37	高速公路 a. 临时停车点 b. 隔离带 c. 建筑中的	a 0.4 b 0.4 6 c 0.4 0 35.0 3.0

编号	符号名称	图例	编号	符号名称	图例
38	国道 a. 一级公路 a1. 隔离设施 a2. 隔离带 b. 二~四级公路 c. 建筑中的 ①、②—技术等级代码 （G305）、（G301）—国 道代码及编号	a 0.3 a1 a2 ①(G305) b ②(G301) 0.3 c 0.3 3.0 30.0	45	路堤	a b
39	专用公路 a. 有路肩的 b. 无路肩的 ②—技术等级代码 （Z301）—专用公路代码 及编号 c. 建筑中的	a 0.2 ②(Z301) 0.3 b ②(Z301) c 3.0 39.0	46	等高线及其注记 a. 首曲线 b. 计曲线 c. 间曲线 25—高程	a 0.18 b 25 0.3 c 1.0 5.0 0.18
40	内部道路	1.0 1.0	47	高程点及其注记 1 520.3、−16.3—高程	0.5 ● 1 520.3 ◆ −16.3
41	机耕路(大路)	8.0 2.0	48	旱地	1.3 2.6 ⊥⊥ ⊥⊥ 10.0 ⊥⊥ ⊥⊥ 10.0
42	小路、栈道	4.0 1.0	49	菜地	10.0 10.0
43	人行桥、时令桥 a. 依比例尺的 b. 不依比例尺的	a b 1.0	50	果树	1.5 ○ 3.0 1.0
44	隧道 a. 依比例尺的出入口 b. 不依比例尺的出入口	a b 1.0 45°	51	果园	1.2 10.0 3.5 10.0 10.0
			52	斜坡 a. 未加固的 b. 已加固的	a 3.0 4.0 b

9.1.5.2 地貌符号

地貌是指地表高低起伏的形态，是地形图反映的重要内容。在地形图上表示地貌的方法很多，但在测量上最常用的方法是等高线法。

1. 等高线

等高线是地面上高程相等的各相邻点连成的闭合曲线。如图 9-3 所示，有一高地被等间距的水平面 H_1、H_2 和 H_3 所截，故各水平面与高地相应的截线就是等高线。将各水平面上的等高线沿铅垂方向投影到一个水平面上，并按规定的比例尺缩绘到图纸上，便得到用等高线来表示的该高地的地貌图。等高线的形状是由高地表面形状来决定的，用等高线来表示地貌是一种很形象的方法。

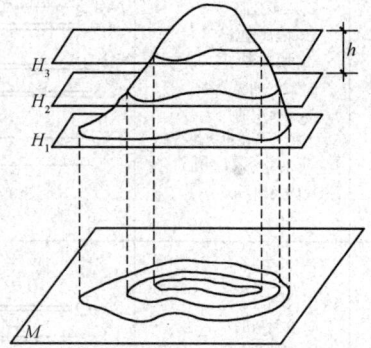

图 9-3　等高线示意

2. 等高距与等高线平距

地形图上相邻两条等高线之间的高差，称为等高距，常用 h 表示。在同一幅图内，等高距一定是相同的。等高距的大小是根据地形图的比例尺、地面坡度及用图目的而选定的。等高线的高程必须是所采用的等高距的整数倍，如果某幅图采用的等高距为 3 m，则该幅图的高程必定是 3 m 的整数倍，如 30 m、60 m 等，而不能是 31 m、61 m 或 66.5 m 等。

地形图中的基本等高距，应符合表 9-3 的规定。

表 9-3　地形图的基本等高距　　　　　　　　　　　　　　　　　m

地形类别	比例尺			
	1∶500	1∶1 000	1∶2 000	1∶5 000
平坦地	0.5	0.5	1	2
丘陵地	0.5	1	2	5
山地	1	1	2	5
高山地	1	2	2	5

注：1. 一个测区同一比例尺，宜采用一种基本等高距。
　　2. 水域测图的基本等深距，可按水底地形倾角所比照地形类别和测图比例尺选择。

相邻等高线之间的水平距离，称为等高线平距，用 d 表示。在不同地方，等高线平距不同，它取决于地面坡度的大小，地面坡度越大，等高线平距越小；相反，地面坡度越小，等高线平距越大；若地面坡度均匀，则等高线平距相等，如图 9-4 所示。

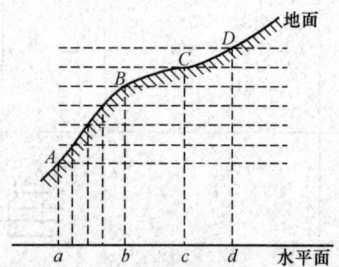

图 9-4　等高距与地面坡度的关系

3. 等高线的种类

地形图上的等高线可分为首曲线、计曲线、间曲线和助曲线四种，如图 9-5 所示。

（1）首曲线。在地形图上，从高程基准面起算，按规定的基本等高距描绘的等高线称为首曲线。首曲线一般用细实线表示，它是地形图上最主要的等高线。

（2）计曲线。为了方便看图和计算高程，从高程基准面起算，每隔 5 个基本等高距（4 条首曲线)加粗一条等高线，称为计曲线。计曲线一般用粗实线表示。

（3）间曲线。当首曲线不足以显示局部地貌特征时，可在相邻两条首曲线之间绘制1/2基本等高距的等高线，称为间曲线。间曲线一般用长虚线表示，描绘时可不闭合。

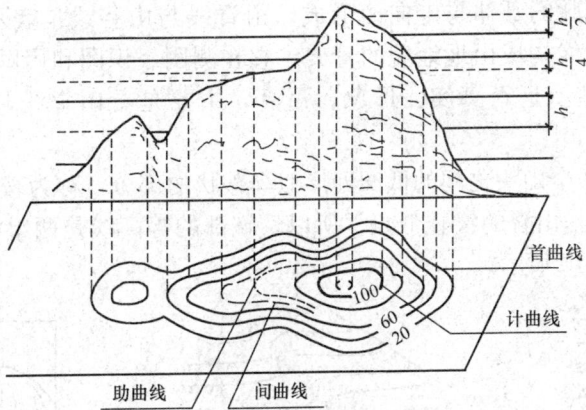

微课：等高线
表示地貌

图9-5　四种等高线

（4）助曲线。当首曲线和间曲线仍不足以显示局部地貌特征时，可在相邻两条间曲线之间绘制1/4基本等高距的等高线，称为助曲线。助曲线一般用短虚线表示，描绘时可不闭合。

4. 几种典型地貌的等高线

（1）山头和洼地。地势向中间凸起而高于四周的高地称为山头；地势向中间凹下而低于四周的低地称为洼地。山头和洼地的等高线都是由一组闭合的曲线组成的，地形图上区分它们的方法：等高线上所注明的高程，内圈等高线比外圈等高线所注的高程大时，表示山头，如图9-6所示；内圈等高线比外圈等高线所注高程小时，表示洼地，如图9-7所示。另外，还可使用示坡线表示，示坡线是指示地面斜坡下降方向的短线，一端与等高线连接并垂直于等高线，表示此端地形高，不与等高线连接端地形低。

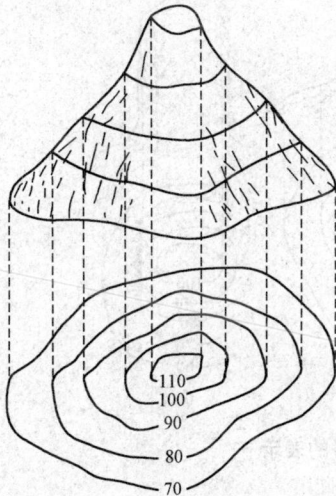

图9-6　山头

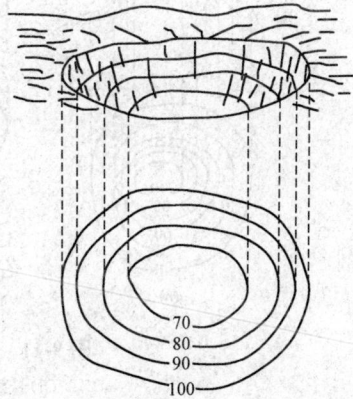

图9-7　洼地

(2)山脊和山谷。山脊是从山顶到山脚的凸起部分。山脊最高点的连线称为山脊线或分水线，如图9-8所示。两山脊之间延伸而下降的凹槽部分称为山谷，如图9-9所示。山谷内最低点的连线，称为山谷线或合水线。

山脊与山谷由山脉的延伸与走向而形成，山脊线与山谷线是表示地貌特征的线，故又称为地性线。地性线构成山地地貌的骨架，它在测图、识图和用图中具有重要的意义。地形图上山地地貌显示是否真实、形象、逼真，主要是看山脊线与山谷线表达得是否正确。

(3)鞍部。相邻两个山头之间的低凹处形似马鞍状的部分，称为鞍部。通常，鞍部既是山谷的起始高点，又是山脊的终止低点。所以，鞍部的等高线是两组相对的山脊与山谷等高线的组合，如图9-10所示。

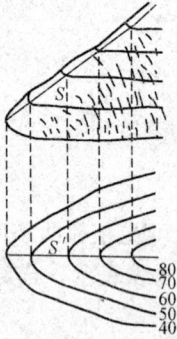

图9-8　山脊

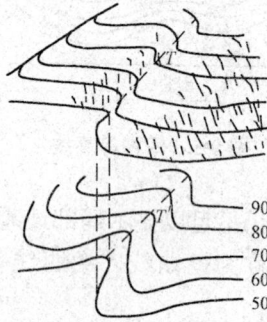

图9-9　山谷

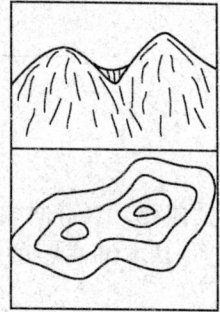

图9-10　鞍部

(4)悬崖和陡崖。悬崖是上部突出、下部凹进的陡崖。悬崖上部的等高线投影到水平面时，与下部的等高线相交，下部凹进的等高线部分用虚线表示，如图9-11(a)所示。陡崖是坡度在70°以上的陡峭崖壁，有石质和土质之分。如用等高线表示，将非常密集或重合为一条线，因此采用陡崖符号来表示，如图9-11(b)、(c)所示。

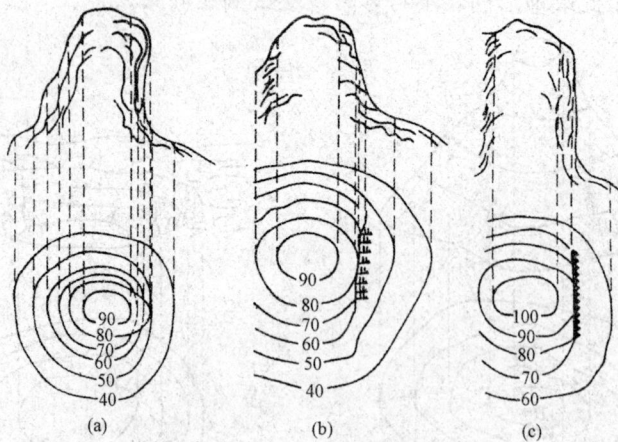

图9-11　悬崖与陡崖的表示

(a)悬崖；(b)、(c)陡崖

5. 等高线的特征

(1)同一条等高线上各点的高程必相等，而高程相等的地面点不一定在同一条等高线上。

(2)等高线是一闭合曲线，如不在本幅图内闭合，则在相邻的其他图幅内闭合。但间曲线和助曲线作为辅助线，可以在图幅内中断。

(3)除悬崖、峭壁外，不同高程的等高线不能相交或重合。

(4)在同一幅图内，等高线的平距大，表示地面坡度缓；平距小，则表示地面坡度陡；平距相等，则表示坡度相同。倾斜地面上的等高线是间距相等的平行直线。

(5)山脊与山谷的等高线与山脊线和山谷线成正交关系，即过等高线与山脊线或山谷线的交点作等高线的切线，始终与山脊线或山谷线垂直。

9.2 地形图的分幅与编号

为了方便测绘、管理和使用地形图，需将同一地区的地形图进行统一的分幅与编号。地形图的分幅方法有两种：一种是按经纬线分幅的梯形图，坐标以角度单位表示，用于较小比例尺的国家基本地形图的分幅；另一种是按照平面直角坐标格网划分的矩形图，坐标以长度单位表示，多用于工程建设的大比例尺地形图的分幅。

9.2.1 梯形分幅

梯形分幅是按经纬线进行分幅的。

(1)1：1 000 000 地形图的分幅与编号。1：1 000 000 地形图的分幅与编号采用国际1：1 000 000 地图分幅与编号标准。每幅 1：1 000 000 地形图范围是经差 6°、纬差 4°；纬度 60°～76°为经差 12°、纬差 4°；纬度 76°～88°为经差 24°、纬差 4°(在我国范围内没有纬度 60°以上的需要合幅的图幅)。

1：1 000 000 地形图的编号方法是将整个地球从经度 180°起，自西向东按 6°经差分成60 个纵列，自西向东依次用数字 1、2、…、60 编列数；从赤道起，分别由南向北、由北向南，在纬度 0°～88°的范围内，按 4°纬差分成 22 个横行，依次用大写字母 A、B、C、…、V 表示。图 9-12 所示为 1：1 000 000 地形图的分幅与编号。由经线和纬线围成的每一个梯形小格为一幅 1：1 000 000 地形图，它们的编号由该图所在的行号与列号组合而成。例如，我国首都北京所在的 1：1 000 000 地形图的图幅编号为 J50。

(2)1：500 000～1：5 000 地形图的分幅与编号。1：500 000～1：5 000 地形图均以1：1 000 000 地形图为基础，按规定的经差和纬差划分图幅。

1)每幅 1：1 000 000 地形图划分为 2 行 2 列，共 4 幅 1：500 000 地形图，每幅 1：500 000地形图的范围是经差 3°、纬差 2°。

2)每幅 1：1 000 000 地形图划分为 4 行 4 列，共 16 幅 1：250 000 地形图，每幅 1：250 000地形图的范围是经差 1°30′、纬差 1°。

3)每幅 1：1 000 000 地形图划分为 12 行 12 列，共 144 幅 1：100 000 地形图，每幅1：100 000 地形图的范围是经差 30′、纬差 20′。

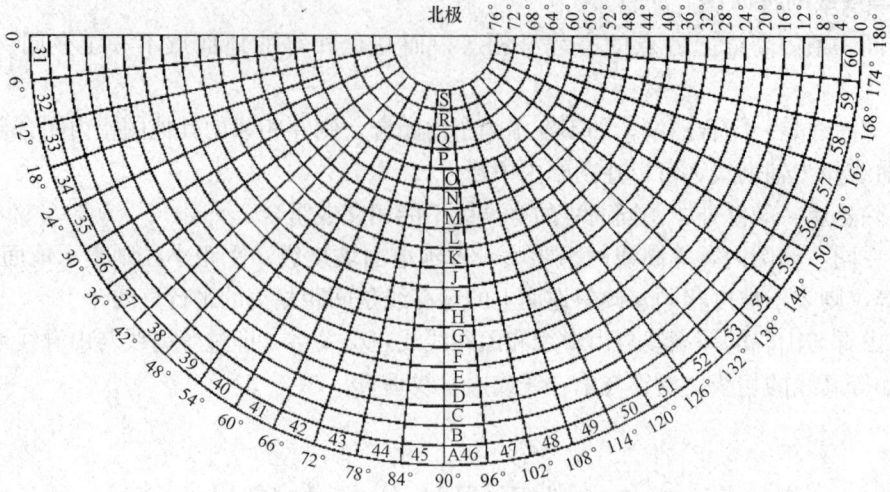

图 9-12　1∶1 000 000 地形图的分幅与编号

4）每幅 1∶1 000 000 地形图划分为 24 行 24 列，共 576 幅 1∶50 000 地形图，每幅 1∶50 000 地形图的范围是经差 $15'$、纬差 $10'$。

5）每幅 1∶1 000 000 地形图划分为 48 行 48 列，共 2 304 幅 1∶25 000 地形图，每幅 1∶25 000 地形图的范围是经差 $7'30''$、纬差 $5'$。

6）每幅 1∶1 000 000 地形图划分为 96 行 96 列，共 9 216 幅 1∶10 000 地形图，每幅 1∶10 000 地形图的范围是经差 $3'45''$、纬差 $2'30''$。

7）每幅 1∶1 000 000 地形图划分为 192 行 192 列，共 36 864 幅 1∶5 000 地形图，每幅 1∶5 000 地形图的范围是经差 $1'52.5''$、纬差 $1'15''$。

1∶1 000 000～1∶500 地形图的图幅范围、行列数量和图幅数量关系见表 9-4。

1∶500 000～1∶5 000 地形图的编号均以 1∶1 000 000 地形图编号为基础，采用行列编号方法。其编号的组成如图 9-13 所示。其中，比例尺代码见表 9-5。行、列编号（图 9-14）是将 1∶1 000 000 地形图按所含各比例尺地形图的经差和纬差划分成若干行和列，横行从上到下、纵列从左到右按顺序分别用三位阿拉伯数字（数字码）表示，不足三位者，前面补零，取行号在前、列号在后的排列形式注记。

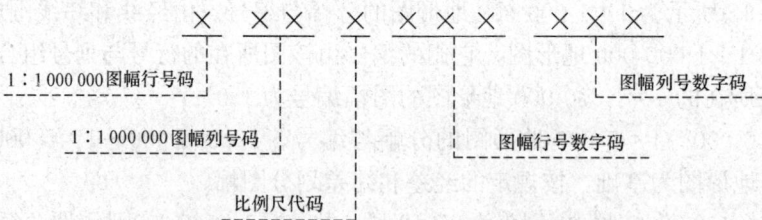

图 9-13　1∶500 000～1∶5 000 地形图编号构成

表9-4 1:1 000 000～1:500 地形图的图幅范围、行列数量和图幅数量关系

比例尺		1:1 000 000	1:500 000	1:250 000	1:100 000	1:50 000	1:25 000	1:10 000	1:5 000	1:2 000	1:1 000	1:500
图幅范围	经差	6°	3°	1°30′	30′	15′	7′30″	3′45″	1′52.5″	37.5″	18.75″	9.375″
	纬差	4°	2°	1°	20′	10′	5′	2′30″	1′15″	25″	12.5″	6.25″
行列数量关系	行数	1	2	4	12	24	48	96	192	576	1 152	2 304
	列数	1	2	4	12	24	48	96	192	576	1 152	2 304
图幅数量关系（图幅数量＝行数×列数）		1	4 (2×2)	16 (4×4)	144 (12×12)	576 (24×24)	2 304 (48×48)	9 216 (96×96)	36 864 (192×192)	331 776 (576×576)	1 327 104 (1 152×1 152)	5 308 416 (2 304×2 304)
			1	4 (2×2)	36 (6×6)	144 (12×12)	576 (24×24)	2 304 (48×48)	9 216 (96×96)	82 944 (288×288)	331 776 (576×576)	1 327 104 (1 152×1 152)
				1	9 (3×3)	36 (6×6)	144 (12×12)	576 (24×24)	2 304 (48×48)	20 736 (144×144)	82 944 (288×288)	331 776 (576×576)
					1	4 (2×2)	16 (4×4)	64 (8×8)	256 (16×16)	2 304 (48×48)	9 216 (96×96)	36 864 (192×192)
						1	4 (2×2)	16 (4×4)	64 (8×8)	576 (24×24)	2 304 (48×48)	9 216 (96×96)
							1	4 (2×2)	16 (4×4)	144 (12×12)	576 (24×24)	2 304 (48×48)
								1	4 (2×2)	36 (6×6)	144 (12×12)	576 (24×24)
									1	9 (3×3)	36 (6×6)	144 (12×12)
										1	4 (2×2)	16 (4×4)
											1	4 (2×2)

表 9-5　1∶500 000～1∶5 000 地形图的比例尺代码

比例尺	1∶500 000	1∶250 000	1∶100 000	1∶50 000	1∶25 000	1∶10 000	1∶5 000
代码	B	C	D	E	F	G	H

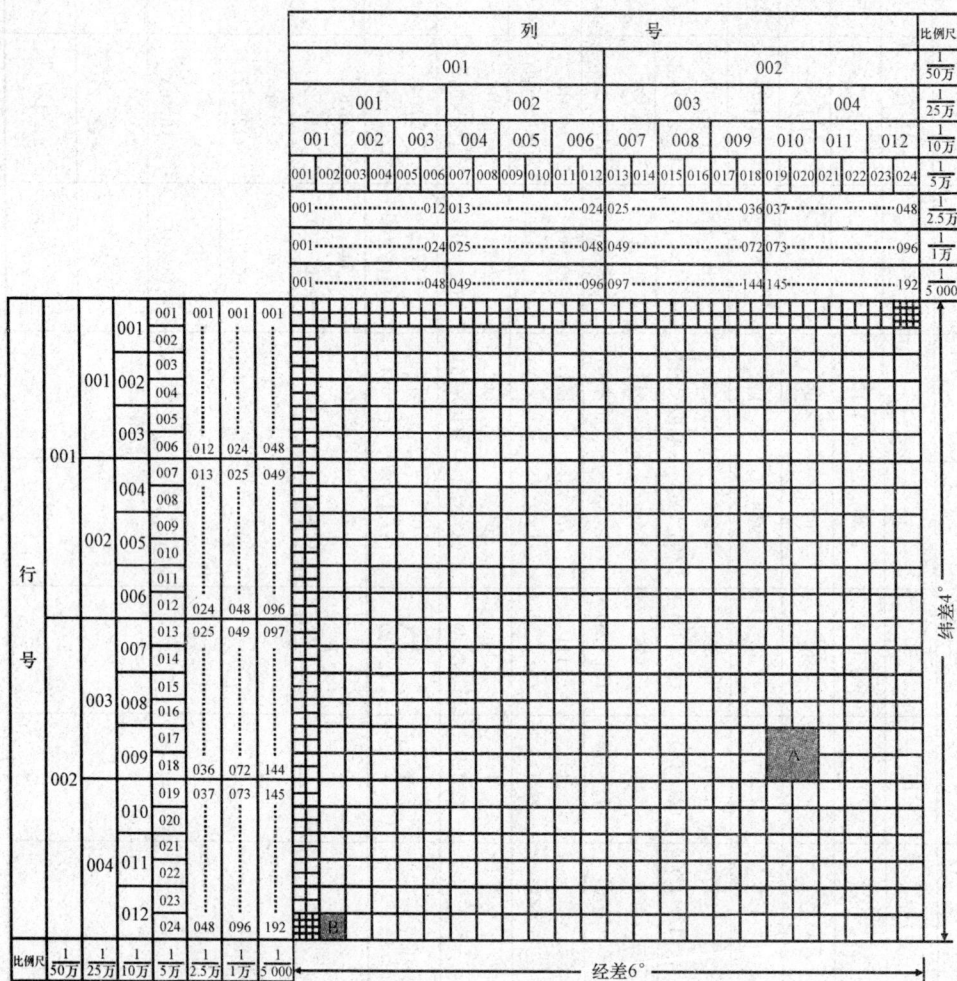

图 9-14　1∶500 000～1∶5 000 地形图的行、列编号

图 9-15 所示为 1∶250 000 地形图的图幅编号示例，图中带斜线区域所示的图幅编号为 J50C003004。

(3)1∶2 000、1∶1 000、1∶500 地形图的分幅与编号。1∶2 000、1∶1 000、1∶500 地形图宜以 1∶1 000 000 地形图为基础，按规定的经差和纬差划分图幅。

1)每幅 1∶1 000 000 地形图划分为 576 行 576 列，共 331 776 幅 1∶2 000 地形图，每幅 1∶2 000 地形图的范围是经差 37.5″、纬差 25″，即每幅 1∶5 000 地形图划分为 3 行 3 列，共 9 幅 1∶2 000

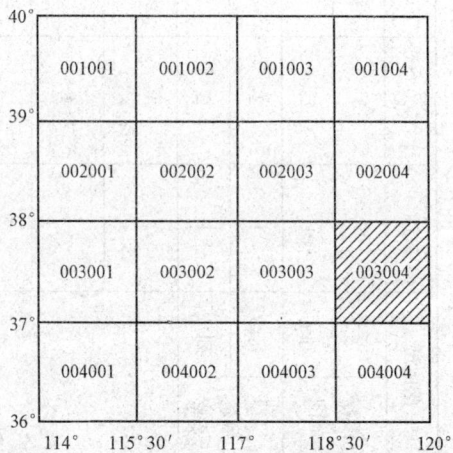

图 9-15　1∶250 000 地形图的图幅编号示例

地形图。

2)每幅 1 : 1 000 000 地形图划分为 1 152 行 1 152 列,共 1 327 104 幅 1 : 1 000 地形图,每幅 1 : 1 000 地形图的范围是经差 18.75″、纬差 12.5″,即每幅 1 : 2 000 地形图划分为 2 行 2 列,共 4 幅 1 : 1 000 地形图。

3)每幅 1 : 1 000 000 地形图划分为 2 304 行 2 304 列,共 5 308 416 幅 1 : 500 地形图,每幅 1 : 500 地形图的范围是经差 9.375″、纬差 6.25″,即每幅 1 : 1 000 地形图划分为 2 行 2 列,共 4 幅 1 : 500 地形图。

1 : 2 000、1 : 1 000、1 : 500 地形图经、纬度分幅的图幅范围、行列数量和图幅数量关系见表 9-4。

1 : 2 000 地形图图幅编号方法宜与 1 : 500 000～1 : 5 000 地形图的图幅编号方法相同。1 : 1 000、1 : 500 地形图经、纬度分幅的行、列编号是将 1 : 1 000 000 地形图按所含比例尺地形图的经差和纬差划分成若干行和列,横行从上到下、纵列从左到右按顺序分别用四位阿拉伯数字(数字码)表示,不足四位者,前面补零,取行号在前、列号在后的排列形式标记。

9.2.2　矩形分幅

1 : 2 000、1 : 1 000、1 : 500 地形图也可根据需要采用 50 cm×50 cm 正方形分幅和 40 cm×50 cm 矩形分幅,其图幅编号一般采用图廓西南角坐标编号法,也可选用流水编号法和行列编号法。

(1)坐标编号法。采用图廓西南角坐标千米数编号时,x 坐标千米数在前,y 坐标千米数在后,1 : 2 000、1 : 1 000 地形图取至 0.1 km(如 10.0～21.0);1 : 500 地形图取至 0.01 km(如 10.40～27.75)。

(2)流水编号法。带状测区或小面积测区可按测区统一顺序编号,一般从左到右、从上到下用阿拉伯数字 1、2、3、4 等编定。示例如图 9-16 所示,图中带斜线区域所示的图幅编号为××-8(××为测区代号)。

(3)行列编号法。行列编号法一般采用以字母(如 A、B、C、D 等)为代号的横行从上到下排列,以阿拉伯数字为代号的纵列从左到右排列来编定,先行后列。图 9-17 所示带斜线区域的图幅编号为 A-4。

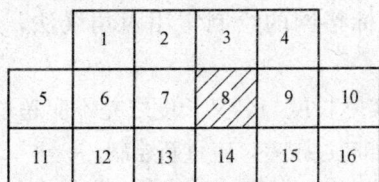

图 9-16　流水编号法　　　　　　图 9-17　行列编号法

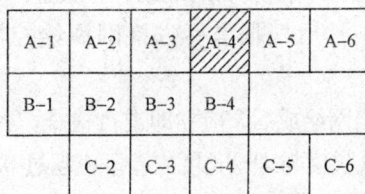

9.3　大比例尺地形图测绘

在控制测量工作结束后,以控制点为测站,测出各地物、地貌特征点的位置和高程,按规定的比例尺缩绘到图纸上,按标准规定的符号,勾绘出地物、地貌的位置、大小和形状,即成地形图。

测绘地形图的过程称为地形测量。地物、地貌特征点统称为碎部点,因此地形图的测绘又称为碎部测量。大比例尺地形图测绘的方法按使用仪器的区别有经纬仪测绘、小平板仪与经纬仪联合测绘法、大平板仪测绘法及摄影测量方法等。

9.3.1 测图前的准备工作

1. 图纸准备

测绘地形图应选用优质绘图纸。对于临时测图,可直接将图纸固定在图板上进行测绘,除此之外,还应做好以下准备工作。

(1)编写技术设计书。

(2)抄录控制点平面及高程成果。

(3)在原图纸上绘制图廓线和展绘所有控制点。

(4)检查和校正仪器。

(5)踏勘了解测区的地形情况、平面和高程控制点的位置及完好情况。

(6)拟定作业计划。

2. 绘制方格网、图廓线及展绘控制点

可采用直角坐标展点仪、格网尺等绘制方格网、图廓线及展绘控制点。各项限差应符合表 9-6 的规定。

表 9-6　绘制方格网、图廓线及展绘控制点的限差　　　　　　　　　　mm

项目	限差	
	用直角坐标展点仪	用格网尺等
方格网实际长度与名义长度之差	0.15	0.2
图廓对角线长度与理论长度之差	0.20	0.3
控制点间的图上长度与坐标反算长度之差	0.20	0.3

为了把控制点准确地展绘在图纸上,应先在图纸上精确地绘制 10 cm×10 cm 的直角坐标方格网,然后根据坐标方格网展绘控制点。坐标格网的绘制常用对角线法,如图 9-18 所示。

坐标格网绘成后,应立即进行检查,各方格网实际长度与名义长度之差不应超过 0.2 mm,图廓对角线长度与理论长度之差不应超过 0.3 mm。如超过限差,应重新绘制。

3. 控制点展绘

展绘时,先根据控制点的坐标,确定其所在的方格,如图 9-19 所示,控制点 A 点的坐标为 $x_A = 673.44$ m, $y_A = 634.90$ m,由其坐标值可知 A 点的位置在 $plmn$ 方格内。然后用 1:1 000 比例尺从 p 和 n 点各沿 pl、nm 线向上量取 47.44 m,得 c、d 两点;从 p、l 两点沿 pn、lm 量取 34.90 m,得 a、b 两点;连接 ab 和 cd,其交点即为 A 点在图上的位置。同方法,将其余控制点展绘在图纸上,并按规定,在点的右侧画一横线,横线上方注点名,下方注高程,如图 9-19 中的 1、2、3 等各点。

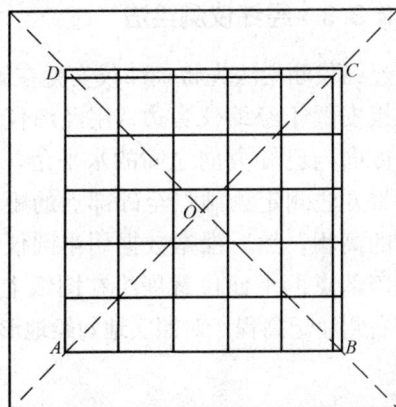

图 9-18　绘制坐标格网示意

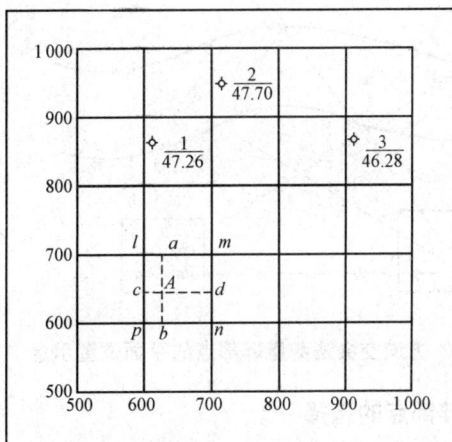

图 9-19　展点示意

9.3.2　碎部点平面位置的测绘方法

测定碎部点平面位置的方法有极坐标法、距离交会法、方向交会法三种，见表 9-7。

表 9-7　碎部点平面位置的测绘方法

序号	测绘方法	主要内容
1	极坐标法	极坐标法是碎部测量最基本的方法。图 9-20 所示为极坐标法测量碎部点的平面位置示意。测定测站点至碎部点方向和测站点至后视点（另一个控制点）方向间的水平角 β，测定测站至碎部点的距离 D，便能确定碎部点的平面位置，这种方法称为极坐标法
2	距离交会法	图 9-21 所示为距离交会法测量碎部点的平面位置示意。测定已知点 1 至碎部点 M 的距离 D_1、点 2 至 M 的距离 D_2，便能确定碎部点 M 的平面位置，这种方法称为距离交会法。另外，需要注意的是，此处已知点不一定是测站点，可能是已测定出平面位置的碎部点
3	方向交会法	图 9-22 所示为方向交会法测量碎部点的平面位置示意。测定测站 A 至碎部点方向和测站 A 至后视点 B 方向间的水平角 β_1，测定测站 B 至碎部点方向和测站 B 至后视点 A 方向间的水平角 β_2，便能确定碎部点的平面位置，这种方法称为方向交会法。方向交会法主要适用当碎部点距测站较远，或遇河流、水田及其他情况等人员不便达到的情况

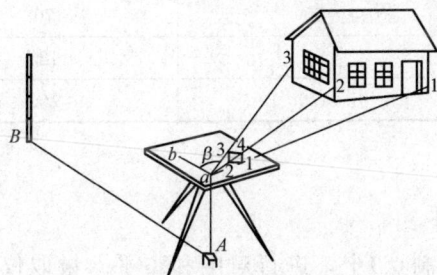

图 9-20　极坐标法测量碎部点的
平面位置示意

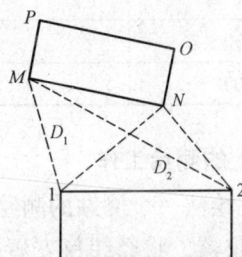

图 9-21　距离交会法测量碎部点的
平面位置示意

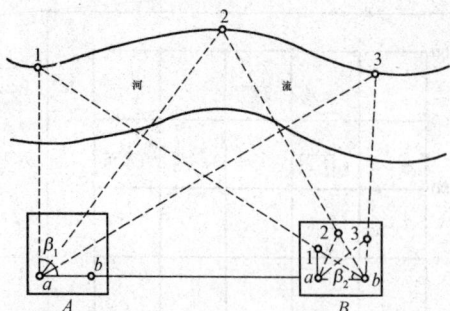

图 9-22　方向交会法测量碎部点的平面位置示意

9.3.3　经纬仪测绘法

经纬仪测绘法先将经纬仪安置在测站上，绘图板安置于经纬仪旁边。用经纬仪测定碎部点方向与已知方向之间的水平角，并以视距测量方法测定测站点至碎部点的距离和碎部点的高程。然后根据数据用半圆仪和比例尺把碎部点的平面位置展绘在图纸上，并在点的右侧注记高程，对照实地勾绘地形。

1. 碎部点的选择

地形图的质量在很大程度上取决于能否正确合理选择碎部点。碎部点应选择在地物、地貌的特征点上。

地物特征点就是地物轮廓线上的转折点、交叉点、弯曲点及独立地物的中心点等，如房的角点、公路的转折点、交叉点等。

地貌特征点就是山脊线、山谷线等地性线上，如山顶、鞍部、山脊、山脚、谷底、谷口、沟底、沟口、洼地、河川、湖泊等的坡度和方向变化处。

测图时应根据比例尺、地貌复杂程度和测图目的，合理掌握地形点的选取密度。一般地区地形点最大间距和最大视距应符合表 9-8 的规定，城镇建筑区最大间距和最大视距应符合表 9-9 的规定。

表 9-8　地形点最大间距和最大视距(一般地区)

测图比例尺	地形点最大间距 /m	最大视距/m	
		主要地物特征点	次要地物特征点
1：500	15	60	100
1：1 000	30	100	150
1：2 000	50	130	250
1：5 000	100	300	350

表 9-9　地形点最大间距和最大视距(城镇建筑区)

测图比例尺	地形点最大间距 /m	最大视距/m	
		主要地物特征点	次要地物特征点
1：500	15	50	70
1：1 000	30	80	120
1：2 000	50	120	200

2. 测站上的测绘工作

经纬仪测绘法一个测站的测绘工作程序如下：

(1)安置仪器。将经纬仪安置于测站点(控制点)上，进行对中和整平。量取仪器高 i，测量竖盘指标差 x。记录员在碎部测量手簿中记录，包括表头的其他内容。

(2)立尺。立尺员应根据实地情况及本测站实测范围，与观测员、绘图员共同商定跑尺路线，然后依次将视距尺立在地物、地貌的特征点上。

（3）观测、计算和记录。观测员将经纬仪瞄准碎部点上的标尺，使中丝读数 v 在 i 值附近，读取视距间隔 KL，然后使中丝读数 v 等于 i 值，再读竖盘读数 L 和水平角 β，记入测量手簿，并依据下列公式计算水平距离 D 与高差 h：

$$D = KL\cos^2\alpha \qquad (9-3)$$

$$h = \frac{1}{2}KL\sin 2\alpha + i - v \qquad (9-4)$$

（4）展点、绘图。在观测碎部点的同时，绘图员应根据测得和计算出的数据，在图纸上进行展点和绘图，如图 9-23 所示。

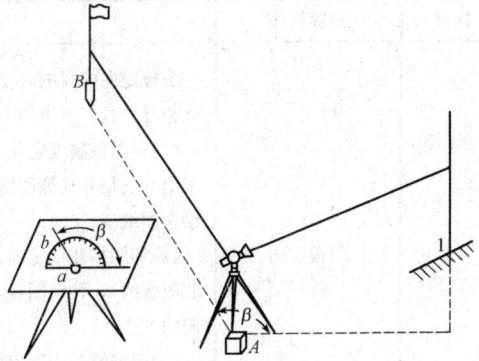

图 9-23　经纬仪测绘法示意

9.3.4　平板仪测量

平板仪分为大平板仪和小平板仪两种，在本节中主要讲述小平板仪测量。

1. 小平板仪的测量原理

小平板仪的测量原理是用图解的方法，将实地的水平角度或图形，直接缩绘在图纸上的一种最简便的方法。如图 9-24 所示，在 O 点上水平安置图板钉上图纸，欲测地面上 A、O、C 三点的位置。通过 OA、OC 作两个竖直面与图板的图纸的交线 oa、oc，得到 $\angle AOC$ 在水平图板的图纸上投影角 $\angle aoc$。若按一定比例尺将 A、C 两点缩绘在图板的图纸上得 a、c 两点，则图 a、o、c 三点组成的图形与地面上 A、O、C 三点组成的图形相似，这便是小平板仪测图的原理。

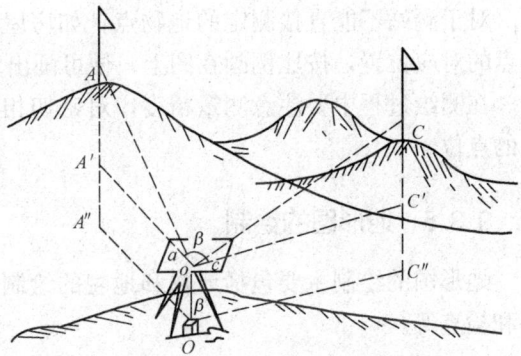

图 9-24　小平板仪测量原理

2. 小平板仪的安置

小平板仪的安置与水准仪及经纬仪相比较为复杂，其主要工作包括图板调平、图板对中和图板定向三项内容，见表 9-10。

表 9-10　小平板仪的安置

序号	安置程序	内容
1	图板调平	将照准仪放在图板上，放松调平螺旋，倾、仰图板，让照准仪上水准管居中，将照准仪调转 90°，再调整图板，让水准管居中，直到照准仪放置在任何方向气泡皆居中为止
2	图板对中	应用对点器来进行，也就是利用三脚架前后、左右移动，使其垂球对中。 对中容许误差一般规定为 0.05 mm×M，M 为测图比例的分母。如测图比例尺为 1/500，则其对中容许误差为 0.05×500=25(mm)

序号	安置程序	内容
3	图板定向	图板定向的目的是使图板上的已知方向线与地面上相应的方向线位于同一竖直面内或相互平行，且方向一致。 (1)根据控制点定向。当测区有控制点时，要把控制点(图根点)展绘在测图图纸上。展绘方法是先在测图图纸上画出坐标方格网，然后根据控制点或图根点坐标，逐点展绘在图纸上。 (2)利用指北针定向。指北针定向是将长盒磁针的长边贴靠在图上的磁子午线(或南北图廓线)，转动图板，使磁针指向方框内的零点，然后将图板固定，可作为粗略定向的方法。 (3)根据测区图形定向。这种方法只适用测图第一站，先是根据测区的长、宽，把测区图形大略地标绘在图纸上，然后转动图板，使图纸上规则图形与地面图形方向一致，由此使整个测区能匀称地布置在图幅上

3. 小平板仪量距测图

小平板仪量距测图是利用照准仪测定方向，用尺丈量距离相结合的测图方法，其主要适用地形平坦、范围较小、便于量尺和精度要求较高的测区。

对于测站不能直接测定的地物点，如房屋背面，可实地丈量，然后根据该点与其他相邻点的对应位置，按比例画在图上，便可画出完整的图形。

在测绘过程中要注意测量精度，对密切相关的相邻点要实际量距，用实量距离改正图上的点位。

9.3.5 地形图的绘制

地形图的绘制主要包括地物和地貌的绘制、地形图测绘内容及取舍，以及地形图的拼接和检查等。

1. 地物的绘制

测绘地形图时，对地物应按规定的图式符号和大小绘制。如房屋廓线需用直线连接，公路、河流等弯曲部分则需逐点连成光滑曲线。对于不能用比例符号绘制的地物，如导线点、检查井、烟囱等，则按规定的非比例符号表示其中心位置。

一般规定，主要建筑物轮廓线的凹凸长度在图上大于 0.4 mm 时，都要表示出来。在 1∶500 比例尺的地形图上，主要地物轮廓凹凸大于 0.2 mm 时，应在图上表示出来。

2. 地貌的绘制

在测出地貌特征点后，即可勾绘等高线，等高线的勾绘是根据各地形点的高程和间距，参照实际地形，按比例内插得出各地形点间所通过等高线的位置，然后将各等高点用平滑曲线连接起来，即得到等高线的图形。

勾绘等高线的原则是认为相邻地形点之间的地面坡度是均匀坡度，等高线的平距与高差成比例关系，以确定两点间各条等高线通过的位置。

3. 地形图测绘内容及取舍

地形图应表示测量控制点、居民地和垣栅、工矿建(构)筑物及其他设施、交通及附属设施、管线及附属设施、水系及附属设施、境界、地貌和土质、植被等各项地物、地貌要素，以及地理名称标注记等。并着重显示与城市规划、建设有关的各项要素。

（1）测量控制点的测绘。

1）测量控制点是测绘地形图和工程测量施工放样的主要依据，在图上应精确表示。

2）各等级天文点、三角点（包括各等平面控制点）、小三角点（包括除导线点外的各级平面控制点）、导线点（一、二、三级导线点）、图根点、水准点等测量控制点，应以展点或测点位置为符号的几何中心位置，按图式规定符号表示。

（2）居民地和垣栅的测绘。

1）居民地的各类建筑物、构筑物及主要附属设施应准确测绘实地外围轮廓和如实反映建筑结构特征。

2）房屋的轮廓应以墙基外角为准，并按建筑材料和性质分类，注记层数。1：500 与 1：1 000 比例尺测图，房屋应逐个表示，临时性房屋可舍去；1：2 000 比例尺测图可适当综合取舍，图上宽度小于 0.5 mm 的小巷可不表示。

3）建筑物和围墙轮廓凸凹在图上小于 0.4 mm，简单房屋小于 0.6 mm 时，可用直线连接。

4）1：500 比例尺测图，房屋内部天井宜区分表示；1：1 000 比例尺测图，图上 6 mm^2 以下的天井可不表示。

5）测绘垣栅应类别清楚，取舍得当。城墙按城基轮廓依比例尺表示，城楼、城门、豁口均应实测；围墙、栅栏、栏杆等可根据其永久性、规整性、重要性等综合考虑取舍。

（3）工矿建（构）筑物及其他设施的测绘。

1）工矿建（构）筑物及其他设施的测绘，图上应准确表示其位置、形状和性质特征。

2）工矿建（构）筑物及其他设施依比例尺表示的，应实测其外部轮廓，并配置符号或按图式规定用依比例尺符号表示；不依比例尺表示的，应准确测定其定位点或定位线，用不依比例尺符号表示。

（4）交通及附属设施的测绘。

1）交通及附属设施的测绘，图上应准确反映陆地道路的类别和等级；附属设施的结构和关系；正确处理道路的相交关系及与其他要素的关系；正确表示水运和海运的航行标志，河流的通航情况及各级道路的通过关系。

2）铁路轨顶（曲线段取内轨顶）、公路路中、道路交叉处、桥面等应测注高程，隧道、涵洞应测注底面高程。

3）公路与其他双线道路在图上均应按实宽依比例尺表示。公路应在图上每隔 15～20 cm 注出公路技术等级代码，国道应注出国道路线编号。公路、街道按其铺面材料分为水泥、沥青、砾石、条石或石板、硬砖、碎石和土路等，应分别以混凝土、沥、砾、石、砖、碴、土等注记于图中路面上，铺面材料改变处应用点线分开。

4）铁路与公路或其他道路平面相交时，铁路符号不中断，而将另一道路符号中断；城市道路为立体交叉或高架道路时，应测绘桥位、匝道与绿地等，多层交叉重叠，下层被上层遮住的部分不绘制，桥墩或立柱视用图需要表示，垂直的挡土墙可绘制实线而不绘制挡土墙符号。

5）路堤、路堑应按实地宽度绘出边界，并应在其坡顶、坡脚适当测注高程。

6）道路通过居民地不宜中断，应按真实位置绘出。高速公路应绘出两侧围建的栅栏（或墙）和出入口，注明公路名称，中央分隔带视用图需要表示。市区街道应将车行道、过街天桥、过街地道的出入口、分隔带、环岛、街心花园、人行道与绿化带等绘出。

7)跨河或谷地等的桥梁，应实测桥头、桥身和桥墩位置，加注建筑结构。码头应实测轮廓线，有专有名称的加注名称，无名称者注"码头"，码头上的建筑应实测并以相应符号表示。

(5)管线及附属设施的测绘。

1)永久性的电力线、电信线均应准确表示，电杆、铁塔位置应实测。当多种线路在同一杆架上时，只表示主要的。城市建筑区内电力线、电信线可不连线，但应在杆架处绘出线路方向。各种线路应做到线类分明，走向连贯。

2)架空的、地面上的、有管堤的管道均应实测，分别用相应符号表示，并注记传输物质的名称。当架空管道直线部分的支架密集时，可适当取舍。地下管线检修井宜测绘表示。

(6)水系及附属设施的测绘。

1)江、河、湖、海、水库、池塘、沟渠、泉、井等及其他水利设施，均应准确测绘表示，有名称的加注名称。根据需要可测注水深，也可用等深线或水下等高线表示。

2)河流、溪流、湖泊、水库等水涯线，宜按测图时的水位测定，当水涯线与陡坎线在图上投影距离小于 1 mm 时以陡坎线符号表示。河流在图上宽度小于 0.5 mm、沟渠在图上宽度小于 1 mm(1：2 000 地形图上小于 0.5 mm)的用单线表示。

3)海岸线以平均大潮高潮的痕迹所形成的水陆分界线为准。各种干出滩在图上用相应的符号或注记表示，并适当测注高程。

4)水位高及施测日期视需要测注。水渠应测注渠顶边和渠底高程；时令河应测注河床高程；堤、坝应测注顶部及坡脚高程；池塘应测注塘顶边及塘底高程；泉、井应测注泉的出水口与井台高程，并根据需要注记井台至水面的深度。

(7)境界的测绘。

1)境界的测绘，图上应正确反映境界的类别、等级、位置以及与其他要素的关系。

2)县(区、旗)和县以上境界应根据勘界协议、有关文件准确清楚地绘出，界桩、界标应测坐标展绘。乡、镇和乡级以上国营农、林、牧场以及自然保护区界线按需要测绘。

3)两级以上境界重合时，只绘制高一级境界符号。

(8)地貌和土质的测绘。

1)地貌和土质的测绘，图上应正确表示其形态、类别和分布特征。

2)自然形态的地貌宜用等高线表示，崩塌残蚀地貌、坡、坎和其他特殊地貌应用相应符号或用等高线配合符号表示。

3)各种天然形成和人工修筑的坡、坎，其坡度在 70°以上时表示为陡坎，70°以下时表示为斜坡。斜坡在图上投影宽度小于 2 mm，以陡坎符号表示。当坡、坎比高小于 1/2 基本等高距或在图上长度小于 5 mm 时，可不表示，坡、坎密集时，可适当取舍。

4)梯田坎坡顶及坡脚宽度在图上大于 2 mm 时，应实测坡脚。当 1：2 000 比例尺测图梯田坎过密，两坎间距在图上小于 5 mm 时，可适当取舍。梯田坎比较缓且范围较大时，也可用等高线表示。

5)坡度在 70°以下的石山和天然斜坡，可用等高线或用等高线配合符号表示。独立石、土堆、坑穴、陡坎、斜坡、梯田坎、露岩地等应在上下方分别测注高程或测注上(或下)方高程及量注比高。

6)各种土质按图式规定的相应符号表示，大面积沙地应用等高线加注记表示。

(9)植被的测绘。

1)地形图上应正确反映出植被的类别特征和范围分布。对耕地、园地应实测范围，配置相应的符号表示。大面积分布的植被在能表达清楚的情况下，可采用注记说明。同一地段生长有多种植物时，可按经济价值和数量适当取舍，符号配置不得超过三种（连同土质符号）。

2)旱地包括种植小麦、杂粮、棉花、烟草、大豆、花生和油菜等的田地，经济作物、油料作物应加注品种名称。有节水灌溉设备的旱地应加注"喷灌""滴灌"等。一年分几季种植不同作物的耕地，应以夏季主要作物为准配置符号表示。

3)田埂宽度在图上大于 1 mm 的应用双线表示，小于 1 mm 的用单线表示。田块内应测注有代表性的高程。

(10)地理名称标记。要求对各种名称、说明注记和数字注记准确注出。图上所有居民地、道路(包括市镇的街、巷)、山岭、沟谷、河流等自然地理名称，以及主要单位等名称，均应进行调查核实，有法定名称的应以法定名称为准，并应正确注记。

(11)地形图上各种要素配合表示。

1)当两个地物中心重合或接近，难以同时准确表示时，可将较重要的地物准确表示，次要地物移位 0.3 mm 或缩小 1/3 表示。

2)独立性地物与房屋、道路、水系等其他地物重合时，可中断其他地物符号，间隔 0.3 mm，将独立性地物完整绘出。

3)房屋或围墙等高出地面的建筑物，直接建筑在陡坎或斜坡上且建筑物边线与坎坡上沿线重合的，可用建筑物边线代替坎坡上沿线；当坎坡上沿线距建筑物边线很近时，可移位间隔 0.3 mm 表示。

4)悬空建筑在水上的房屋与水涯线重合，可间断水涯线，房屋照常绘出。

5)水涯线与陡坎重合，可用陡坎边线代替水涯线；水涯线与斜坡脚重合，仍应在坡脚将水涯线绘出。

6)双线道路与房屋、围墙等高出地面的建筑物边线重合时，可以建筑物边线代替路边线。道路边线与建筑物的接头处应间隔 0.3 mm。

7)境界以线状地物一侧为界时，应离线状地物 0.3 mm 在相应一侧不间断地绘出；以线状地物中心线或河流主航道为界时，应在河流中心线位置或主航道线上每隔 3～5 cm 绘出 3～4 节符号，主航道线用 0.15 mm 黑实线表示；不能在中心线绘出时，国界符号应在其两侧不间断地跳绘，国内各级行政区划界可沿两侧每隔 3～5 cm 交错绘出 3～4 节符号。相交、转折及与图边交接处应绘制符号以示走向。

8)地类界与地面上有实物的线状符号重合，可省略不绘制；与地面无实物的线状符号(如架空管线、等高线等)重合时，可将地类界移位 0.3 mm 绘出。

9)等高线遇到房屋及其他建筑物、双线道路、路堤、路堑、坑穴、陡坎、斜坡、湖泊、双线河以及注记等均应中断。

4. 地形图的拼接和检查

(1)地形图的拼接。测区面积较大时，整个测区必须划分为若干幅图进行施测。由此在相邻图幅连接处，由于测量和绘图误差的影响，无论是地物轮廓线或是等高线，往往不能完全吻合。每幅图应测量出图廓外 5 mm，自由图边在测绘过程中应加强检查，确保无误。

当地物、等高线的接边误差不超过表 9-11 中规定的地物点平面位置中误差、等高线高程中误差的 $2\sqrt{2}$ 倍时，则可取其平均位置进行改正。

小于限差时可平均配赋，但应保持地物、地貌相互位置和走向的正确性。超过限差时则应到实地检查纠正。

表 9-11　地物点平面位置中误差和地形点高程中误差

地区类别	点位中误差	平地	丘陵地	山地	高山地	铺装地面
山地、高山地	图上 0.8 mm	高程注记点的高程中误差				
		$h/3$	$h/2$	$2h/3$	h	0.15 m
城镇建筑区、工矿建筑区、平地、丘陵地	图上 0.6mm	高程注记点的高程中误差				
		$h/2$	$2h/3$	h	h	

（2）地形图的检查。作业人员和作业小组应对完成的成果、成图资料进行严格的自检和互检，确认无误后方可上交。检查应包括以下内容：

1）图根控制点的密度应符合要求，位置恰当；各项较差、闭合差应在规定范围内；原始记录和计算成果应正确，项目填写齐全。

2）地形图图廓、方格网、控制点展绘精度应符合要求；测站点的密度和精度应符合规定；地物、地貌各要素测绘应正确、齐全，取舍恰当，图式符号运用正确；接边精度应符合要求；图历表填写应完整清楚，各项资料齐全。

（3）地形测图全部工作结束后应提交的资料。

1）图根点展点图、水准路线图、埋石点点之记、测有坐标的地物点位置图、观测与计算手簿、成果表。

2）地形原图、图历簿、接合表、裱板测图的接边纸。

3）技术设计书、质量检查验收报告及精度统计表、技术总结等。

9.4　地形图的应用

9.4.1　图上确定点的坐标

在地形图上进行规划时，往往要用图解法测一些设计点的坐标，每幅地形图的内外图廓线之间均按一定格式注有坐标数字，图的西南角是该幅图的坐标始点。如图 9-25 所示，其始点坐标为 $x=5\,200$ m，$y=1\,200$ m。要确定 A 点在图上的坐标，其方法如下：根据 A 点所在的方格，按测图比例尺量出 aA 和 cA 的距离为 $aA=135.2$ m，$cA=80.4$ m，再加上小方格的 a 点坐标，即为 A 点在图上的坐标值：

$$x_A = x_A + cA = 5\,200 + 80.4 = 5\,280.4 \text{(m)}$$
$$y_A = y_A + aA = 1\,200 + 135.2 = 1\,335.2 \text{(m)}$$

若精度要求较高，应考虑到图纸伸缩的影响，则还应量测 ab、cd 的长度用内插法计算 A 点坐标。

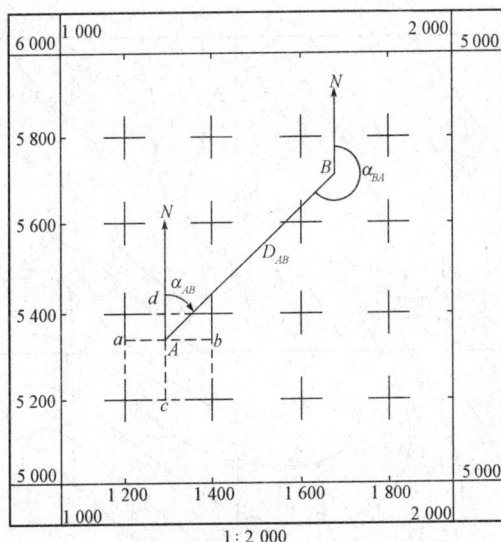

图 9-25　确定点的坐标

9.4.2　确定两点间的水平距离

(1)解析法。先在图上量出直线两端点 A 及 B 的坐标 x_A、y_A 及 x_B、y_B。再按下式计算直线长度 D_{AB} 为

$$D_{AB} = \sqrt{(x_B - x_A)^2 + (y_B - y_A)^2} \tag{9-5}$$

(2)图解法。用卡规在图上直接卡出线段长度，而后在地形图的图示比例尺上读取该线段的长度。当精度要求不高时，通常也可以用三棱比例尺直接在图上量取线段长度。

9.4.3　确定直线的坐标方位角

如图 9-26 所示，图上直线的坐标方位角可用量角器直接量取。也可先求得 A、B 两点的坐标，再按下式计算 AB 的坐标方位角 α_{AB}：

$$\tan\alpha_{AB} = \frac{y_B - y_A}{x_B - x_A} = \frac{\Delta y_{AB}}{\Delta x_{AB}} \tag{9-6}$$

9.4.4　确定点的高程

若某点的位置恰好在某一条等高线上，则该点的高程就等于这条等高线的高程。

若点的位置不在等高线上，则可用比例的关系求得该点的高程。如图 9-27 所示，欲求 F 点的高程时，过 F 点作相邻等高线间的最短线段 mn，量取 mn 的长度 d，mf 的长度为 S，已知 E 点的高程为 H_E，等高距为 h，则 F 点的高程为

$$H_F = H_E + \Delta h = H_E + \frac{S}{d}h \tag{9-7}$$

9.4.5　绘制同坡度线

(1)直线的坡度 i 是其两端点的高差 h 与水平距离 d 之比，即

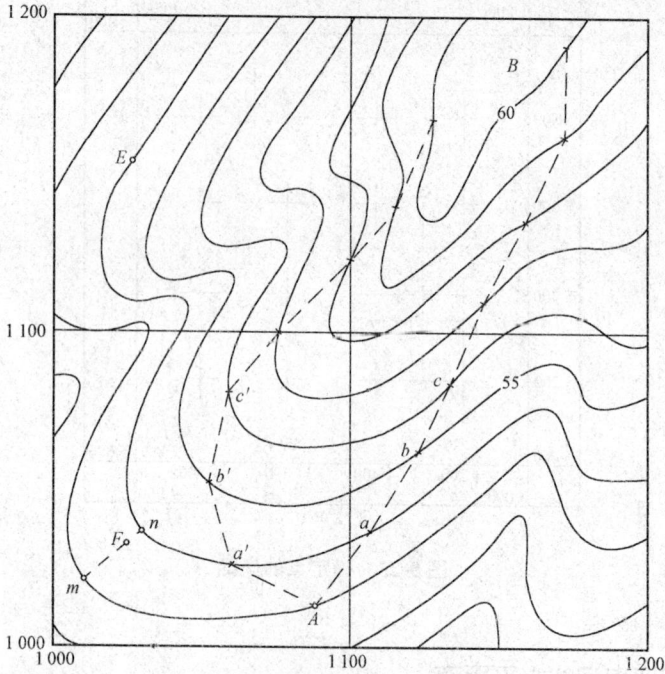

图 9-26　确定点的高程及选定等坡路线

$$i=\tan\alpha=\frac{h}{d} \tag{9-8}$$

（2）在线路上坡度一般以百分数表示，即

$$i=\frac{h}{d}\times100\% \tag{9-9}$$

（3）在线路设计时，在线路不超过某一限制坡度的条件下，往往要求选择一条最短路线，如图 9-26 所示。若地形图的比例尺为 1：1 000，等高距 $h=1$ m，今由 A 点到 B 点选一条路线，其路线的平均纵坡规定 $i=4\%$，则两相邻等高线间应有的图上距离为

$$d=\frac{h}{iM} \tag{9-10}$$

$$d=\frac{1}{0.04}=25(\text{m}) \tag{9-11}$$

因其图上距离为 2.5 cm，使两脚规开口长度为 2.5 cm，从 A 点起用两脚规画圆弧与较高的等高线上交出 a 点，再从 a 点用同方法在较高的等高线上交出 b 点，如此继续下去至 B 的交点位置。图上可有两条路线可走，最后根据路线的选线设计要求，从中选定一条路线。

9.4.6　绘制纵断面图

在路线工程的设计中，为了设计道路、桥涵、隧道等工程，需要了解地面起伏情况，通常根据地形图的等高线来绘制纵断面图。

如图 9-27 所示，AB 为一条越岭路线，为了解沿线的地形起伏情况，可绘制纵断面图，先在图纸下方绘出表格，横坐标表示距离，纵坐标表示高程，然后在地形图上量取 A 点，至各交点及地形特点（例如 a、b 点）的平距，并把它们分别转绘在横轴上，以相应的高程作为纵坐标,将得到的点连接起来,即得路线的纵断面图。

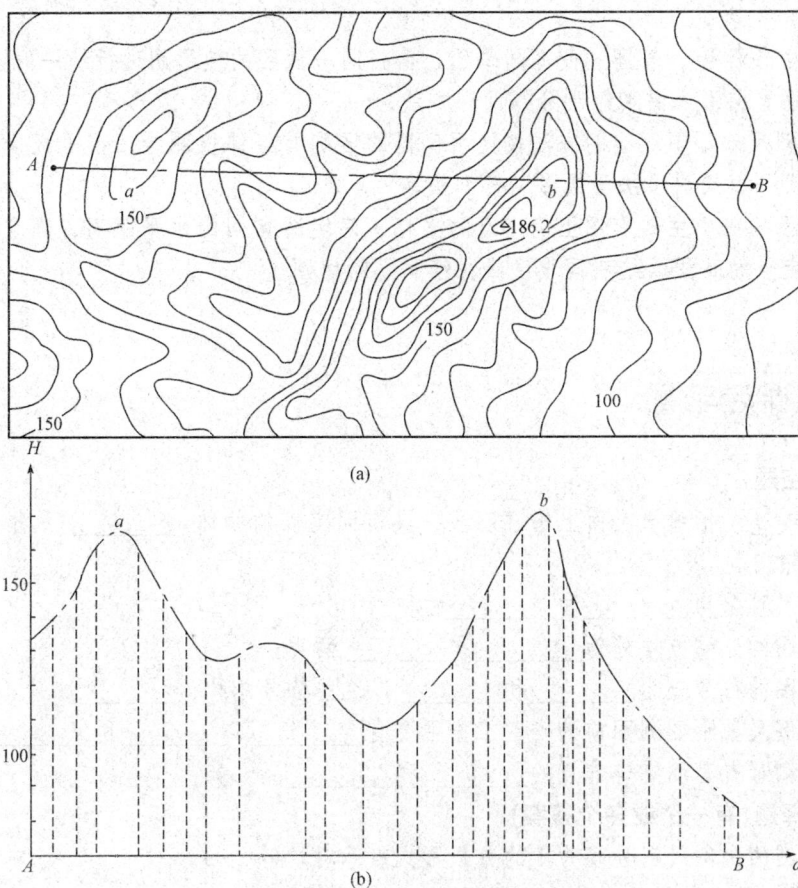

图 9-27　纵断面图的绘制

(a)等高线;(b)纵断面图

9.4.7　确定汇水区面积

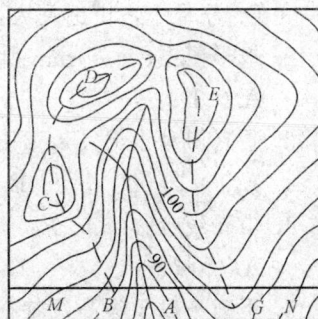

图 9-28　确定汇水区面积

当路线跨越河流或山谷时,需修建桥梁或涵洞。而桥涵的孔径大小取决于水的流量,而流量又与汇水区面积有关。汇水区面积的边界线由分水线、山头、鞍部和路基连接而成,以此边界线所包围的面积即为汇水面积。如图 9-28 所示,路线 MN 经过河谷,在 A 点需设置涵洞,它的汇水区面积由 C、D、E 山头的分水线和路基 BG 而构成。量测汇水区面积的方法常采用求积仪法和方格网法。

📁 ➤ 项目小结

本项目主要介绍了地形图的基本知识、地形图的分幅与编号、大比例尺地形图测绘、地形图的应用等内容。

1. 地形图的基本知识中介绍了比例尺、地形图的图外注记、地物符号和地貌符号等内容。

2. 为了方便测绘、管理和使用地形图，需将同一地区的地形图进行统一的分幅与编号。地形图的分幅有梯形分幅和矩形分幅两种方法。

3. 大比例尺地形图测绘的方法按使用仪器的区别有经纬仪测绘、小平板仪与经纬仪联合测绘法、大平板仪测绘法及摄影测量方法等。

4. 地形图的应用主要有图上确定点的坐标、确定两点间的水平距离、确定直线的坐标方位角、确定点的高程、绘制同坡度线、绘制纵断面图。

📁 ➤ 课后习题

一、填空题

1. _____是指地球表面上轮廓明显、具有固定性的物体，_____是指地球表面高低起伏的形态。

2. 比例尺可分为_____和_____两种。

3. 地形图的分幅方法分为_____和_____两类。

4. 地形图的符号分为_____和_____，这些符号总称为_____。

5. 大比例尺地形图测图前的准备工作主要有_____、_____和_____。

6. 碎部测量就是测定碎部点的_____和_____。

二、选择题(有一个或多个答案)

1. 地形图的比例尺用分子为1的分数形式表示时，(   )。

   A. 分母大，比例尺大，表示地形详细

   B. 分母小，比例尺小，表示地形概略

   C. 分母大，比例尺小，表示地形详细

   D. 分母小，比例尺大，表示地形详细

2. 地形图上(   )mm所代表的实地水平距离，称为比例尺精度。

   A. 0.1   B. 0.2   C. 0.3   D. 0.4

3. 下列四种比例尺地形图，比例尺最大的是(   )。

   A. 1:10 000   B. 1:5 000   C. 1:2 000   D. 1:1 000

4. 山脊线也称(   )。

   A. 示坡线   B. 分水线   C. 山谷线   D. 集水线

5. 下列不属于等高线特征的是(   )。

   A. 同一条等高线上各点的高程必相等

   B. 等高线是一闭合曲线，如不在本图幅内闭合，则在相邻的其他图幅内闭合

   C. 不同高程的等高线不能相交或重合

   D. 在同一幅图内，等高线的平距大，表示地面坡度缓；平距小，则表示地面坡度陡；平距相等，则表示坡度相同

6. 平板测图时，测站仪器对中的偏差，不应大于图上(   )mm。

   A. 0.05   B. 0.06   C. 0.07   D. 0.08

7. 地形图中的地貌阅读主要根据(　　)进行。

    A. 坐标   B. 高程   C. 等高线   D. 方向

三、计算题

1. 图 9-29 所示为 1∶1 000 比例尺地形图，已给出西南角坐标，试求：

(1)A、B、C 三点的高程及坐标。

(2)用解析法和图解法分别求出 AB、BC、AC 的距离，并进行比较。

(3)用解析法和图解法分别求出方位角 α_{AB}、α_{BC}、α_{AC}，并进行比较。

(4)求出 AC、BC 连线的坡度 i_{AC}、i_{BC}，沿 AB 方向绘制断面图。

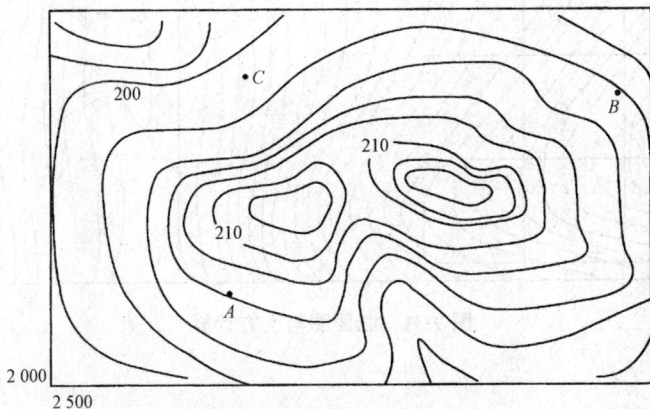

图 9-29　1∶1 000 比例尺地形图

2. 试根据图 9-30 所示的地貌特征点位置和高程勾绘等高距为 5 m 的等高线。

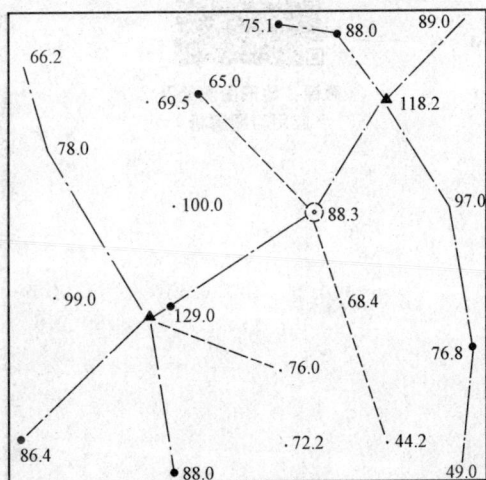

图 9-30　等高线

3. 场地平整范围如图 9-31 中的方格网所示，方格网的长宽均为 20 m，要求按挖填平衡的原则平整为水平场地，试计算挖填平衡的设计高程 H_0 及挖填土方量，并在图上绘出挖填平衡的边界线。

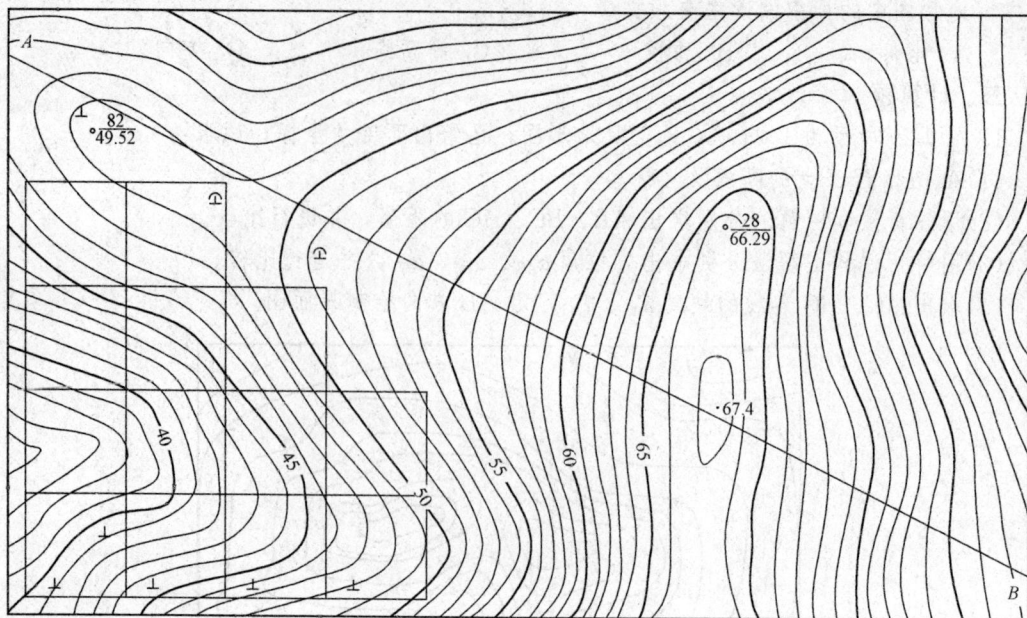

图 9-31　断面图与土方计算

微课：地形图测绘及
应用习题解析

项目 10 公路中线测量

学习目标

通过本项目的学习，了解公路工程的组成，公路工程测量分类；掌握公路中线测量的任务和内容，交点与转点的测设，路线转折角的测定，中线里程桩的设置，圆曲线的测设，复曲线的测设，缓和曲线的测设。

能力目标

能够运用交点与转点的测设方法、各种曲线的测设方法进行公路中线测设。

10.1 概述

10.1.1 公路工程的组成

公路工程是一种带状的空间三维结构物，是交通运输的重要组成部分，又是城镇、乡村布局的骨架。公路工程建设得是否合理，直接影响城市和村镇的发展，具有非常重要的意义。

公路工程一般均由路面、路基、涵桥、隧道、附属工程(如停车场)、安全设施(如护栏)和各种标志(如里程桩)等组成。由于公路工程是一种空间线性带状构筑物，因此不宜采用工程实体三视图(主视图、俯视图和侧视图)来描述，可将公路工程分解为平面、纵断面和横断面来研究。

10.1.2 公路工程测量的分类

公路工程测量包括路线勘测设计测量和公路施工测量两大部分。

10.1.2.1 路线勘测设计测量

1. 勘测设计测量的分类

我国公路勘测分为两阶段勘测和一阶段勘测两种。两阶段勘测，就是对路线进行踏勘测量(初测)和详细测量(定测)；一阶段勘测，则是对路线做一次定测。

(1)初测的基本任务是在指定范围内布设导线，测量路线各方案的带状地形图和纵断面图，并收集沿线水文、地质等有关资料，为图上定线、编制比较方案等初步设计提供依据。

(2)定测的基本任务是为解决路线的平、纵、横三个面上的位置问题。也就是在指定的区域内或在批准的方案路线上进行中线测量、纵横断面水准测量及进一步收集有关资料，为路线平面图绘制、纵坡设计、工程量计算等有关施工技术文件的编制提供重要数据。

2. 勘测设计测量的任务

公路路线勘测设计测量的主要任务是为公路的技术设计提供详细、准确的测量资料，使其设计合理、经济、适用。新建或改建公路之前，为了选择一条合理的线路，必须进行路线勘测设计测量。

勘测选线是根据公路的使用任务、性质和等级，合理利用沿途地质、地形条件，选定最佳的路线位置。选线的程序是先在图上选线，然后，根据图上所选路线，到现场实地勘测选定。

3. 路线勘测设计测量的内容

公路工程路线勘测设计测量的内容主要有以下四部分：

(1)中线测量：根据选线确定的定线条件，在实地标定出公路中心线位置。

(2)纵断面测量：测绘公路中线的地面高低起伏状态。

(3)横断面测量：测绘公路中线两侧的地面高低起伏状态。

(4)地形图测量：测绘公路中线附近带状的地形图和局部地区地形图，如重要交叉口、大中型桥址和隧道等处的地形图。

10.1.2.2 公路施工测量

公路施工测量的主要任务是将公路的设计位置按照设计与施工要求，测设到实地上，为施工提供依据。它又分为公路施工前测量工作和施工过程中测量工作。

它的具体内容是在公路施工前和施工中，恢复中线、测设边坡，以及桥涵、隧道等的位置和高程标志，作为施工的依据，以保证工程按图施工。当工程逐项结束后，还应进行竣工验收测量，以检查施工成果是否符合设计要求，并为工程竣工后的使用、养护提供必要的资料。

10.1.3 公路工程测量的要求

无论是路线勘测设计测量，还是公路施工测量，所得到的各种测量成果和标志，均是公路工程设计、施工的重要依据，其测量精度和速度都将直接影响设计和施工的质量和进度，如出现差错，将会造成很大损失。

测量人员必须认真负责，努力做好测量工作。为了保证精度和防止错误，测量工作必须采用统一的直角坐标和高程系统，按照"从整体到局部，先控制后碎部"的工作程序和原则，"做到步步有校核"。

10.1.4 公路中线测量的任务和内容

1. 中线的组成

公路的中线测量是路线定测阶段中的重要测量部分。公路中线一般是指路线的平面位置，它由直线和连接直线的曲线（平曲线）组成，如图 10-1 所示。因此，中线测量的主要内容：测设中线的起点、终点和中间的各交点（JD）与转点（ZD）的位置；测量各转角；中线里程桩和加桩的设置；圆曲线的测设等。

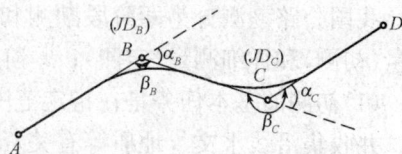

图 10-1 公路中线组成

2. 中线测量的任务及作用

中线测量的主要任务是通过直线和曲线的测设，将公路中线的平面位置测设标定在实地上，并测定路线的实际里程。其作用体现在以下两个方面：

（1）设计测量（勘测）：主要为公路设计提供依据。

（2）施工测量（恢复定线）：主要是根据设计资料，把中线位置重新敷设到地面上，供施工之用。

3. 中线测量工作的内容

公路工程中线测量工作的具体内容如下：

（1）准确标定路线，即钉设路线起终点桩、交点桩及转点桩，且用小钉标点。

（2）观测路线右角并计算转角，同时填写测角记录本，钉出曲线中点方向桩。

（3）隔一定转角数观测磁方位角，并与计算方位角校核。

（4）观测交点或转点间视距，且与链距校核。

（5）中线丈量，同时设置直线上各种加桩。

（6）设置平曲线以及各种加桩。

（7）填写直线、曲线、转角一览表。

（8）固定路线，并填写路线固定表。

10.1.5 公路中线测量准备与中线敷设

1. 公路中线测量准备

公路中线测量是公路测量的主要内容之一，在测量前应做好组织与准备工作。首先应熟悉设计文件或领会工作内容，施工测量时要对设计文件进行复核，已知偏角及半径计算曲线要素、主点里程桩号、交点间距离、直线长度、曲线组合类型等进行复核，并针对不同的曲线类型及地形采用不同的测设方法；设计测量时应和选定线组取得联系，了解选线意图和线型设计原则，选定半径等做好测设前的准备工作。

2. 中线敷设方法与要求

路线中线敷设可采用极坐标法、GPS-RTK 法、链距法、偏角法、支距法等方法进行。高速、一级、二级公路宜采用极坐标法、GPS-RTK 法，直线段可采用链距法，但链距长度不应超过 200 m。

采用极坐标法、GPS-RTK 法敷设中线时，应符合以下要求：

（1）中桩钉好后宜测量并记录中桩的平面坐标，测量值与设计坐标的差值应小于中桩测量的桩位限差。

（2）可不设置交点桩而一次放出整桩与加桩，也可只放直、曲线上的控制桩，其余桩可用链距法测定。

（3）采用极坐标法时，测站转移前，应观测检查前、后相邻控制点间的角度和边长，角度观测左角一测回，测得的角度与计算角度互差应满足相应等级的测角精度要求。距离测量一测回，其值与计算距离之差应满足相应等级的距离测量要求。测站转移后，应对前一测站所放桩位重放 1~2 个桩点，桩位精度应满足表 10-1 的要求。采用支导线敷设少量中桩时，支导线的边数不得超过 3 条，其等级应与路线控制测量等级相同，观测要求应符合规定，并应与控制点闭合，其坐标闭合差应小于 7 cm。

表 10-1　中桩平面桩位精度

公路等级	中桩位置中误差/cm		桩位检测之差/cm	
	平原、微丘	重丘、山岭	平原、微丘	重丘、山岭
高速公路，一、二级公路	≤±5	≤±10	≤10	≤20
二级及三级以下公路	≤±10	≤±15	≤20	≤30

（4）采用 GPS-RTK 法时，求取转换参数采用的控制点应涵盖整个放线段，采用的控制点应大于 4 个，流动站至基准站的距离应小于 5 km，流动站至最近的高等级控制点应小于 2 km，并应利用另外一个控制点进行检查，检查点的观测坐标与理论值之差应小于桩位检测之差的 70%。放桩点不宜外推。

10.2　交点与转点的测设

要进行公路中线测量，必须先进行定线测量，即在现场标定交点和转点。所谓交点，是指路线改变方向的转折点，通常以 JD_i 表示，它是中线测量的控制点。而转点是指当相邻两交点之间距离较长或互不通视时，需要在其连线或延长线上定出的一点或数点，以供交点、测角、量距或延长直线瞄准之用，通常以 ZD_i 表示。

10.2.1　交点的测设

对于低等级公路，在地形条件不复杂时，一般根据技术标准，结合地形、地貌等条件，直接在现场标定交点；对于高等级公路或地形复杂的地段，则先在实地布设导线，测绘大比例尺带状地形图，经方案比较后在图上定出路线，然后采用穿线交点法或拨角放线法将交点标定在地面上。

1. 穿线交点法

穿线交点法是利用测图导线点与图上定线之间的角度和距离关系，将中线的直线段测设于地上，然后将相邻直线延长相交，定出交点。具体测设步骤如下：

（1）放点。简单易行的放点方法有支距法和极坐标法两种。在地面上测设路线中线的直线部分，只需定出直线上若干个点，就可确定这一直线的位置。如图 10-2 所示，欲将纸上定出的两段直线 JD_3-JD_4 和 JD_4-JD_5 测设于地面，只需在地面上定 1、2、3、4、5、6 等临时点即可。这些临时点可选择支距点，即垂直于初测导线边垂足为导线点的直线与纸上所定路线的直线相交的点，如 1、2、4、6 点；也可选择初测导线边与纸上所定路线的直线相交的点，如 3 点；或选择能够控制中线位置的任意点，如 5 点。为便于检查核对，一条直线应选择三个以上的临时点。这些点一般应选在地势较高、通视良好、距初测导线点较近、便于测设的地方。临时点选定之后，即可在地形图上用比例尺和量角器量取点所用的距离和角度，如图 10-2 中距离 l_1、l_2、l_3、l_4、l_5、l_6 和 β 角。然后绘制放点示意图，表明点位和数据作为放点的依据。

放点时，在现场找到相应的初测导线点。临时点如果是支距点，可用支距法放点，步骤：用经纬仪和方向架定出垂线方向，再用皮尺量出支距 l 定出点位。如果是任意点则用

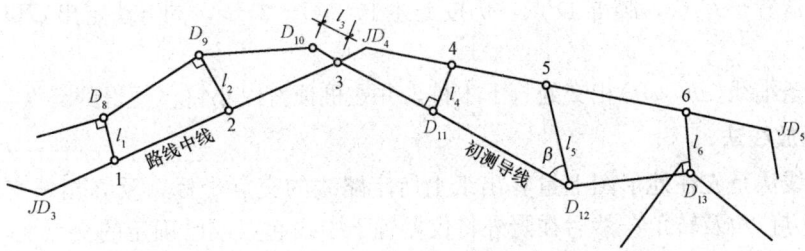

图 10-2　初测导线与纸上所定路线

极坐标法放点，步骤：将经纬仪安置在相应的导线点上，拨角 β 定出临时点方向，再用皮尺量距 l 定出点位。

（2）穿线。由于图解数据和测量误差的影响，在图上同一直线上的各点放到地面后，一般均不能准确位于同一直线上。如图 10-3 所示，为在图纸上某一直线段上选取的 1、2、3、4 点放样到现场的情况，显然所放 4 点是不共线的。这时可根据实地情况，采用目估或经纬仪法穿线，通过比较和选择定出一条尽可能多地穿过或靠近临时点的直线 AB，在 A、B 方向线上打下两个或两个以上的方向桩，随即取消临时点，这种确定直线位置的工作称为穿线。

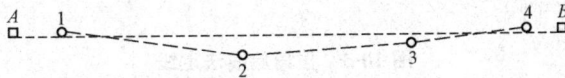

图 10-3　穿线

（3）交点。当相邻两直线 AB、CD 在地面上定出后，即可延长直线进行交会定出交点（JD），如图 10-4 所示，按下述操作步骤进行：

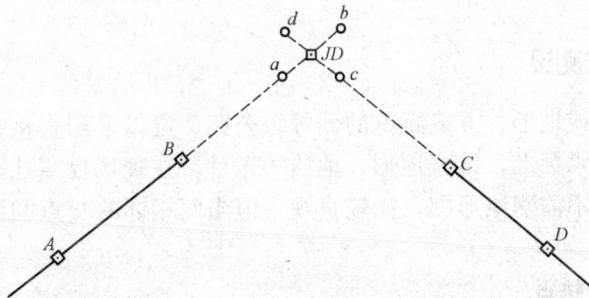

图 10-4　交点

1）将经纬仪安置于 B 点，盘左瞄准 A 点，倒转望远镜沿视线方向，在交点（JD）的概略位置前后打下两个木桩（俗称"骑马桩"），并沿视线方向用铅笔在两桩顶上分别标出 a_1 和 b_1。

2）盘右仍瞄准 A 点后，再倒转望远镜，用与上述同样的方法在两桩顶上标出 a_2 和 b_2 点。

3）分别取 a_1 与 a_2、b_1 与 b_2 的中点并钉上小钉得 a 和 b 两点。

4）用细线将 a、b 两点连接。这种以盘左、盘右两个盘位延长直线的方法称为正倒镜分中法。

5)将仪器置于 C 点，瞄准 D 点，仍按上述 1)、2)、3)步，同方法定出 c 和 d 两点，拉上细线。

6)在两条细线（ab、cd）相交处打下木桩，并在桩顶钉以小钉，便得到交点（JD）。

2. 拨角放线法

拨角放线法是先在地形图上量算出纸上所定路线的交点坐标，反算相邻交点间的直线长度、坐标方位角及转角；然后在野外将仪器置于中线起点或已确定的交点上，拨出转角，测设直线长度，依次定出各交点的位置。

如图 10-5 所示，N_1、N_2 等为初测导线点，在 N_1 点安置经纬仪，瞄准 N_2 点，拨水平角 β_1，量出距离 S_1，由此便可定出交点 JD_1。然后在 JD_1 上安置经纬仪，瞄准 N_1 点，拨水平角 β_2，量出距离 S_2，便可定出交点 JD_2。以同样的方法，将经纬仪安置于 JD_2，瞄准 JD_1，拨水平角 β_3 量出距离定出交点 JD_3。同方法依次定出其他交点。

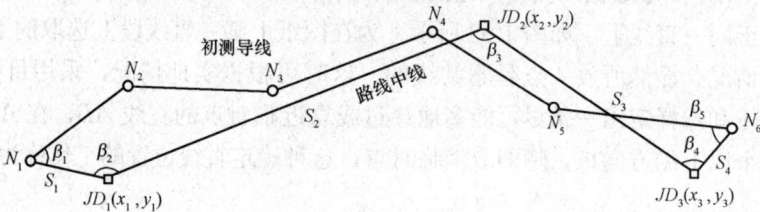

图 10-5　拨角放线法定线

这种方法工作效率高，适用测量导线点较少的线路，缺点是拨角放线的次数越多，误差累积也越大，故每隔一定距离（一般每隔 3～5 个交点）应将测设的中线与测图导线联测，以检查拨角放线的质量，然后重新以初测导线点开始放出以后的交点。检查满足要求后可继续观测，否则应查明原因予以纠正。

10.2.2　转点的测设

对于受条件限制或地形、方案简单的低等级公路，可以采用直接在现场标定交点的方法，即根据既定的技术标准，结合地形、地质等条件，在现场反复比较，直接定出路线交点的位置。这种方法不需测地形图，比较直观，但当两相邻的交点间距离较长或互不通视时，需要设置转点。

1. 在两交点间设转点

如图 10-6 所示，设 JD_5、JD_6 为互不通视的两相邻交点，ZD' 为目估定出的转点位置。将经纬仪置于 ZD' 上，用正倒镜分中法延长直线 JD_5-ZD' 至 JD_6'，如 JD_6' 与 JD_6 重合或偏差 f 在路线容许移动的范围内，则转点位置即为 ZD'，此时应将 JD_6 移至 JD_6' 并在桩顶钉上小钉表示交点位置。

当偏差 f 超过容许范围或 JD_6 为死点，不许移动时，需要重新设置转点。设

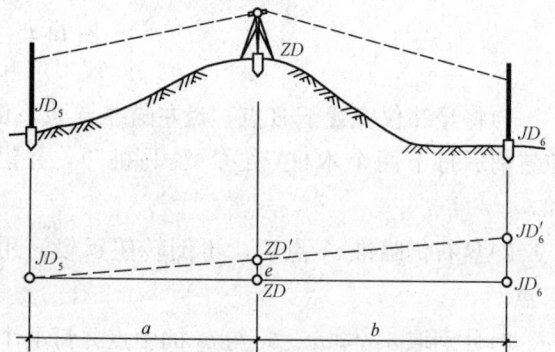

图 10-6　两不通视交点间设置转点

e 为 ZD' 应横向移动的距离，仪器在 ZD' 处，用视距测量方法测出距离 a、b，则

$$e=\frac{a}{a+b}f \tag{10-1}$$

将 ZD' 沿偏差 f 的相反方向横移 e 至 ZD。将仪器移至 ZD，延长直线 JD_5-ZD 看是否通过 JD_6 或偏差 f 是否小于容许值，如果不满足条件，应再次设置转点，直至符合要求为止。

2. 在两交点延长线设转点

如图 10-7 所示，设 JD_8、JD_9 互不通视，ZD' 为其延长线上转点的目估位置。仪器置于 ZD' 处，盘左瞄准 JD_8，在 JD_9 附近标出一点，盘右再瞄准 JD_8，在 JD_9 附近处又标出一点，取两次所标点的中点得 JD_9'。若 JD_9' 和 JD_9 重合或偏差 f 在容许范围内，即可将 JD_9' 代替 JD_9 作为交点，ZD' 即作为转点。若偏差 f 超出容许范围或 JD_9 为死点，不许移动，则应调整 ZD' 的位置。

$$e=\frac{a}{a-b}f \tag{10-2}$$

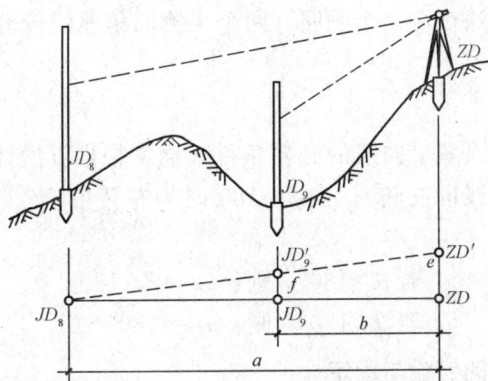

图 10-7　两不通视交点延长线上设置转点

将 ZD' 沿偏差 f 的相反方向横移 e 至 ZD，然后将仪器移至 ZD，重复上述方法，直至 f 小于容许值为止，最后将转点 ZD 和交点 JD_9 用木桩标定在地面上。

10.3　转角的测定与路线里程桩的设置

10.3.1　路线转折角的测定

当中线的主点桩设置好后，在路线转折处，为了测设曲线，应测出各交点的转折角（简称转角）。所谓转角，是指路线由一个方向偏转至另一个方向时，偏转后的方向与原方向的夹角。

10.3.1.1　标定直线与修正点位

对于相互通视的交点，如定线测量无误，根本不存在点位修正问题，通常可以直接引用。

对于中间有障碍、互不通视的交点，虽然交点间定线时已设立了控制直线方向的转点桩。但由于选线大多采用花杆目测穿直线，实际上未必严格在一条直线上，因此就存在用经纬仪检查与标定直线或修正交点桩位问题。在一般情况下，常将后视交点和中间转点作为固定点，安置仪器于转点处，采用正倒镜分中法，进行检查。

10.3.1.2 转折角的测定与计算

1. 转折角的识别

路线转折角，如图 10-1 所示，就是指后一边的延长线和前一边的水平夹角，用 α 来表示。由于中线在交点处转向的不同，转角又有左、右转角之分。在延长线左侧的，称为左转角，如 α_C；在延长线右侧的，称为右转角，如 α_B。

2. 转折角的测定

在公路测量中，很少有直接测定转折角 α 的，而较普遍的测角方法是用测回法测定路线的左、右角，再用左、右角来推算路线的转折角。在图 10-1 中，A、B、C、D 为路线前进的方向，在前进方同左侧的水平夹角，称为左角；在右侧的称为右角，如 β_B、β_C。

右角测定是应用测回法观测一个测回，两个半测回角值的较差不超过 $\pm40''$，则取其平均值作为一测回的观测值。

3. 转折角的计算

转角是在路线转向处设置平曲线的必要条件，通常根据 β 值计算路线交点处的转角 α。当 $\beta<180°$ 时为右转角（路线向右转）；当 $\beta>180°$ 时为左转角（路线向左转）。左转角和右转角按下式计算：

$$若 \beta>180° \quad 则：\alpha_左=\beta-180° \tag{10-3}$$
$$若 \beta<180° \quad 则：\alpha_右=180°-\beta \tag{10-4}$$

10.3.1.3 路线桩位的钉设与固定

1. 曲线中点方向桩的钉设

（1）为便于中桩组敷设平曲线中点桩，测角组在测角的同时，应将曲线中点方向桩钉设出来，如图 10-8 所示。

（2）分角线方向桩离交点距离应尽量大于曲线外距，以利于定向插点，一般转角越大，外距也越大。

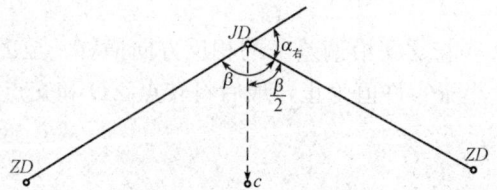

图 10-8 标定分角线方向

（3）用经纬仪定分角线方向时，首先就要计算出分角线方向的水平度盘读数，通常这项工作是紧跟测角之后在测角读数的基础上进行的，根据测得右角的前后视读数，可计算出分角线方向的读数，即

右转角： $\qquad$ 分角线方向的水平度盘读数 $=\dfrac{1}{2}$（前视读数＋后视读数） $\tag{10-5}$

左转角： $\qquad$ 分角线方向的水平度盘读数 $=\dfrac{1}{2}$（前视读数＋后视读数）$+180°$ $\tag{10-6}$

2. 路线控制桩位的固定

（1）为便于以后施工时恢复路线及放样，对于中线控制桩，如路线起点桩、终点桩、交点桩、转点桩、大中桥位桩以及隧道起终点桩等重要桩志，均须妥善固定和保护，防止丢

失和破坏。

（2）桩志固定方法因地制宜地采取埋土堆、垒石堆、设护桩等形式加以固定。在荒坡上亦可采取挖平台方法固定桩志。埋土堆、垒石堆顶面为 40 cm×40 cm 方形或直径为 40 cm，高 50 cm 的圆形。堆顶应钉设标志桩。

（3）为控制桩位，还应设护桩（也称"检桩"）。护桩方法有距离交会法、方向交会法、导线延长法等，具体采用何种方法应根据实际情况灵活掌握。公路工程测量通常多采用距离交会法定位。护桩一般设 3 个，护桩间夹角不宜小于 60°，以减小交会误差，如图 10-9 所示。

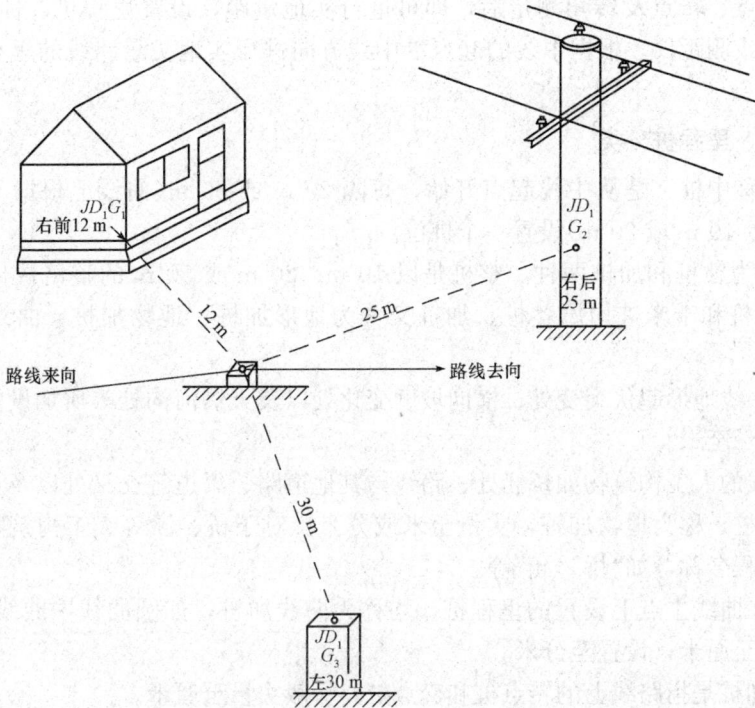

图 10-9　距离交会法护桩

10.3.1.4　路线转折角精度检查

为了保证测角精度，需要进行测角成果的检查，就是对路线导线的角度闭合差的检查。若线路两端与国家控制点联系，可按附合导线的形式进行角度闭合差计算与调整。对于等级较低、路线较短的路线，可采取分段进行检查。

1. 视距测量

（1）路线转折角视距测量的方法有以下两种：

一种是利用测距仪或全站仪测，此方法是分别于交点和相邻交点（或转点）上安置棱镜和仪器，采用仪器的距离测量功能，从读数屏可直接读出两点间平距。

另一种是利用经纬仪标尺测，它是分别于交点和相邻交点（或转点）上安置经纬仪和标尺（水准尺或塔尺），采用视距测量的方法计算两点间平距。这里应指出的是用测距仪或全站仪测得的平距可用来计算交点桩号，而用经纬仪所测得的平距，只能用作参考来校核中线测设中有无丢链现象。

（2）当交点间距离较远时，为了达到测量精度，可在中间加点采取分段测距方法。

2. 磁方位角观测与计算方位角校核

观测磁方位角的目的是校核测角组测角的精度和展绘平面导线图时检查展线的精度。路线测量规定，每天作业开始与结束必须观测磁方位角，至少一次，以便于根据观测值推算方位角进行校核，其误差不得超过 2°，若超过规定，必须查明发生误差的原因，并及时纠正。若符合要求，则可继续观测。

10.3.2　中线里程桩的设置

在路线交点、转点及转角测定后，即可进行实地量距，设置里程桩、标定中线位置。一般使用钢尺或测距仪，根据中线的起点沿中线方向进行实地丈量路线的里程数，然后设置里程桩。

10.3.2.1　里程桩分类

里程桩也称中桩，是从中线起点开始，每隔 20 m 或 50 m（曲线上根据不同的曲线半径，每隔 5 m、10 m 或 20 m）设置一个桩位。

里程桩分为整桩和加桩两种。整桩是以 10 m、20 m 或 50 m 的整倍数桩号而设置的里程桩，百米桩和千米桩均属整桩。加桩又分为地形加桩、地物加桩、曲线加桩和关系加桩。

（1）凡沿中线地形起伏突变处、横向坡度变化处以及天然河沟处等所加设的里程桩称为地形加桩，丈量至米。

（2）沿中线的人工构筑物如桥涵处、路线与其他道路、渠道等交叉处以及土壤地质变化处加设的里程桩，称为地物加桩，丈量至米或分米。对于桥、涵等人工构筑物，在写里程桩时要冠上工程名称，如"桥""涵"等。

（3）凡是在曲线主点上设置的里程桩，均称为曲线加桩，如圆曲线中曲线起点、中点、终点等，计算至厘米，设置至分米。

（4）关系加桩是指路线上的转点桩和交点桩，一般丈量至厘米。

10.3.2.2　里程桩设置要求

1. 里程桩桩距及精度

（1）路线中桩间距，不应大于表 10-2 的规定。

表 10-2　中桩间距

直线/m		曲线/m			
平原、微丘	重丘、山岭	不设超高的曲线	$R>60$	$30<R<60$	$R<30$
50	25	25	20	10	5
注：表中 R 为平曲线半径(m)。					

（2）中桩桩位精度应符合表 10-1 的规定。

（3）采用链距法、偏角法、支距法等方法测定路线中桩，其闭合差应小于表 10-3 的规定。

表 10-3　距离偏角测量闭合差

公路等级	纵向相对闭合差		横向闭合差/cm		角度闭合差/(")
	平原、微丘	重丘、山岭	平原、微丘	重丘、山岭	
高速公路，一、二级公路	1/2 000	1/1 000	10	10	60
三级及三级以下公路	1/1 000	1/500	10	15	120

2. 中桩高程测量

(1)中桩高程测量可采用水准测量、三角高程测量或 GPS-RTK 法施测，并应起闭于路线高程控制点。

(2)中桩高程应测至桩志处的地面，读数取位至厘米，其测量的精度指标应符合表 10-4 的规定。

表 10-4　中桩高程测量精度

公路等级	闭合差/mm	两次测量之差/cm
高速公路，一、二级公路	$\leqslant 30\sqrt{L}$	$\leqslant 5$
三级及三级以下公路	$\leqslant 50\sqrt{L}$	$\leqslant 10$

注：L 为高程测量的路线长度(km)。

(3)采用三角高程测定中桩高程时，每一次距离应观测一测回 2 个读数，垂直角应观测一测回。

(4)采用 GPS-RTK 法时，求解转换参数采用的高程控制点不应少于 4 个，且应涵盖整个中桩高程测量区域，流动站至最近高程控制点的距离不应大于 2 km，并应利用另外一个控制点进行检查，检查点的观测高程与理论值之差应小于表 10-4 两次测量之差的 70%。

(5)沿线中需要特殊控制的建筑物、管线、铁路轨顶等，应按规定测出其高程，其两次测量之差应小于 2 cm。

3. 加桩的设置位置

路线经过下列位置应设加桩：

(1)路线纵、横向地形变化处；

(2)路线与其他线状物交叉处；

(3)拆迁建筑物处；

(4)桥梁、涵洞、隧道等构造物处；

(5)土质变化及不良地质地段起、终点处；

(6)道路轮廓及交叉中心；

(7)省、地(市)、县级行政区划分界处；

(8)改、扩建公路地形特征点、构造物和路面面层类型变化处。

10.3.2.3　里程桩桩号的书写与埋设

1. 里程桩桩号的书写

(1)各桩编号即用该桩与起点桩的距离来编定的。如某桩的桩号为 K1+800，表示该桩距起点桩 0+000 的距离为 1 800 m。

(2)各桩的桩号，应用红油漆或黑色油漆书写在朝向起点桩一侧的桩面上。可见，里程桩既表示了中线的位置，也表示距起点的里程。

（3）里程桩一般应写明名称及桩号[名称如 *JD*、*ZD*、*ZH*(*ZY*)、*HY* 等]，对于交点桩可连续编号，转点桩可连续编号或两交点间编号，中线桩应在桩的背面按 0～9 循环编号，以便按顺序找桩(图 10-10)。

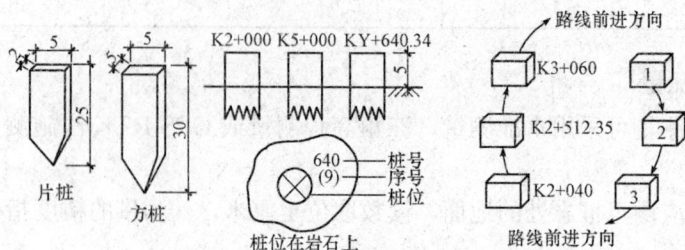

图 10-10　里程桩设置方法(单位：cm)

1)交点桩、转点桩、曲线控制桩、千米桩、百米桩等应写出里程号，不得省略。

2)位于岩石或建筑物上的桩号用红油漆绘成或凿成"⊕"符号(直径 5 cm)表示桩位，再在旁边用油漆写明名称、桩号，如图 10-10 所示。

3)有比较方案时，应在桩号前冠以"A、B"等字样，分离式高速公路或一级公路，当分别按左、右线路进行测量时，应在桩号前冠以"左、右"的字母"Z、Y"符号，以示区别。

2. 里程桩桩志的埋设

（1）路线控制桩，一般采用方桩，顶面钉小钉以示点位，并用混凝土浇筑，也可采用钢筋加混凝土且钢筋顶面锯成"十"字记号。控制桩应打入地下与地面齐平，且加指示桩。

（2）其他中线桩可采用片桩，且打入地下 15～25 cm，露出地面 5～10 cm，方桩与片桩的尺寸如图 10-10 所示。

（3）对于改建公路原柔性路面上测量或与大车道等交叉时，可用大头铁钉打入与路面齐平，在路肩上或旁边钉设指示桩，注明里程及距桩点的距离，刚性路面可采用红油漆做记号并设指示桩。

10.3.2.4　断链处理与路线固定

1. 断链处理

（1）对于局部改线、量距或计算出现错误、分段测量中假定起始里程不符而造成全线或全段里程出现不连续现象称为断链。出现断链时就应立即进行断链处理，断链桩应设在直线段百米整桩号上，有困难时可设在 10 m 整桩号上，不宜设在桥涵、立交、隧道等构造物范围之内，并应注明桩号与地面里程的长短关系。

（2）断链有长链与短链之分，地面里程长于桩号里程称为长链，反之地面里程短于桩号里程称为短链。在实际工作中断链要做以下处理：

1)外业工作中现场钉桩时，在同一地点钉两个桩：一个桩字面面向路线来向，写上来向里程；另一个桩字面面向路线去向，写上去向里程。

2)内业工作中纵断面图要在断链桩处断开：长链需前后搭接，搭接长度为断链距离，短链需拉开一个断链距离。

2. 路线固定

在设计测量时，路线固定是采用量固定点与桩志的斜距来固定的，并且固定点不少于两个，距离以不超过 30 m 为宜，最后填写路线固定表并画草图见表 10-5。

表 10-5　路线固定表

_____公路_____段

固定点桩号	固定情况叙述	简图	备注
1	2	3	4
JD_{i-1}	…	…	…
JD_i	固定点 1 在西南方向线杆上 22 m，固定点 2 在东南方向民房上 21 m，固定点 3 在正北方向大树上 31 m		交点 i 在水泥桩光圆钢筋十字上
ZD_K	…		…

在施工测量时，路线固定是采用两台经纬仪交会固定，如图 10-11 所示，O 为固定点，Q_1、Q_2、Q_3、Q_4 为栓桩点，且 $Q_1Q_2 > Q_2O > 15$ m、$Q_3Q_4 > Q_4O > 15$ m；α 接近 90°。

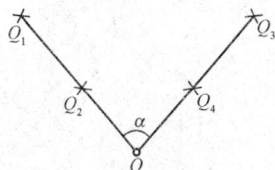

图 10-11　路线固定

10.4　圆曲线的测设

当路线由一个方向转向另一个方向时，必须用平面曲线来连接。曲线的形式很多，其中圆曲线是最基本的平面曲线，如图 10-12 所示。

10.4.1　圆曲线测设的步骤

圆曲线的测设一般分两步进行：首先测设曲线的主点，称为圆曲线的主点测设。即测设曲线的起点（又称为直圆点，通常以缩写 ZY 表示）、中点（又称为曲中点，通常以缩写 QZ 表示）和曲线的终点（又称为圆直点，通常以缩写 YZ 表示）。然后在已测定的主点之间进行加密，按规定桩距测设曲线上的其他各桩点，称为曲线的详细测设。

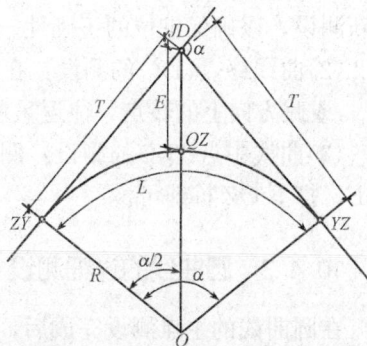

图 10-12　圆曲线及其主点测设

10.4.2　圆曲线的主点测设

1. 测设元素的计算

如图 10-12 所示，设交点（JD）的转角为 α，假定在此所设的圆曲线半径为 R，则曲线的测设元素切线长 T、曲线长 L、外距 E 和切曲差 D，按下列公式计算：

微课：圆曲线的主点测设

$$切线长：T=R \cdot \tan\frac{\alpha}{2}$$

$$曲线长：L=R \cdot \alpha（式中\,\alpha\,的单位应换算成\,\text{rad}）$$

$$外距：E=-\frac{R}{\cos\frac{\alpha}{2}}-R=R\left(\sec\frac{\alpha}{2}-1\right)$$

$$切曲差：D=2T-L$$

(10-7)

2. 主点里程的计算

交点(JD)的里程由中线丈量中得到，依据交点的里程和计算的曲线测设元素，即可计算出各主点的里程。由图 10-12 可知：

$$ZY\,里程=JD\,里程-T\underset{ZY\,里程}{\overset{JD\,里程-T}{}}$$

$$YZ\,里程=ZY\,里程+L\underset{YZ\,里程}{\overset{+L}{}}$$

$$QZ\,里程=YZ\,里程-L/2\underset{QZ\,里程}{\overset{-L/2}{}}$$

$$JD\,里程=QZ\,里程+D/2\underset{JD\,里程}{\overset{+D/2}{}}$$

(10-8)

3. 主点的测设

圆曲线的测设元素和主点里程计算出后，按下述步骤进行主点测设：

(1)曲线起点(ZY)的测设：测设曲线起点时，将仪器置于交点 i(JD_i)上，望远镜照准一交点 $i-1$(JD_{i-1})或此方向上的转点，沿望远镜视线方向量取切线长 T，得曲线起点 ZY，暂时插一测钎标志。然后用钢尺丈量 ZY 至最近一个直线桩的距离，如两桩号之差等于所丈量的距离或相差在容许范围内，即可在测钎处打下 ZY 桩。如超出容许范围，应查明原因，重新测设，以确保桩位的正确性。

(2)曲线终点(YZ)的测设：在曲线起点(ZY)的测设完成后，转动望远镜照准前一交点 JD_{i+1} 或此方向上的转点，往返量取切线长 T，得曲线终点(YZ)，打下 YZ 桩即可。

(3)曲线中点(QZ)的测设：测设曲线中点时，可自交点 i(JD_i)，沿分角线方向量取外距 E，打下 QZ 桩即可。

10.4.3 圆曲线的详细测设

在圆曲线的主点测设完成后，圆曲线基本位置已经确定，但一条曲线只有主点是难以施工的，所以在一般情况下，还需要进行详细测设，在曲线上每隔一定间距测设更多的桩进行加密。

微课：圆曲线的
详细测设

1. 曲线设桩

按桩距 l_0 在曲线上设桩，通常有以下两种方法：

(1)整桩号法。将曲线上靠近起点(ZY)的第一个桩的桩号凑整成为大于 ZY 点的桩号，l_0 的最小倍数的整桩号，然后按桩距 l_0 连续向曲线终点(YZ)设桩。这样设置的桩的桩号均为整数。

(2)整桩距法。从曲线起点(ZY)和终点(YZ)开始，分别以桩距 l_0 连续向曲线中点 QZ 设桩。由于这样设置的桩的桩号一般为破碎桩号，因此，在实测中应注意加设百米

桩和千米桩。

2. 详细测设的方法

(1)切线支距法。切线支距法(又称直角坐标法)是以曲线的起点 ZY (对于前半曲线)或终点 YZ (对于后半曲线)为坐标原点,以过曲线的起点 ZY 或终点 YZ 的切线为 x 轴,过原点的半径为 y 轴,按曲线上各点坐标 x、y 设置曲线上各点的位置。

如图 10-13 所示,设 P_i 为曲线上欲测设的点位,该点至 ZY 点或 YZ 点的弧长为 l_i,φ_i 为 l_i 所对的圆心角,R 为圆曲线半径,则 P_i 点的坐标按下式计算:

$$\left.\begin{array}{l} x_i = R \cdot \sin\varphi_i \\ y_i = R \cdot (1-\cos\varphi_i) = x_i \cdot \tan\dfrac{\varphi_i}{2} \end{array}\right\} \tag{10-9}$$

式中,$\varphi_i = \dfrac{l_i}{R}(\text{rad})$。

切线支距法详细测设圆曲线,为了避免支距过长,一般是由 ZY 点和 YZ 点分别向 QZ 点施测,测设步骤如下:

1)从 ZY 点(或 YZ 点)用钢尺或皮尺沿切线方向量取 P_i 点的横坐标 x_i,得垂足点 N_i。

2)在垂足点 N_i 上,用方向架或经纬仪定出切线的垂直方向,沿垂直方向量出 y_i,即得到待测定点 P_i。

3)曲线上各点测设完毕后,应量取相邻各桩之间的距离,并与相应的桩号之差做比较,若较差均在限差之内,则曲线测设合格;否则应查明原因,予以纠正。

(2)偏角法。偏角法是以曲线起点(ZY)或终点(YZ)至曲线上待测设点 P_i 的弦线与切线之间的弦切角 Δ_i 和弦长 C_i 来确定 P_i 点的位置。

如图 10-14 所示,依据几何原理,偏角 Δ_i 等于相应弧长所对的圆心角 φ_i 的一半,即 $\Delta_i = \varphi_i/2$。则

$$\Delta_i = \frac{l_i}{2R}(\text{rad}) \tag{10-10}$$

弦长 C 可按下式计算:

$$C = 2R\sin\frac{\varphi_i}{2} = 2R\sin\Delta_i \tag{10-11}$$

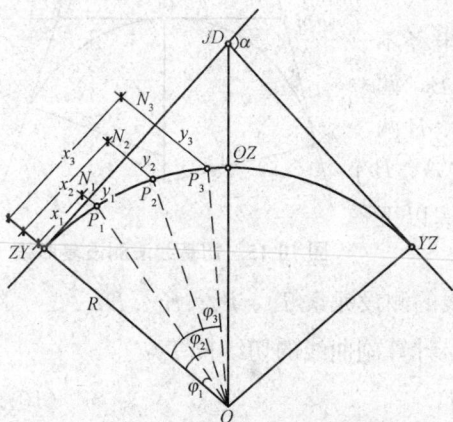

图 10-13　切线支距法详细测设圆曲线

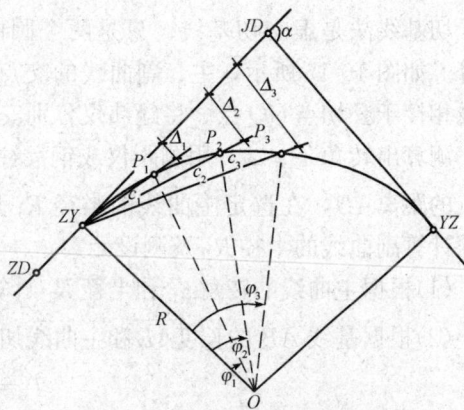

图 10-14　偏角法详细测设圆曲线

具体测设步骤如下：

1）安置经纬仪（或全站仪）于曲线起点（ZY）上，盘左瞄准交点（JD），将水平盘读数设置为 $0°$。

2）水平转动照准部，使水平度盘读数：+920 桩的偏角值 $\Delta_1 = 1°45'24''$，然后，从 ZY 点开始，沿望远镜视线方向量测出弦长 $C_1 = 13.05$ m，定出 P_1 点，即为 K2+920 的桩位。

3）继续水平转动照准部，使水平度盘读数：+940 桩的偏角值 $\Delta_2 = 4°43'48''$，从 ZY 点开始，沿望远镜视线方向量测出长弦 $C_2 = 32.98$ m，定出 P_2 点；或从 P_1 点测设短弦 $C_2 = 19.95$ m（实测中，通常一般采用以弧代弦，取短弦为 20 m），与水平度盘读数为偏角 Δ_2 时的望远镜视线方向相交而定出 P_2 点。以此类推，测设 P_3、P_4……直到 YZ 点。

4）测设至曲线终点（YZ）作为检核，继续水平转动照准部，使水平度盘读数 $\Delta_{YZ} = 17°04'48''$。从 ZY 点开始，沿望远镜视线方向量测出长弦 $C_{YZ} = 17.48$ m，或从 K3+020 桩测设短弦 $C = 6.21$ m，定出一点。

（3）极坐标法。用极坐标法测设曲线的测设数据主要是计算圆曲线主点和细部点的坐标，然后根据测站点和主点或细部点之间的坐标，反算出测站至待测点的直线方位角和两点间的平距，依据计算出的方位角和平距进行测设，其操作步骤如下：

1）圆曲线主点坐标计算。如图 10-14 所示，若已知 ZD 和 JD 的坐标，则可按公式：$\alpha_{12} = \arctan \dfrac{y_2 - y_1}{x_2 - x_1}$ 计算出第一条切线（图 10-14 中的 ZY—JD 方向线）的方位角；再由路线的转角（或右角）推算出第二条切线（图 10-14 中的 JD—YZ 方向线）和分角线的方位角。

2）圆曲线细部点坐标计算。由已计算出的第一条切线的方位角 α_1 和各待测设桩点的偏角 Δ_i，计算出曲线起点（ZY）至各待测定桩点 P_i 方向线的方位角，再由 ZY 点到各桩点的长弦长，计算出各待测设桩点的坐标。

10.5 复曲线的测设

10.5.1 不设缓和曲线的复曲线

1. 切基线法测设复曲线

切基线法是虚交切基线，只是两个圆曲线的半径不相等。如图 10-15 所示，主、副曲线的交点为 A、B，两曲线相接于公切点 GQ 点。将经纬仪分别安置于 A、B 两点，测算出转角 α_1、α_2，用测距仪或钢尺往返丈量 A、B 两点的距离 $\overline{AB}$，在选定主曲线的半径 R_1 后，可按以下步骤计算副曲线的半径 R_2 及测设元素。

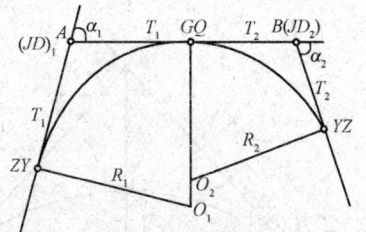

图 10-15 切基线法测设复曲线

（1）根据主曲线的转角 α_1 和半径 R_1 计算主曲线的测设元素 T_1、L_1、E_1、D_1。

（2）根据基线 AB 的长度 $\overline{AB}$ 和主曲线切线长 T_1 计算副曲线的切线长 T_2：

$$T_2 = \overline{AB} - T_1 \tag{10-12}$$

（3）根据副曲线的转角 α_2 和切线长 T_2 计算副曲线的半径 R_2：

$$R_2 = \frac{T_2}{\tan\dfrac{\alpha_2}{2}} \tag{10-13}$$

（4）根据副曲线的转角 α_2 和半径 R_2 计算副曲线的测设元素 T_2、L_2、E_2、D_2。

2. 弦基线法测设复曲线

如图 10-16 所示，是利用弦基线法测设复曲线的示意图，设定 A、C 分别为曲线的起点和公切点，目的是确定曲线的终点 B。具体测设方法如下：

（1）在 A 点安置仪器，观测弦切角 I_1，根据同弧段两端弦切角相等的原理，则得主曲线的转角：$\alpha_1 = 2I_1$。

（2）设 B' 点为曲线终点 B 的初测位置，在 B' 点放置仪器观测出弦切角 I_3，同时在切线上 B 点的估计位置前后打下骑马桩 a、b。

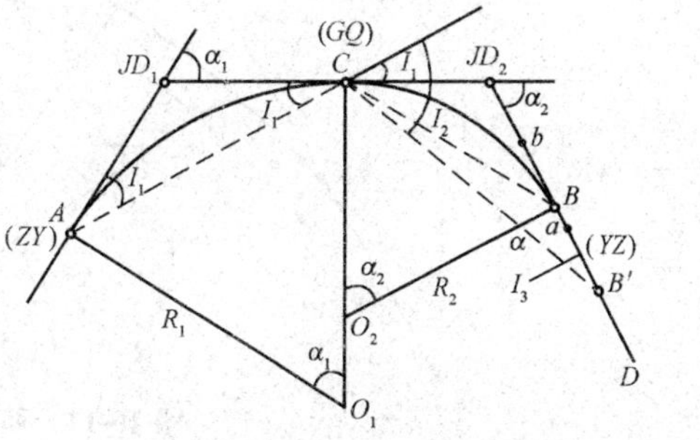

图 10-16　弦基线法测设复曲线

（3）在 C 点安置仪器，观测出 I_2。由图 10-16 可知，复曲线的转角 $\alpha_2 = I_2 - I_1 + I_3$。旋转照准部照准 A 点，将水平度盘读数配置：$0°00'00''$ 后倒镜，顺时针拨水平角 $\dfrac{\alpha_1 + \alpha_2}{2} = \dfrac{I_1 + I_2 + I_3}{2}$，此时，望远镜的视线方向即为弦 CB 的方向，交骑马桩 a、b 的连线于 B 点，即确定了曲线的终点。

（4）用测距仪（全站仪）或钢尺往返丈量得到 AC 和 CB 的长度 $\overline{AC}$、$\overline{CB}$，并计算主、副曲线的半径 R_1、R_2。

$$\left.\begin{aligned} R_1 &= \frac{\overline{AC}}{2\sin\dfrac{\alpha_1}{2}} \\[2mm] R_2 &= \frac{\overline{CB}}{2\sin\dfrac{\alpha_2}{2}} \end{aligned}\right\} \tag{10-14}$$

（5）求得的主、副曲线半径和测算的转角分别计算主、副曲线的测设元素，然后仍按前述方法计算土点里程并进行测设。

10.5.2　设置有缓和曲线的复曲线

1. 中间不设缓和曲线而两边皆设缓和曲线的复曲线

如图 10-17 所示，设主、副曲线两端分别设有两段缓和曲线，其缓和曲线长分别为 L_{s1}、L_{s2}。为使两不同半径的圆曲线在原公切点（GQ）直接衔接，两缓和曲线的内移值必须相等，即 $p_主 = p_副 = p$。则

$$\left.\begin{aligned} c_1 &= R_主\, L_{S1} = R_主\,\sqrt{24p} \\ c_2 &= R_副\, L_{S2} = R_副\,\sqrt{24p} \end{aligned}\right\} \tag{10-15}$$

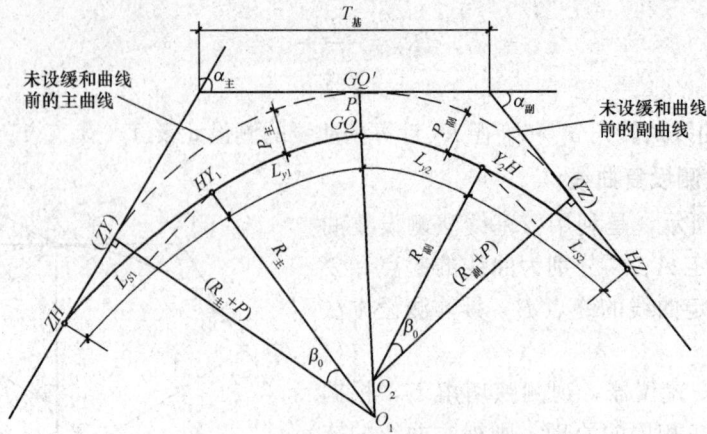

图 10-17　两边皆设缓和曲线的复曲线

假如 $R_主 > R_副$，则 $c_1 > c_2$。所以在选择缓和曲线长度时，必须使 $c_2 \geqslant 0.035v^3$。对于已选定的 l_{S2}，可得

$$L_{S2} = L_{S1}\sqrt{\frac{R_副}{R_主}} \tag{10-16}$$

图 10-17 中的关系式如下：

$$T_基 = (R_主 + p)\tan\frac{\alpha_主}{2} + (R_副 + p)\tan\frac{\alpha_副}{2} \tag{10-17}$$

测设时，通过测得的数据 $\alpha_主$、$\alpha_副$ 和 $T_基$ 以及根据要求拟订的数据 $R_主$、L_{S1}，采用式 (10-17) 反算 $R_副$，其中：$p = p_主 = \dfrac{L_{S1}^2}{24R_主}$；采用式 (10-15) 反算副曲线缓和段长度 L_{S2}。

2. 中间设置有缓和曲线的复曲线

中间设置有缓和曲线的复曲线是指复曲线的两圆曲线间有缓和曲线段衔接过渡的曲线形式。常在实地地形条件限制下，选定的主、副曲线半径相差悬殊超过 1.5 倍时采用，如图 10-18 所示。

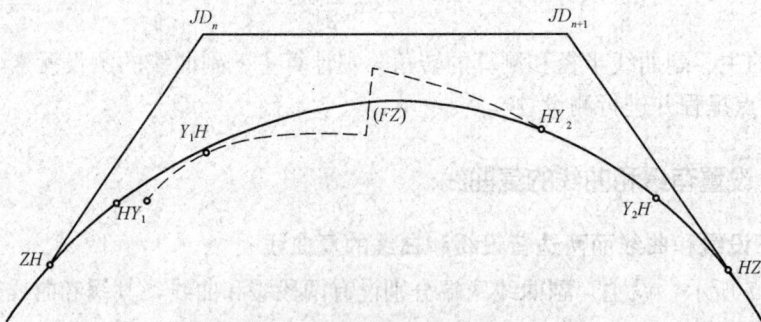

图 10-18　中间设置有缓和曲线的复曲线

10.6 回头曲线的测设

回头曲线是一种半径小、转弯急、线型标准低的曲线形式。在路线跨越山岭时，为了克服距离短、高差大的展线困难，往往还需要设置回头曲线。回头曲线一般由主曲线和两个副曲线组成；主曲线为一转角大于或等于180°（或略小于180°）的圆曲线，副曲线在路线的上、下线各设置一个，为一般圆曲线。在主、副曲线之间一般以直接连接。

10.6.1 回头曲线测设方法

1. 主点测设

(1)由 A 点沿切线方向量取 AE（注意正、负号），可得 ZY 点。

(2)由 B 点沿切线方向量取 BF，可得 YZ 点（图10-19）。

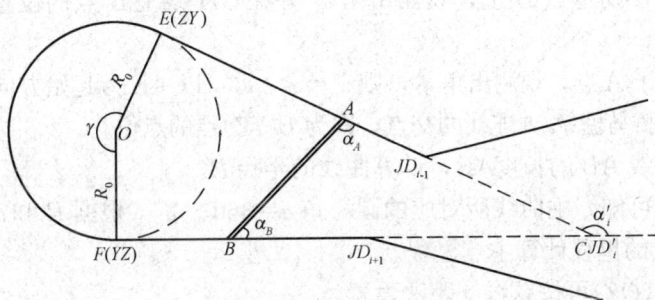

图10-19 主点测设图

2. 曲线详细测设

(1)切基线法。采用切基线法详细测设回头曲线（图10-20）时，其测设步骤及要求如下：

1)根据现场的具体情况，在 DF、EG 两切线上选取顶点切基线 AB 的初定位置 AB'，其中 A 为定点，B' 为初定点。

2)将仪器安置于初定点 B' 上，观测出角 α_B，并在 EG 线上 B 点的估计位置前后设置 a、b 两个骑马桩。

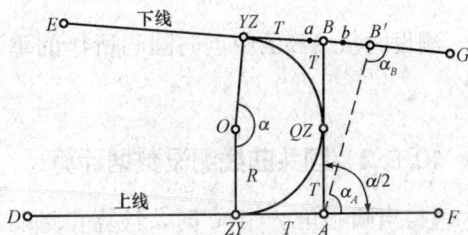

图10-20 顶点切基线法图

3)将仪器安置于 A 点，观测出角 α_A，则路线的转角 $\alpha = \alpha_A + \alpha_B$。后视定向点 F，反拨角值 $\alpha/2$，可得到视线与骑马桩 a、b 连线的交点，即为 B 点的点位。

4)量测出顶点切基线 AB 的长度 $\overline{AB}$，并取 $T = \overline{AB}/2$，从 A 点沿 AD、AB 方向分别量测出长度 T，便定出 ZY 点和 QZ 点；从 B 点沿 BE 方向量测出长度 T，便定出 YZ 点。

5)计算主曲线的半径 $R = \dfrac{T}{\tan\dfrac{\alpha}{4}}$。再由半径 R 和转角 α 求出曲线的长度 L，并根据 A 点的里程，计算出曲线的主点里程。

(2)弦基线法。采用弦基线法测设回头曲线(图 10-21)时,其测设步骤和要求如下:

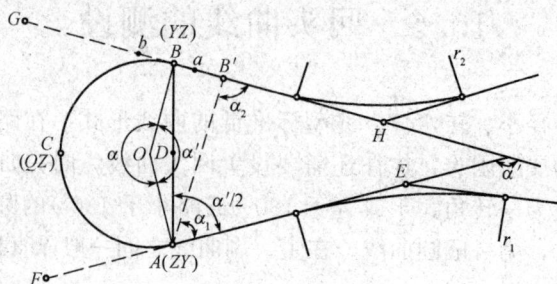

图 10-21 弦基线法

1)根据现场的情况,在 EF、GH 两切线上选取弦基线 AB 的初定位置 AB',其中,$A(ZY$ 点$)$为定点,B' 为视点。

2)将仪器安置于初定点 B' 上,观测出角 α_2 并在 GH 线上 B 点的位置前后,设置 a、b 两骑马桩。

3)将仪器安置于 A 点,观测出角 α_1,则 $\alpha'=\alpha_1+\alpha_2$。以 AE 为起始方向,反拨角值 $\alpha'/2$,由此可得到视线与骑马桩 a、b 连线的交点,即为 $B(YZ)$ 点的点位。

4)量测出弦基线 AB 的长度$\overline{AB}$,计算曲线的半径 R。

5)由图 10-21 可知,主曲线所对应的圆心角 $\alpha=360°-\alpha'$。根据 R 和 α 便可求得主曲线长度 L,并由 A 点的里程计算主点里程。

6)曲线的中点(QZ)可按弦线支距法设置。

支距长:

$$DC=R\cdot\left(1+\cos\frac{\alpha'}{2}\right)=2R\cdot\cos^2\frac{\alpha'}{4} \tag{10-18}$$

测设时从 AB 的中点向圆心所作的垂线,量测出 DC 的长度,即可求得曲线的中点 $C$$(QZ)$。

10.6.2 回头曲线测设数据计算

(1)当圆心角 $\gamma<180°$ 时,计算和测设方法与虚交曲线相同(图 10-22)。

(2)当 $\gamma>180°$ 时,为倒虚交。如图 10-23 所示,倒虚交点 JD_i';视地形定基线 AB,测 α_A、α_B,丈量$\overline{AB}$。

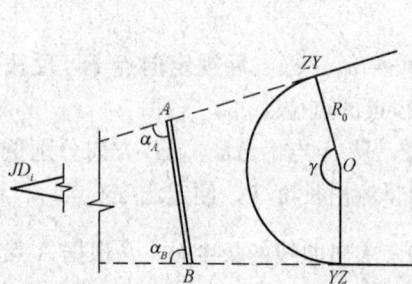

图 10-22 $\gamma<180°$回头曲线测设

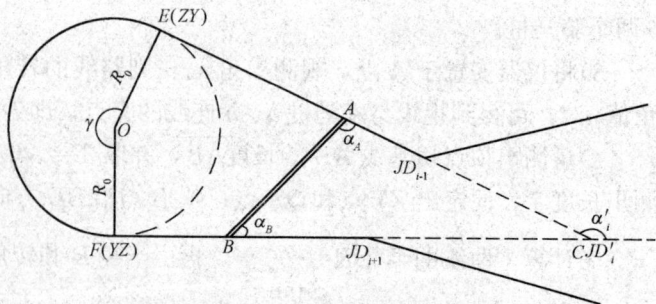

图 10-23 $\gamma>180°$回头曲线测设

$\alpha_i' = \alpha_A + \alpha_B$，解$\triangle ABC$，

$$AC = AB\frac{\sin\alpha_B}{\sin\alpha_i'}$$

$$BC = AB\frac{\sin\alpha_A}{\sin\alpha_i'}$$

又有 $EC = FC\dfrac{R_0}{\tan\dfrac{180° - \alpha_i'}{2}}$

所示，$AE = EC - AC$，$BF = FC - BC$（AE、BF 可为正或负）

主曲线中心角：$\gamma = 360° - \alpha_i'$

主曲线长度：$L = \dfrac{\pi R_0 \gamma}{180°}$

10.6.3 有缓和曲线回头曲线测设方法

1. 测设方法

（1）主点测设。

1）从 A 点沿切线方向量取 AE，可得 MH 点。

2）从 B 点沿切线方向量取 BF，可得 HM 点。

3）分别从 MH、HM 点用切线支距法量取 X_h、Y_b，可得 HX、XH 点。

（2）详细测设。

1）缓和曲线测设同前述缓和曲线测设方法。

2）主圆曲线测设同前述回头曲线测设方法。

2. 测设数据计算

如图 10-24 所示，已知到虚交点 JD_i'、基线 $\overline{AB}$、α_A、α_B、$\alpha_i' = \alpha_A + \alpha_B$。

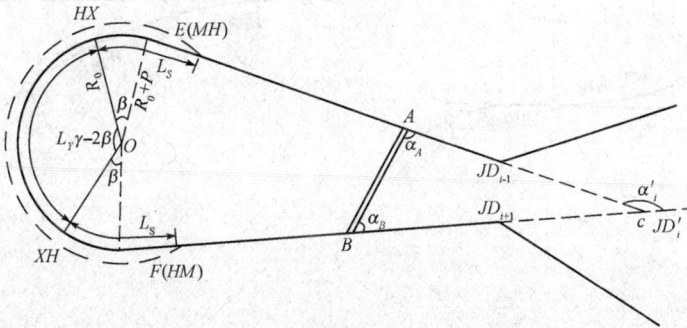

图 10-24　有缓和曲线回头曲线测设

解$\triangle ABC$ 可求得 AC、BC，拟订 R_0，L_S 可得

$$p = \frac{L_S^2}{24R_0}$$

$$q = \frac{L_S}{2} - \frac{L_S^2}{240R_0^2}$$

$$\beta = \frac{L_S}{2R_0}(\text{rad})$$

$$CE=CF=(R_0+p)\tan\frac{\alpha_i'}{2}-q$$

$$L_y=(360°-\alpha_i'-2\beta)\frac{\pi}{180}R_0$$

$$L_h=L_y+2L_S$$

$$AE=CE-AC,\ BF=CF-BC(AE、BF\ 可为正或负)$$

10.7　缓和曲线的测设

缓和曲线是平面线形中，在直线与圆曲线、圆曲线与圆曲线之间设置的曲率连续变化的曲线。缓和曲线是公路平面线形要素之一。缓和曲线主要有以下几点作用：曲率逐渐缓和过渡；离心加速度逐渐变化减少振荡；有利于超高和加宽的过渡；视觉条件好。

10.7.1　缓和曲线的线型

1. 基本型

由直线、缓和曲线、圆曲线、缓和曲线、直线依次组合而成的线型称为基本型。在基本型中的缓和曲线的参数如果相等，称为对称基本型；一般情况下参数不相等，可依据具体地形情况而确定，称为不对称基本型。

2. S 型

如图 10-25(a)所示，把两个反向圆曲线中间用两个缓和曲线连接而成的线型，称为 S 型。该缓和曲线的参数可以相等或不等，而且在连接点上允许局部曲率可以不连续变化。

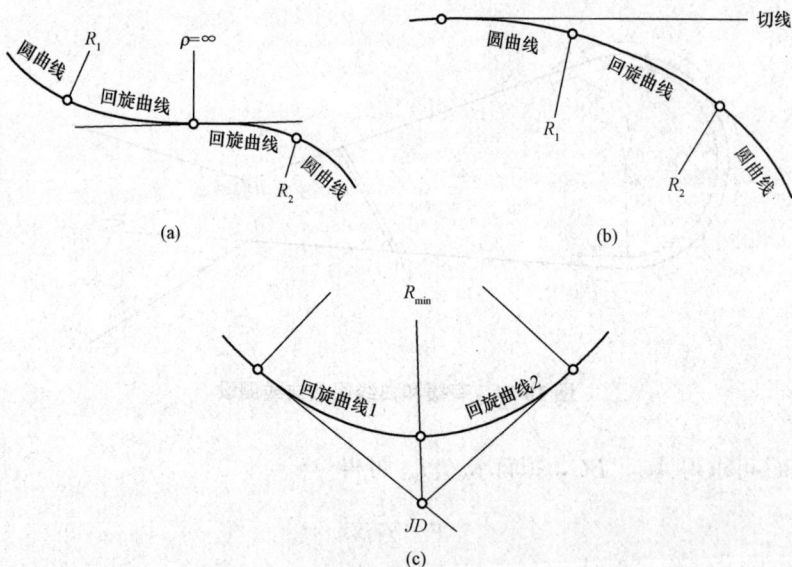

图 10-25　缓和曲线常见线型

(a)S 型；(b)卵型；(c)凸型

3. 卵型

如图 10-25(b)所示，用一个缓和曲线将两个圆曲线连接起来的线型称为卵型。要求两个圆曲线不共圆心，而且将圆曲线延长后，大的圆曲线可以完全包着小的圆曲线；缓和曲线也不是从原点开始，而是曲率半径分别为两个圆半径的其中一段。

4. 凸型

如图 10-25(c)所示，将两条缓和曲线在半径小的点上相互连接而成的线型为凸型。其可以是参数相等的对称型或不等的非对称型。

10.7.2 缓和曲线测设方法

1. 偏角法

(1)计算公式(图 10-26)：

$$\Delta = \frac{\beta}{3} \cdot \left(\frac{l}{L_s}\right)^2 \cdot \frac{180°}{\pi} \qquad (10\text{-}19)$$

$$C \approx l'$$

式中　　l——缓和曲线上任意一点到缓和曲线起点的弧长(m)；

l'——缓和曲线上任意一点到相邻点的弧长(m)；

C——缓和曲线上任意一点到相邻点的弦长(m)；

L_s——缓和曲线长度(m)。

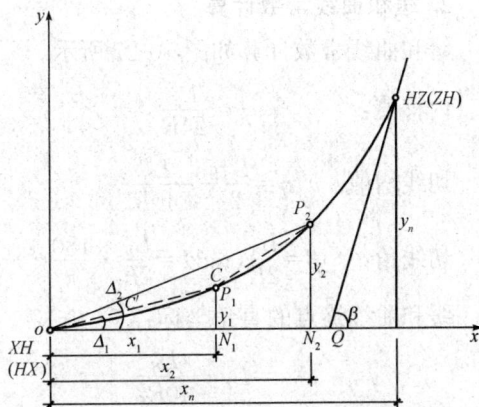

图 10-26　偏角法与切线支距法图示

(2)测设方法。

1)在 $XH(HX)$ 点置经纬仪、后视 JD，配度盘为 $0°00'00''$。

2)拨 P_1 点的偏角 Δ_1(注意正拨、反拨)，从 $XH(HX)$ 量取 C'，与视线的交点为 P_1 点位。

3)拨 P_2 点的偏角 Δ_2，从 P_1 量取 C(P_1、P_2 点桩号差)，与视线的交点为 P_2 点位。

4)重复 3)测到 $HZ(ZH)$ 点。

2. 切线支距法

以 $XH(HX)$ 为原点，切线方向为 x 轴，法线方向为 y 轴建立直角坐标系。

(1)计算公式(图 10-26)：

$$x = l - \frac{l^5}{40R^2L_s^2} \qquad (10\text{-}20)$$

$$y = \frac{l^3}{6RL_s} - \frac{l^7}{336R^3L_s^3} \qquad (10\text{-}21)$$

(2)测设方法。

1)从 $XH(HX)$ 点沿 JD 方向量取 x_1，得 N_1 点。

2)在 N_1 点的垂向上，向曲线的偏转方向量取 y_1，得 P_1 点点位。

3)重复以上步骤测设到缓和曲线终点。

10.7.3 缓和曲线测设数据计算

1. 缓和曲线测设数据计算

$$Rl = A^2 \tag{10-22}$$

$$RL_S = A^2 \tag{10-23}$$

式中　R——缓和曲线上任意一点的曲率半径(m)；

　　　l——缓和曲线上任意一点到缓和曲线起点的弧长(m)；

　　　A——缓和曲线参数(m)；

　　　L_S——缓和曲线长度(m)。

2. 缓和曲线常数计算

缓和曲线常数计算如图 10-27 所示。

内移值：　　$p = \dfrac{L_S^2}{24R}$　　　(10-24)

切线增值：　$q = \dfrac{L_S}{2} - \dfrac{L_S^3}{240R^2}$　　(10-25)

切线角：　$\beta = \dfrac{L_S}{2R}(\text{rad}) = \dfrac{L_S}{2R} \cdot \dfrac{180}{\pi}(°)$　(10-26)

缓和曲线终点的直角坐标：

$$\left. \begin{aligned} X_h &= L_S - \dfrac{L_S^3}{40R^2} \\ Y_h &= \dfrac{L_S^2}{6R} - \dfrac{L_S^4}{336R^3} \end{aligned} \right\} \tag{10-27}$$

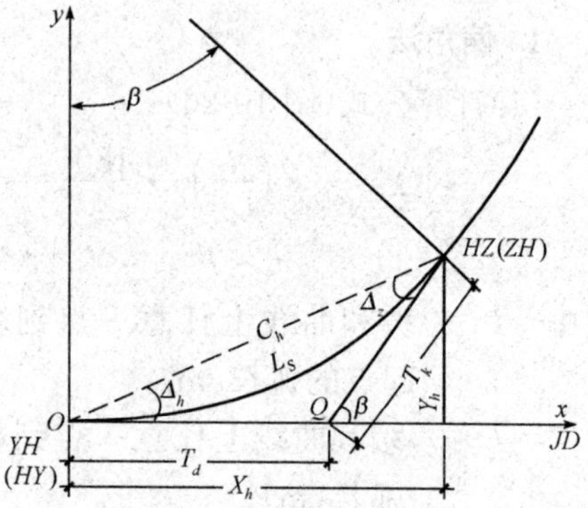

图 10-27　缓和曲线测设

缓和曲线起、终点切线的交点 Q 到缓和曲线起、终点的距离，即缓和曲线的长、短切线长：

$$T_d = \dfrac{2}{3}L_S + \dfrac{L_S^3}{360R^2} \tag{10-28}$$

$$T_k = \dfrac{1}{3}L_S + \dfrac{L_S^3}{126R^2} \tag{10-29}$$

缓和曲线弦长：　　$C_h = L_S - \dfrac{L_S^2}{90R^2}$　　(10-30)

缓和曲线总偏角：　　$\Delta_h = \dfrac{L_S}{6R}(\text{rad})$　　(10-31)

10.7.4　圆曲线带有缓和曲线的测设

1. 设置缓和曲线的条件

设置缓和曲线的条件为

$$\alpha \geqslant 2\beta \tag{10-32}$$

当 $\alpha < 2\beta$ 时，即 $L < L_S$（L 为未设缓和曲线时的圆曲线长），不能设置缓和曲线，需调整 R 或 L_S。

2. 测设数据计算

(1)元素计算公式(图 10-28)：

$$切线长：T_h=(R+p)\tan\frac{\alpha}{2}+q$$

$$圆曲线长：L_y=(\alpha-2\beta)\frac{\pi}{180}R$$

$$平曲线总长：L_h=L_y+2L_S$$

$$外距：E_h=(R+p)\sec\frac{\alpha}{2}-R$$

$$切曲差：D_h=2T_h-L_h$$

(10-33)

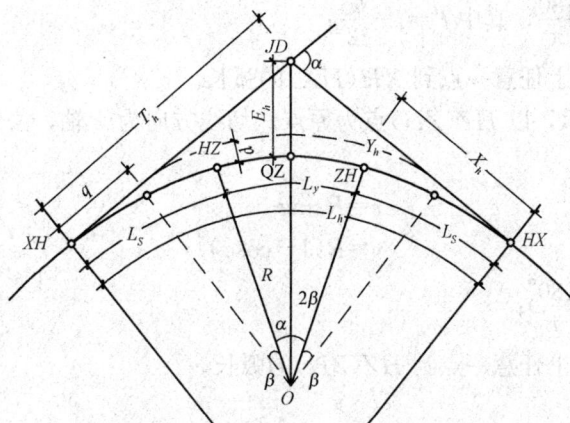

图 10-28　圆曲线带有缓和曲线的测设

（2）桩号推算：

交点桩号：
$$\frac{\begin{array}{r}JD\\-T_h\end{array}}{}$$

第一缓和曲线起点桩号：
$$\frac{\begin{array}{r}XH\\+L_S\end{array}}{}$$

第一缓和曲线终点桩号：
$$\frac{\begin{array}{r}HZ\\+L_y\end{array}}{}$$

第二缓和曲线起点桩号：
$$\frac{\begin{array}{r}ZH\\+L_S\end{array}}{}$$

第二缓和曲线终点桩号：
$$\frac{\begin{array}{r}HX\\-L_h/2\end{array}}{}$$

平曲线中点桩号：
$$\frac{\begin{array}{r}QZ\\+D_h/2\end{array}}{}$$

交点桩号：$\qquad JD$（校核）

3. 测设方法

（1）主点测设。

1）从 JD 向切线方向分别量取 T_h，可得 XH、HX 点；

2）从 XH、HX 点分别向 JD 方向及垂向量取 X_h、Y_h，可得 HZ、ZH 点；

微课：缓和曲线
主点测设

3)从 JD 向分角线方向量取 E_h，可得 QZ 点。

（2）详细测设。

1）切线支距法。

①如图 10-29 所示，以 $XH(HX)$ 点为原点，切线方向为 x 轴，法线方向为 y 轴建立直角坐标系。计算公式如下：

$$\left.\begin{array}{l} x=R\sin\varphi+q \\ y=R(1-\cos\varphi)+p \end{array}\right\} \tag{10-34}$$

微课：缓和曲线
详细测设

式中　　φ——$\varphi=\dfrac{l'}{R}\cdot\dfrac{180}{\pi}$，其中 $l'=l-\dfrac{L_s}{2}$；

　　　　l——主圆曲线上任意一点到 $XH(HX)$ 的弧长。

②如图 10-30 所示，以 $HZ(ZH)$ 点为原点，切线方向为 x 轴，法线方向为 y 轴建立直角坐标系。计算公式：

$$\left.\begin{array}{l} x=R\sin\varphi \\ y=R(1-\cos\varphi) \end{array}\right\} \tag{10-35}$$

式中　　φ——$\varphi=\dfrac{l}{R}\cdot\dfrac{180°}{\pi}$；

　　　　l——主圆曲线上任意一点到 $HZ(ZH)$ 的弧长。

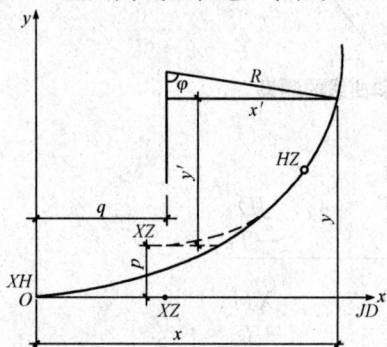

图 10-29　切线支距法（一）　　　　图 10-30　切线支距法（二）

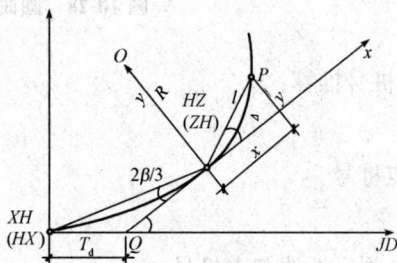

测设方法：

从 $XH(HX)$ 点沿切线方向量取 T_d 找到 Q 点，并用 T_k 校核；再以 Q 点与 $HZ(ZH)$ 为 x 方向，从 $HZ(ZH)$ 量取 x，垂向上量取 y，可测设曲线。

2）偏角法。

①计算公式：

$$\Delta_i=\frac{1}{2}\cdot\frac{l}{R}\cdot\frac{180}{\pi} \tag{10-36}$$

式中　　l——主圆曲线上任意一点到 $HZ(ZH)$ 的弧长。

②测设方法，如图 10-30 所示。

a. 置经纬仪于 $HZ(ZH)$ 点，后视 $XH(HX)$ 点，向偏离曲线方向拨角 $2\beta/3$，倒镜配度盘为 $0°00'00''$；

b. 拨角 Δ_1，从 $HZ(ZH)$ 量取 C_1（C_1 计算公式同单圆曲线）与视线交会出中桩点位 P_1；

c. 按以上步骤测设到 QZ 点。

4. 计算实例

【例 10-1】 JD_{10} 桩号 K8+762.40，转角 $\alpha=20°23'05''$，$R=200$ m，拟用 $L_s=50$ m，试计算主点里程桩并设置基本桩。

解：(1)判别能否设置缓和曲线。

$$\beta=\frac{L_s}{2R}\cdot\frac{180°}{\pi}=\frac{50}{2\times200}\times\frac{180°}{\pi}=7°9'43''$$

因为 $\alpha=20°23'05''>2\beta=14°19'26''$

所以能设置缓和曲线。

(2)缓和曲线常数计算。

$$p=\frac{L_s^2}{24R}=\frac{50^2}{24\times200}=0.52(\text{m})$$

$$q=\frac{L_s}{2}-\frac{L_s^3}{240R^2}=\frac{50}{2}-\frac{50^3}{240\times200^2}=24.99(\text{m})$$

$$X_h=L_s-\frac{L_s^3}{40R^2}=50-\frac{50^3}{40\times200^2}=49.92(\text{m})$$

$$Y_h=\frac{L_s^2}{6R}-\frac{L_s^4}{336R^3}=\frac{50^2}{6\times200}-\frac{50^4}{336\times200^3}=2.08(\text{m})$$

(3)曲线要素计算。

$$T_h=(R+p)\tan\frac{\alpha}{2}+q=(200+0.52)\tan\frac{20°23'05''}{2}+24.99=61.04(\text{m})$$

$$L_y=(\alpha-2\beta)\frac{\pi}{180}R=(20°23'05''-2\times7°9'43'')\times\frac{\pi}{180}\times200=21.15(\text{m})$$

$$L_h=L_y+2L_s=21.15+2\times50=121.15(\text{m})$$

$$E_h=(R+p)\sec\frac{\alpha}{2}-R=(200+0.52)\sec\frac{20°23'05''}{2}-200=3.74(\text{m})$$

$$D_h=2T_h-L_h=2\times61.04-121.15=0.93(\text{m})$$

(4)基本桩号计算。

JD_{10}	K8+762.40
$-)T_h$	61.04
ZH	+701.36
$+)L_s$	50
HY	+751.36
$+)L_y$	21.15
YH	+772.51
$+)L_s$	50
HZ	+822.51
$-)L_h/2$	121.15/2
QZ	+761.935
$+)D_h/2$	0.93/2
JD_{10}	K8+762.40（校核无误）

(5)基本桩设置。

1)从 JD_{10} 分别沿 JD_9 和 JD_{11} 方向量取 61.04 m，可得 XH、HX 点；

2)从 JD_{10} 沿分角方向量取 3.74 m，可得 QZ 点；

3)由 XH、HX 点分别沿 JD_{10} 方向量取 49.92 m 得垂足，再从垂足沿垂向量取 2.08 m，可测设 HZ、ZH 点。

【例 10-2】 某道路如图 10-31 所示，JD_{20} 为双交点，JD_{20A} 桩号为 K5＋204.50，$\alpha_A=51°24'20''$，$\alpha_B=45°54'40''$，$\overline{AB}=121.40$ m，试拟订缓和曲线长，求算曲线半径，计算曲线要素及控制桩量程。

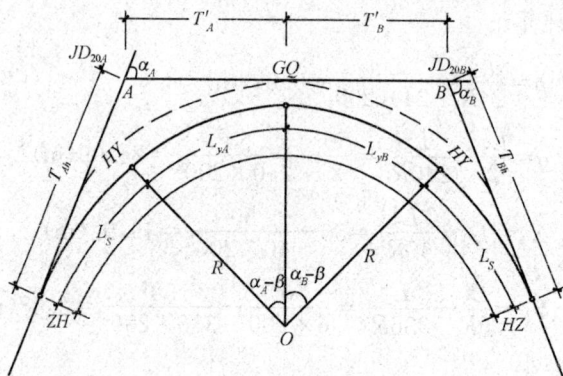

图 10-31 某山岭区三级公路

解： (1)求未设缓和曲线时半径 R'，拟用 L_S。

$$R'=\frac{\overline{AB}}{\left(\tan\dfrac{\alpha_A}{2}+\tan\dfrac{\alpha_B}{2}\right)}$$

$$=\frac{121.40}{\left(\tan\dfrac{51°24'20''}{2}+\tan\dfrac{45°54'40''}{2}\right)}$$

$$=134.16(\text{m})$$

拟用 $L_S=40$ m

$$p=\frac{L_S^2}{24R'}=\frac{40^2}{24\times134.16}=0.50(\text{m})$$

$$R=R'-p=134.16-0.50=133.66(\text{m})$$

(2)核算。

$$p=\frac{L_S^2}{24R}=\frac{40^2}{24\times133.86}=0.50(\text{m})$$

$$T_A'=(R+p)\tan\frac{\alpha_A}{2}=(133.66+0.50)\tan\frac{51°24'20''}{2}=64.58(\text{m})$$

$$T_B'=(R+p)\tan\frac{\alpha_B}{2}=(133.66+0.50)\tan\frac{45°54'40''}{2}=56.82(\text{m})$$

$$T_A'+T_B'=64.58+56.82=121.40(\text{m})=\overline{AB}$$

(3)要素计算。

$$\beta = \frac{L_S}{2R} \cdot \frac{180°}{\pi} = \frac{40}{2 \times 133.66} \times \frac{180°}{\pi} = 8°34'24''$$

$$q = \frac{L_S}{2} - \frac{L_S^3}{240R^2} = \frac{40}{2} - \frac{40^3}{240 \times 133.66^2} = 19.98(\text{m})$$

$$T_{Ah} = (R+p)\tan\frac{\alpha_A}{2} + q = 64.58 + 19.98 = 84.56(\text{m})$$

$$T_{Bh} = (R+p)\tan\frac{\alpha_B}{2} + q = 56.82 + 19.98 = 76.80(\text{m})$$

$$L_{yA} = (\alpha_A - \beta)\frac{\pi}{180}R = (51°24'20'' - 8°34'24'') \times \frac{\pi}{180} \times 133.66$$
$$= 97.58(\text{m})$$

$$L_{yB} = (\alpha_B - \beta)\frac{\pi}{180}R = (45°54'40'' - 8°34'24'') \times \frac{\pi}{180} \times 133.66$$
$$= 87.10(\text{m})$$

$$L_h = L_{yA} + L_{yB} + 2L_S = 97.58 + 87.10 + 2 \times 40$$
$$= 264.68(\text{m})$$

(4)控制桩里程计算。

JD_{20A}	K5+204.50
$-)T_{Ah}$	84.56
XH	+119.94
$+)L_S$	40
HZ	+159.94
$+)L_{yA}$	97.58
GQ	257.52
$+)L_{yB}$	87.10
ZH	+344.62
$+)L_S$	40
HX	+384.62
$-)L_h - T_{Ah}$	-264.68+84.56
JD_{20A}	K5+204.50(校核无误)

项目小结

本项目主要介绍了公路工程概述、交点与转点的测设、转角的测定与路线里程桩的设置、圆曲线的测设、复曲线的测设、回头曲线的测设、缓和曲线的测设等内容。

1. 中线测量的主要内容：测设中线的起点、终点和中间的各交点(JD)与转点(ZD)的位置；测量各转角；中线里程桩和加桩的设置；圆曲线的测设等。

2. 要进行公路中线测量，必须先进行定线测量，即在现场标定交点和转点。

3. 当中线的主点桩设置好后，在路线转折处，为了测设曲线，应测出各交点的转折角(简称转角)。在路线交点、转点及转角测定后，即可进行实地量距，设置里程桩、标定中线位置。

4. 圆曲线的测设一般分两步进行：首先测设曲线的主点，称为圆曲线的主点测设；然后在已测定的主点之间进行加密，按规定桩距测设曲线上的其他各桩点，称为曲线的详细测设。

5. 复曲线的测设主要分为不设缓和曲线的复曲线和设置有缓和曲线的复曲线两种形式。

6. 回头曲线一般由主曲线和两个副曲线组成；主曲线为一转角大于或等于180°(或略小于180°)的圆曲线，副曲线在路线的上、下线各设置一个，为一般圆曲线。

7. 缓和曲线是平面线形中，在直线与圆曲线，圆曲线与圆曲线之间设置的曲率连续变化的曲线。

课后习题

一、填空题

1. 公路工程测量包括_____和_____两大部分。

2. 公路工程路线勘测设计测量的内容主要有_____、_____、_____、地形图测量四部分。

3. 路线中线敷设可采用_____、_____、_____、_____、_____等方法进行。

4. 某桩的桩号为K4+500，表示该桩距起点桩0+000的距离为_____ m。

5. 断链有长链与短链之分，地面里程长于桩号里程称为_____，反之地面里程短于桩号里程称为_____。

二、选择题

1. 凡沿中线地形起伏突变处、横向坡度变化处以及天然河沟处等所加设的里程桩称为( )。

    A. 地形加桩   B. 地物加桩   C. 曲线加桩   D. 关系加桩

2. 沿线中需要特殊控制的建筑物、管线、铁路轨顶等，应按规定测出其高程，其两次测量之差应小于( )cm。

    A. 1   B. 2   C. 3   D. 4

3. 下列不属于缓和曲线的作用的是(   )。

    A. 曲率逐渐缓和过渡　　　　　　B. 离心加速度变化迅速

    C. 有利于超高和加宽的过渡　　　　D. 视觉条件好

三、计算题

1. 已知路线导线的右角 β：(1)$\beta=210°42'$；(2)$\beta=162°06'$。试计算路线转角值，并说明是左转角还是右转角。

2. 已知交点的里程桩号为 K21+476.21，转角 $\alpha_{右}=37°16'00''$，圆曲线半径 $R=300$ m，缓和曲线长 L_S 采用 60 m，试计算该曲线的测设元素、主点里程，并说明主点的测设方法。

3. 已知线路交点的里程桩号为 K4+300.18，测得转角 $\alpha_{左}=17°30'$，圆曲线半径 $R=500$ m，若采用切线支距法测设，试计算各桩坐标，并说明测设步骤。

P185 微课：公路中线测量
习题解析(一)

P185 微课：公路中线测量
习题解析(二)

P185 微课：公路中线测量
习题解析(三)

项目 11　路线纵断面测量

通过本项目的学习，了解纵断面测量任务，纵断面图的组成；掌握基平测量、中平测量，路线纵断面图的绘制。

能够测定中线上各里程桩的地面高程，并绘制路线纵断面图。

11.1　概述

11.1.1　纵断面测量任务

公路工程路线纵断面测量又称中线水准测量，它的任务是在公路中线测定之后，测定中线上各里程桩(简称中桩)的地面高程，并绘制路线纵断面图，用以表示沿路线中线位置的地形起伏状态，常用于路线纵坡设计。

微课：公路路线
纵断面测量

11.1.2　纵断面图的组成

公路工程路线纵断面图是由上、下两部分内容组成的，如图 11-1 所示。

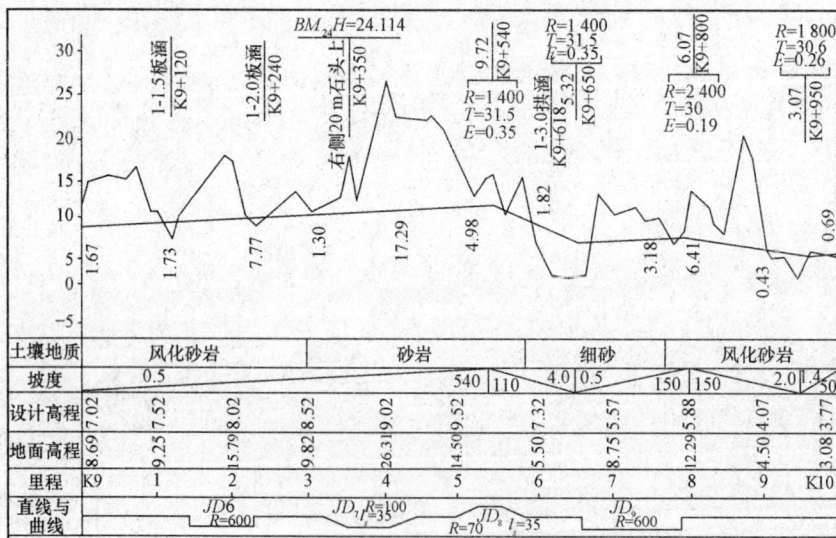

图 11-1　路线设计纵断面图

1. 纵断面图上面部分的内容

公路工程路线纵断面图的上面部分主要由地面线和设计线组成，设计线是根据地面的起伏情况和纵坡的一般规定和要求而设计的。此外，还包括以下内容：

(1)变坡点位置、竖曲线及其要素。

(2)沿线桥涵及人工构造物位置、结构类型、孔数与孔径。

(3)与公路、铁路交叉的桩号及路名。

(4)沿线跨越的河流名称、桩号、常水位和最高洪水位。

(5)水准点位置、编号和标高。

(6)断链桩位置、桩号及长短链关系。

2. 纵断面图下面部分的内容

公路工程路线纵断面图的下面部分主要是用来填写的栏目，主要包括以下几项内容：

(1)土壤地质说明：标明各路段的土壤地质情况。

(2)坡度及坡长：坡度用斜线来表示，从左向右上斜表示上坡，下斜表示下坡。斜线的上面数字表示坡度的百分数，下面数字表示坡长。

(3)设计高程：根据设计的纵坡及平距推算出。

(4)地面高程：根据中平测量成果填写。

(5)桩号里程：根据比例标注中桩位置。

(6)直线与曲线：表明平面线形情况。常用线形的曲率来表示，直线段的曲率为零、圆曲线段为 $\frac{1}{R}$、缓和曲线为渐变 $0 \rightarrow \frac{1}{R}$。曲线向左转曲率向下，向右转曲率向上。

11.2　基平测量

11.2.1　路线水准点的设置

水准点是公路工程高程测量的控制点，在勘测和施工以及竣工运行阶段，都要使用。应根据需要和用途，在布设水准点时，可设置永久性水准点和临时性水准点，路线起点、终点和需要长期观测的重点工程附近，宜设置永久性水准点。永久性水准点需埋设标石，也可设置在永久性建筑物的基础上或用金属标志嵌在基岩上，水准点要统一编号，一般以"BM"表示，并绘点之记。水准点应埋设在不受施工影响、使用方便和易保存之处，若发现原有 BM 点损坏或不当应及时补测，同时在实测中要注明各水准点对应中线里程桩的大约距离。

微课：路线
基平测量

11.2.2　水准点的高程测设

水准点高程测设时，应将起始水准点与附近国家水准点进行连测，以获得绝对高程。如果线路附近没有国家水准点，可以采用假定高程。

根据水准测量的精度要求，往返观测或两个单程观测的高差不符值应满足：

$$\left.\begin{array}{l} f_{h容} = \pm 30\sqrt{L}\,(\text{mm}) \\ f_{h容} = \pm 9\sqrt{n}\,(\text{mm}) \end{array}\right\} \qquad (11\text{-}1)$$

式中　L——单程水准路线长度(km)；

　　　n——测站数。

此外，高差闭合差在容许范围内时，取平均值作为两水准点间高差，否则需重测。最后由起始水准点高程和调整后高差，计算出各水准点的高程。

11.2.3　水准测量的步骤

水准测量的步骤见表 11-1。

表 11-1　水准测量的步骤

序号	水准测量的步骤	内容
1	验收水准点	会同设计单位验收水准点，办理交接手续，准备、检验校正仪器和工具
2	高程复测	用水准仪进行水准点高程复测，同时加密施工用的临时水准点
3	检验精度	检验水准点的精度是否达到要求，超出允许误差范围时，应查明原因并及时报告有关部门
4	中桩高程测量	用水准仪或光电测距仪等做中桩高程测量
5	测设边桩	计算中桩的填挖高，测设边桩
6	检测中桩高程	施工过程中，根据情况检测中桩高程，同时复查临时水准点高程有无变化
7	竣工后	竣工后埋设永久水准点，交付营运单位

11.3　中平测量

11.3.1　一般测量方法及要求

在基平测量的基础上，以两相邻水准点为一测段，从一个水准点开始，逐个测定线路上各中桩处的地面高程，再附合到下一个水准点上。各测段的高差闭合差的容许值为 $\pm 50\sqrt{L}$ 或 $\pm 12\sqrt{n}$。在每一个测站上，应尽量多地观测中桩。

微课：中平测量
相关知识

观测时，可先读取后视点及前视点的读数，这些前后视点称为转点，再读取后、前视点之间中桩尺子上的读数。相邻两转点间所观测的中桩点，称为间视点。观测转点时读数至毫米，视线长不应大于 150 m。间视点的读数即间视读数可取至厘米，视线也可适当放长，立足应紧靠桩边的地面上。

【例 11-1】　图 11-2 所示为中平测量示意，试列出中平测量的计算步骤及测量记录。

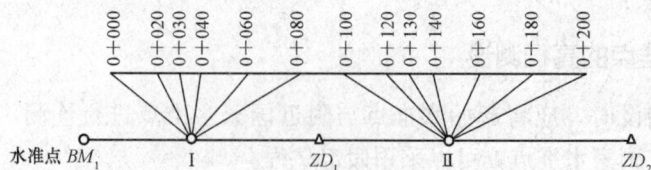

水准点 BM_1　　I　　ZD_1　　II　　ZD_2

图 11-2　中平测量示意

解：（1）将水准仪置于 I 站，调平后，后视水准点 BM_1，读数为 2.384，前视转点 ZD_1，读数为 0.444，并将其读数记入表 11-2 中后视与前视栏。

(2)沿路线中线桩 0+000、0+020、…、0+080 等逐点立尺并依次观测读数为 1.02、1.40、…、0.62，将其读数记入表 11-2 中的中视栏。

(3)仪器搬至Ⅱ站，先观测转点 ZD_1，为后视读数 3.876，再观测转点 ZD_2 为前视读数 1.021，分别记入表 11-2 中后视与前视栏。

(4)沿路线中线桩 0+100、0+120、…、0+200 等逐点立尺并依次观测读数为 0.50、0.55、…、1.04，并将其读数记入表 11-2 中的中视栏。

(5)继续按上述步骤向前观测，直至闭合到水准点 BM_2 上，完成了一个测段的观测工作。

(6)计算测段的闭合差，即中平测段高差与该测段两水准点高差之差。如果在容许误差的范围内，可按下式计算高程，否则重测。

$$视线高程＝后视点的高程＋后视读数$$
$$转点高程＝视线高程－前视读数$$
$$中桩高程＝视线高程－中视读数$$

(7)将计算成果分别记入表 11-2 相应的栏中。

表 11-2　中平测量记录

工程名称：$BM_1 \sim BM_2$　　　　日　期：$20\times\times.\times.\times$　　　　观　测：$\times\times$

仪器型号：DS3-012　　　　天　气：阴　　　　记　录：$\times\times$

测点	水准尺读数/m			视线高/m	高程/m	备注
	后视	中视	前视			
BM_1	2.384			42.507	40.123	绝对高程
0+000		1.02			41.49	
0+020		1.40			41.11	
0+030		0.35			42.16	
0+040		1.91			40.60	
0+060		0.88			41.63	
0+080		0.62			41.89	
ZD_1	3.876		0.444	45.939	42.063	
0+100		0.50			45.44	
0+120		0.55			45.39	
0+130		0.68			45.26	
0+140		0.74			45.20	
0+160		0.86			45.08	
0+180		0.92			45.02	
0+200		1.04			44.90	
ZD_2			1.021		44.918	

11.3.2　用全站仪进行中平测量

用全站仪进行中平测量，一般可在任意控制点安置全站仪，首先利用坐标法或切线支距法放样中桩点。然后利用全站仪高程测量功能和控制点的高程，可直接测得中桩点的地面高程。

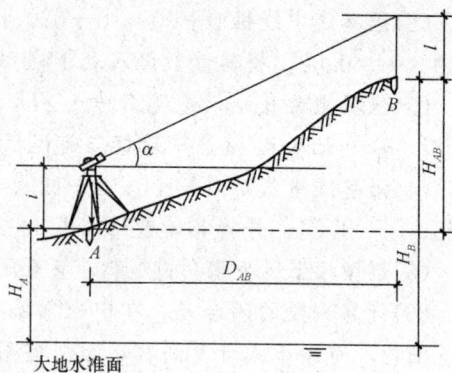

图 11-3 所示为全站仪中平测量示意，设 A 点为已知控制点，B 点为待测高程的中桩点。将全站仪安置在已知高程的 A 点上，棱镜立于待测高程的中桩点 B 点上，量取仪器高 i 和棱镜高 l，全站仪照准棱镜测出竖直角 α，则 B 点的高程 H_B 为

$$H_B = H_A + S \cdot \sin\alpha + i - l \qquad (11\text{-}2)$$

式中　　H_A——已知控制点 A 点高程；

　　　　H_B——待测高程的中桩点 B 点高程；

　　　　i——仪器高度；

　　　　l——棱镜高度；

　　　　S——仪器至棱镜的倾斜距离；

　　　　$α$——竖直角。

图 11-3　全站仪中平测量示意

11.4　路线纵断面图的绘制

11.4.1　纵断面图绘制内容

(1)中桩桩号。按照规定的距离比例尺注明各中桩的桩号。

(2)地面高程。注明对应于各中桩桩号的地面高程。

(3)设计高程。对应中桩处的地面设计高程。

(4)挖填深度。挖填深度应分栏填写。中桩处地面高程与设计高程之差，正数为挖深，负数为填高。

(5)坡度与距离。坡度与距离一般用斜线或水平线表示路段中线设计的坡度大小。沿里程方向向上斜的直线表示上坡(正坡)，向下斜的直线表示下坡(负坡)，水平的直线表示平坡。斜线或水平线上面的数字是表示的坡度的大小(百分比)，下面的数字表示坡长。

(6)直线与曲线。直线与曲线是沿里程桩号表明路线的直线部分和曲线部分的示意图。路线的直线部分用直线表示；曲线部分用折线表示，上凸表示路线右转，下凸表示路线左转，并注明交点编号和圆曲线元素；带有缓和曲线的平曲线还应注明缓和路段的长度，且用梯形折线表示。

11.4.2　纵断面图的绘制与步骤

纵断面图既表示中线方向的地面起伏，又可在其上进行纵坡设计，是路线设计和施工的重要资料，它是以中桩的里程为横坐标，以中桩的地面高程为纵坐标绘制的。为了突出地面坡度变化，高程比例尺比里程比例尺大 10 倍。如里程比例尺为 1∶1 000，则高程比例尺为 1∶100，如图 11-4 所示。绘制步骤如下：

(1)绘制表格。按照选定的里程比例尺和高程比例尺，在毫米方格纸上绘制表格，标出相适宜的纵横坐标值。里程比例尺常用 1∶5 000 或 1∶2 000，相应的高程比例尺为 1∶500 或 1∶200；山岭重丘区里程比例尺常用 1∶2 000 或 1∶1 000，相应的高程比例尺为 1∶200 或 1∶100。

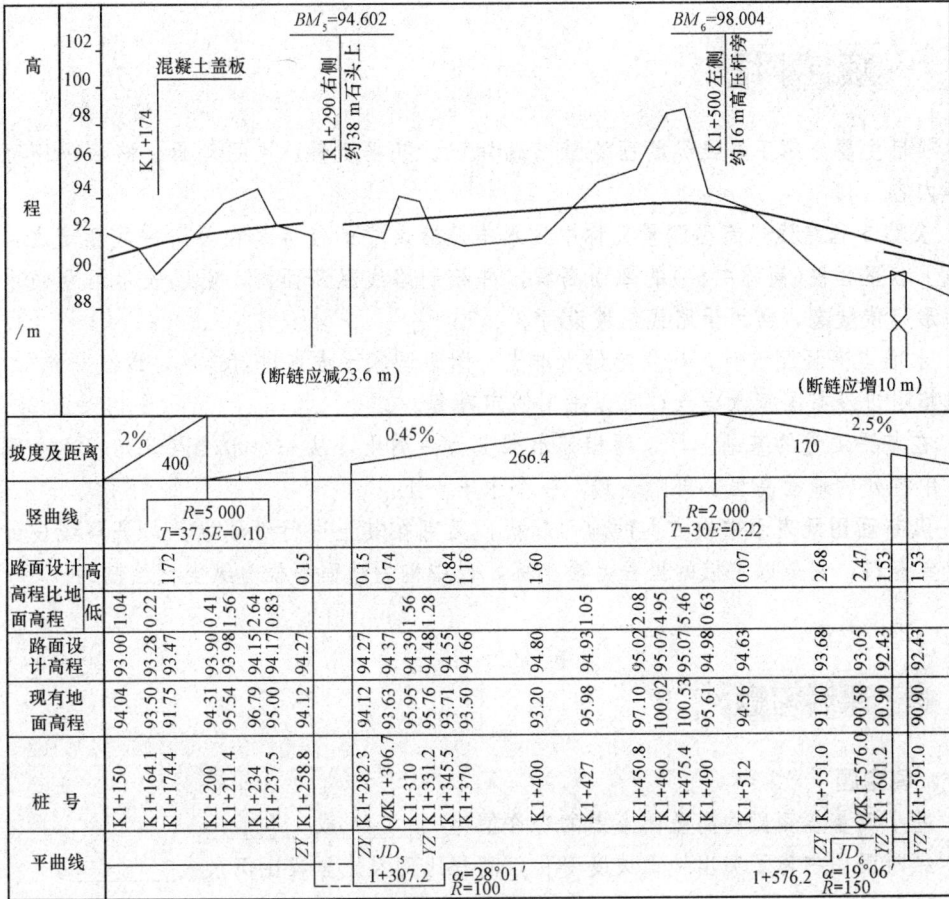

图 11-4　公路纵断面图

纵断面图上部（高程/m，纵轴刻度：102、100、98、96、94、92、90、88）标注：

- $BM_5=94.602$
- $BM_6=98.004$
- 混凝土盖板
- K1+174
- K1+290右侧　约38 m石头上
- K1+500左侧　约16 m高压杆旁
- （断链应减23.6 m）
- （断链应增10 m）

下部表格内容：

坡度及距离： 2% / 400　　0.45% / 266.4　　2.5% / 170

竖曲线： $R=5\,000$，$T=37.5\ E=0.10$　；　$R=2\,000$，$T=30\ E=0.22$

平曲线： ZY　JD_5　$1+307.2$　$\alpha=28°01'$　$R=100$（ZY、YZ）；　JD_6　$1+576.2$　$\alpha=19°06'$　$R=150$（ZY、YZ）

桩号	现有地面高程	路面设计高程	路面设计高程比地面高程 高(+)/低(-)
K1+150	94.04	93.00	低 1.04
K1+164.1	93.50	93.28	低 0.22
K1+174.4	91.75	93.47	高 1.72
K1+200	94.31	93.90	低 0.41
K1+211.4	95.54	93.98	低 1.56
K1+234	96.79	94.15	低 2.64
K1+237.5	95.00	94.17	低 0.83
K1+258.8	94.12	94.27	高 0.15
ZK1+282.3	94.12	94.27	高 0.15
QZK1+306.7	93.63	94.37	高 0.74
K1+310	95.95	94.39	低 1.56
K1+331.2	95.71	94.48	低 1.28
K1+345.5	93.71	94.55	高 0.84
K1+370	93.50	94.66	高 1.16
K1+400	93.20	94.80	高 1.60
K1+427	95.98	94.93	低 1.05
K1+450.8	97.10	95.02	低 2.08
K1+460	100.02	95.07	低 4.95
K1+475.4	100.53	95.07	低 5.46
K1+490	95.61	94.98	低 0.63
K1+512	94.56	94.63	高 0.07
K1+551.0	91.00	93.68	高 2.68
QZK1+576.0	90.58	93.05	高 2.47
K1+601.2	90.90	92.43	高 1.53
K1+591.0	90.90	92.43	高 1.53

（2）填写表格。在坐标系下方绘表，填写里程桩号、地面高程、直线与曲线等相关资料。

（3）绘出地面线。首先在图上选定纵坐标的起始高程，使绘出的地面线位于图上的适当位置。为了便于阅图和绘图，一般将以 10 m 整数倍的高程定在 5 cm 方格的粗线上，然后根据中桩的里程和高程，在图上按纵横比例尺依次点出各中桩地面位置，再用直线将相邻点连接起来，就得到地面线的纵剖面形状。如果绘制高差变化较大的纵断面图，如山区等，部分里程高程超出图幅，则可在适当里程变更图上的高程起算位置，这时，地面线的剖面将构成台阶形式。

$$H_B = H_A + i D_{AB}$$

式中，H_A 为一段坡度线的起点，H_B 为该段坡度线终点，升坡时 i 为正，降坡时 i 为负。

（4）计算各中桩处的填挖尺寸。同一桩号的地面高程与设计高程之差即为该桩号处的挖填深度，正号为挖方深度，负号为填方深度。在图上分栏注明填挖尺寸。

（5）在图上标记有关资料。在图上标记有关资料，如水准点、断链、竖曲线等。

▶ 项目小结

本项目主要介绍了路线纵断面测量基础知识、基平测量、中平测量、路线纵断面图的绘制等内容。

1. 公路工程路线纵断面测量又称中线水准测量，它的任务是在公路中线测定之后，测定中线上各里程桩(简称中桩)的地面高程，并绘制路线纵断面图，用以表示沿路线中线位置的地形起伏状态，常用于路线纵坡设计。

2. 水准点高程测设时，应将起始水准点与附近国家水准点进行连测，以获得绝对高程。如果线路附近没有国家水准点，可以采用假定高程。

3. 在基平测量的基础上，以两相邻水准点为一测段，从一个水准点开始，逐个测定线路上各中桩处的地面高程，再附合到下一个水准点上。

4. 纵断面图既表示中线方向的地面起伏，又可在其上进行纵坡设计，是路线设计和施工的重要资料，它是以中桩的里程为横坐标，以中桩的地面高程为纵坐标绘制的。

▶ 课后习题

一、填空题

1. 基平测量各测段的高差闭合差的容许值为_____或_____。

2. 纵断面图中为了突出地面坡度变化，高程比例尺比里程比例尺大_____。

3. 绘制纵断面图时，山岭重丘区里程比例尺常用_____或_____，相应的高程比例尺为_____或_____。

二、选择题

1. 路线纵断面测量分为中平测量和(　　　)。

A. 水准测量　　　　B. 高平测量　　　　C. 基平测量　　　　D. 高程测量

2. 路线中平测量的观测顺序是(　　　)。

A. 沿路线前进方向按先后顺序观测

B. 先观测中桩点，后观测转点

C. 先观测水准点，后观测转点，再观测中桩点

D. 先观测转点，后观测中桩点

3. 纵断面图采取直角坐标，以(　　　)为坐标绘制的。

A. 里程为横坐标，高程为纵坐标　　　　B. 高程为横坐标，里程为纵坐标

C. 里程为横坐标，高差为纵坐标　　　　D. 高差为横坐标，高程为纵坐标

三、简答题

1. 简述路线纵断面的组成内容。

2. 简述纵断面图绘制内容。

3. 简述纵断面图的绘制步骤。

微课：路线纵断面测量习题解析

项目 12 路线横断面测量

学习目标

通过本项目的学习，了解路线横断面测量的一般规定；掌握横断面方向的测定，路线横断面测量的方法与精度，路线横断面图的绘制。

能力目标

能够测定中线上各里程桩处垂直于中线方向的地形起伏状态，并绘制横断面图。

12.1 概述

横断面测量是测定中线上各里程桩处垂直于中线方向的地形起伏状态，并绘制横断面图，供路基设计、计算土石方数量以及施工放边桩之用。

12.1.1 一般规定

(1)高速、一级、二级公路横断面测量应采用水准仪——皮尺法、GPS-RTK 法、全站仪法、经纬仪视距法、架置式无棱镜激光测距仪法，无构造物及防护工程路段可采用数字地面模型法、手持式无棱镜激光测距仪法；特殊困难地区和三级及三级以下公路，可采用手水准仪法、数字地面模型法和手持式无棱镜激光测距仪法、抬杆法。

(2)横断面中的距离、高差的读数取位至 0.1 m，检测互差限差应符合表 12-1 的规定。

表 12-1 横断面检测互差限差

公路等级	距离/m	高差/m
高速公路，一、二级公路	$L/100+0.1$	$h/100+L/200+0.1$
三级及三级以下公路	$L/50+0.1$	$h/50+L/100+0.1$

注：L 为测点至中桩的水平距离(m)；h 为测点至中桩的高差(m)。

(3)横断面测量的宽度应满足路基及排水设计、附属物设置等需要。

(4)采用无棱镜激光测距仪法测量时，其距离和高差应观测两次，两次读数之差不超过表 12-1 的规定时，取平均值作为最终观测值。

(5)横断面测量应逐桩施测，其方向应与路线中线切线垂直。

(6)横断面测量除应观测高程变化点之间的距离和高差外，还宜观测最远点到中桩的距离和高差，其与高程变化之间的距离和高差总和之差不应大于表 12-1 的规定。

(7)高速公路、一级公路的分离式路基和二、三、四级公路的回头弯路段，应测出连通上、下行路线横断面，并应标注相关关系。

（8）横断面测量应反映地形、地物情况，横断面应在现场点绘成图并及时核对；采用测记法室内点绘时，必须进行现场核对。

（9）采用数字地面模型获取横断面数据时，其航空摄影成图及 DTM 建立除应满足有关要求外，在像片控制测量时应对植被茂密的地段适当加密像控点，在像片调绘时应加强对沿线陡坎、植被、建筑物等的调查，并应对植被茂密、峡谷等地段进行横断面抽查，抽查比例应大于 5%。

12.1.2 横断面方向的测定

1. 直线段上横断面方向的测定

横断面方向即该直线的法线方向。按其测定采用的工具不同有不同的方法：

（1）方向架：将方向架置于待测定的中桩上，用方向架上的一个轴瞄准中线上另一个中桩，则另一个轴所指定的方向为横断面方向，如图 12-1 所示。

（2）方向盘：将方向盘安置于待测定的中桩上，瞄准中线上另一个中桩，则在此方向上偏转 90° 为横断面方向。

（3）经纬仪：置经纬仪于待测定的中桩上，瞄准交点方向，拨 90° 视线方向为横断面方向。如用于施工测量需精确标定时，可采用正倒镜拨 90° 分中。

（4）全站仪：如图 12-2 所示，求 $P(x, y)$ 点横断面方向，先求出 P 点的横断面方向上一点 M（设 $PM=l$）的坐标 (x', y')，再用坐标法在实地上标出 M 点位置，PM 的方向即为 P 点横断面方向。M 点坐标 (x', y') 计算时，已知 $P(x, y)$，$PM=l$，路线方位角 θ；则 PM 方位角为 $\theta_m = \theta \pm 90°$，即，可求出 x'、y'。

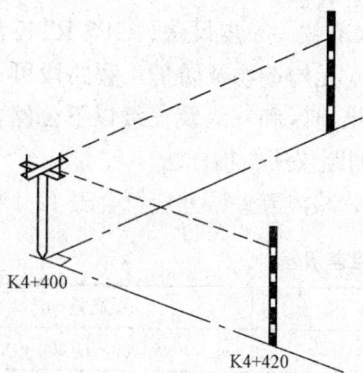

图 12-1　用方向架标定直线段上
横断面方向

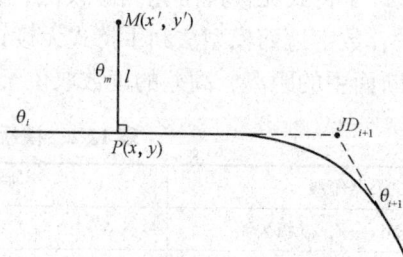

图 12-2　用全站仪标定直线段上
横断面方向

2. 圆曲线段上横断面方向的测定

（1）方向架：如图 12-3 所示，在方向架上加一个活动指针 $z-z$ 轴，架于 ZY 点上用 $y-y$ 轴瞄准交点方向，用活动指针 $z-z$ 轴瞄准待测横断面中桩 A 点，固定 $z-z$ 轴；将方向架移至 A 点用 $x-x$ 轴瞄准 ZY 点，$z-z$ 轴所指方向即横断面方向。

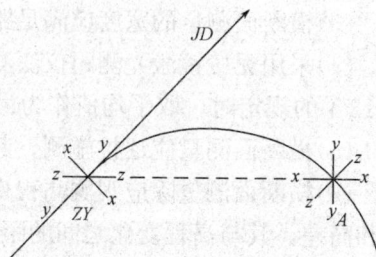

图 12-3　圆曲线段上横断面方向标定

（2）方向盘：在 ZY 点上用 $y-y$ 轴瞄准 JD 方向，$z-z$ 轴瞄准 A 点时，$z-z$ 轴同 $y-y$ 轴的夹角与在 A 点上 $x-x$ 轴瞄准 ZY 点时，$z-z$ 轴同 $y-y$ 轴的夹角相等，且 $z-z$ 轴偏离 $y-y$ 轴方向相同，$z-z$ 轴即为横断面方向。

（3）经纬仪：安置经纬仪于 ZY 点后视 JD 方向，前视 A 点测得 $ZY\sim A$ 弧上的弦切角 γ，移动经纬仪于 A 点后视 ZY 点拨角 $90°\pm\gamma$，视线方向为横断面方向。

（4）全站仪：先求 M 点坐标，然后把 M 点在实地当中放出来。M 点坐标计算时应先把 p 点切线的方位角计算出来，而 P 点切线方位角应通过圆曲线切线（ZY 点切线）方位角和弦切角而求得，然后同直线段求出 M 点坐标$(x'、y')$。PM 为 P 点横断面方向，如图 12-4 所示。

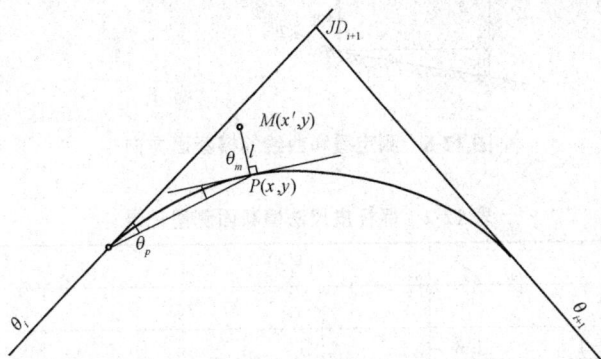

图 12-4　用全站仪标定圆曲线段上横断面方向

3. 缓和曲线段上横断面方向的测定

缓和曲线段上一中桩点处的横断面方向是通过该点指向曲率圆心的方向，即垂直于该点曲率切线的方向。可采用以下方法进行标定，其具体操作步骤如下：

如图 12-5 所示，P 点为待标定横断面方向的中桩点。

（1）按 $\delta=\left(\dfrac{l}{l_s}\right)^2\delta_0=\dfrac{1}{3}\left(\dfrac{l}{l_s}\right)^2\beta_0$，计算偏角 δ_0 并由

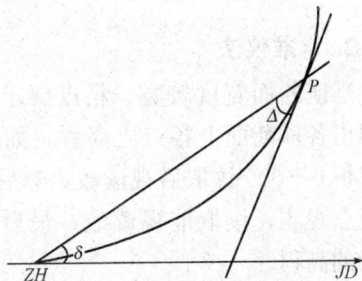

图 12-5　缓和曲线段上横断面方向标定

$\Delta=2\delta$ 计算弦切角 Δ。

（2）将带度盘的方向架（也称圆盘仪）或经纬仪安置于 P 点。

（3）操作定方向架的定向杆或经纬仪的望远镜，照准缓和曲线的 ZH 点，同时使度盘读数为 Δ。

（4）顺时针转动方向架的定向杆或经纬仪的望远镜，直至度盘的读数为 $90°$（或 $270°$）。此时，定向杆或望远镜所指方向即为横断面方向。

12.2　路线横断面测量的方法

12.2.1　横断面测量方法

1. 标杆皮尺法

标杆皮尺法是用标杆和皮尺测定横断面方向上的两相邻坡度变化点之间的水平距离和

高差的一种简易方法。如图 12-6 所示，1、2、3……为横断面方向上选定的变坡点，首先将标杆竖立于 1 点上，从中桩将尺拉平量出至 1 点的距离，而皮尺在标杆上截取的红白格数（每格为 0.2 m）即为两点间的高差。同法测出各段的距离和高差。测量时，按路线前进方向分左、右侧进行。记录格式见表 12-2，通常以分数形式表示各测段的高差和距离，分子表示高差，分母表示距离，高差正号为升高，负号为降低，自中桩由近及远逐段测量与记录。

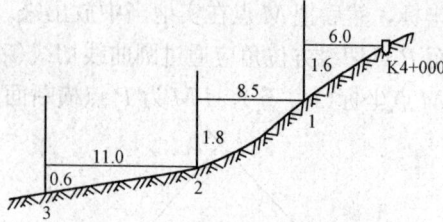

图 12-6　测定缓和曲线的横断面方向

表 12-2　标杆皮尺法横断面测量记录

左侧			桩号	右侧			
...				...			
$\dfrac{-0.6}{11.0}$	$\dfrac{-1.8}{8.5}$	$\dfrac{-1.6}{6.0}$	K4+000	$\dfrac{+1.5}{4.6}$	$\dfrac{+0.9}{4.4}$	$\dfrac{+1.6}{7.0}$	$\dfrac{+0.5}{10.0}$
平　$\dfrac{-0.5}{7.8}$	$\dfrac{-1.2}{4.2}$	$\dfrac{-0.8}{6.0}$	K3+980	$\dfrac{+0.7}{7.2}$	$\dfrac{+1.1}{4.8}$	$\dfrac{-0.4}{7.0}$	$\dfrac{+0.9}{6.5}$

2. 水准仪法

当横断面宽度较宽、精度要求较高时，可采用水准仪测出各横断面上各点之高程，如图 12-7 所示。先后视里程桩 0+000 读取后视读数，然后将各横断面各点作为前视点观测，读取前视读数，最后计算出各种横断面上各点的高程。

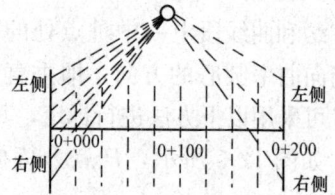

图 12-7　水准仪法

3. 经纬仪法

在地形复杂、横坡大的地段均采用经纬仪法。测量时，将经纬仪安置于中桩处，利用视距法测量横断面至各变坡点至中桩的水平距离和高差，记录格式见表 12-3。

表 12-3　横断面(经纬仪法)测量记录表

测站	仪高/m	目标	中丝/m	上丝/m 下丝/m	尺间隔 L /m	竖盘读数	竖直角 α	平距/m	高差/m	备注
I	1.45	1	1.870	1.962 / 1.783	0.179	87°20′15″	2°39′45″	17.86	0.41	
		2	1.664	1.703 / 1.634	0.069	88°30′12″	1°29′48″	6.89	−0.03	

4. 全站仪法

全站仪法与经纬仪法的操作相似，全站仪是使用光电测距法测出地形特征点与中桩的平距和高差。

5. 钓鱼法

在山区，经常遇到悬崖或陡峭河崖，可在皮尺头上系一重物。将皮尺从花杆端头吊至测点，而且使花杆水平，即可读出平距与高差，据以确定各测点的空间位置。

6. 坐标法

在平坦地区和路基填筑(路基相对平整)过程中，可以采用坐标法进行测设横断面边桩位置。根据路线中桩的已知数据计算整桩的中心桩点坐标和边桩坐标。可以采用编程计算器自行编制程序，计算中桩各点坐标和各边桩坐标，将中桩和横断面边桩坐标计算完成后，利用已知导线网中的导线点，或加密导线点，导线点和测设中桩和横断面边桩要尽量相互通视，再根据坐标反算，计算坐标方位角和距离，然后按极坐标法进行测设，之后按标杆皮尺法测量表格进行记录。坐标法可同时测设中桩和横断面桩位，节省时间，提高工作效率，特别是随着电子全站仪的普及，该方法在高速公路和市政道路中得到广泛的应用。

12.2.2 横断面测量的精度

横断面测量的精度见表 12-4。

表 12-4　横断面测量的精度

项目距离	允许误差±1%
高程	当横向坡度小于 $1:3$ 时，$0.5l/100+0.05$ m 当横向坡度为 $1:3\sim1:1$ 时，$0.75l/100+0.10$ m 当横向坡度大于 $1:1$ 时，$1.0l/100+0.15$ m
注：表中 l 为测点至中线的距离，单位为 m。	

12.3　路线横断面图的绘制

横断面图一般采用现场边测边绘的方法，以便及时对横断面进行核对。但也可在现场记录，回到室内绘图。绘图比例尺一般采用 $1:200$ 或 $1:100$。绘图一般在毫米方格纸上，以中线地面点为原点，以水平距离为横轴，高程为纵轴，绘制的比例尺及格式应按设计要求确定。

绘图时，首先以一条纵向粗线为中线，一纵线、横线相交点为中桩位置，向左右两侧绘制，先标注中桩的桩号，再用铅笔根据水平距离和高差，按比例尺将各变坡点标在图纸上，然后用格尺将这些点连接起来，即得到横断面的地面线。

在一幅图上可绘制多个断面图，各断面图在图中的位置，一般要求绘图顺序是从图纸左下方起自下而上，由左向右，依次按桩号绘制。图 12-8 所示为横断面图绘制的图样，图中粗实线为半填半挖的路基断面。根据横断面的填挖面积及相邻中桩的桩号，算出施工的土石方量。

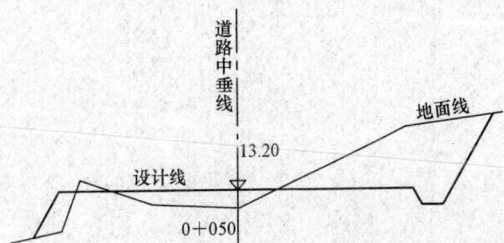

图 12-8　横断面图与设计路基图

📁 ➤ 项目小结

本项目主要介绍了路线横断面测量的基础知识、路线横断面测量方法、路线横断面图的绘制等内容。

1. 横断面方向的测定可分为直线段上横断面方向的测定、圆曲线段上横断面方向的测定、缓和曲线段上横断面方向的测定等情况。

2. 横断面测量的方法有标杆皮尺法、水准仪法、经纬仪法、全站仪法、钓鱼法、坐标法。

3. 横断面图一般采用现场边测边绘的方法，以便及时对横断面进行核对。

📁 ➤ 课后习题

一、填空题

1. 采用无棱镜激光测距仪法测量横断面时，其距离和高差应观测_____次。

2. 横断面测量应_____施测，其方向应与路线中线切线_____。

3. _____是用标杆和皮尺测定横断面方向上的两相邻坡度变化点之间的水平距离和高差的一种简易方法。

二、选择题

1. 横断面的绘图顺序是从图纸的(   )依次按桩号绘制。

    A. 左上方自上而下，由左向右   B. 右上方自上向下，由左向右

    C. 左下方自下而上，由左向右   D. 右上方自上向下，由右向左

2. 横断面图的绘制一般采用(   )的比例。

    A. 1∶1 000   B. 1∶2 000   C. 1∶500   D. 1∶200

三、简答题

1. 如何利用坐标法进行横断面测量？

2. 如何利用水准仪法进行横断面测量？

3. 如何利用钓鱼法进行横断面测量？

项目 13　公路工程施工测量

学习目标

　　通过本项目的学习，了解路基、底基层、基层及路面施工测量的仪器、任务与测量资料的准备；掌握施工导线点的复测、施工水准点的复测、施工导线点及水准点的加密，公路工程施工放样基本技术，路基、底基层、基层及路面施工测量的方法。

能力目标

　　能够进行公路工程路基、底基层、基层及路面施工测量。

13.1　公路工程施工控制点的复测与加密

13.1.1　施工导线点的复测

1. 测设设计

（1）测设方案。适用公路工程加密施工导线点的方案如下：

1）附合导线。

2）闭合导线。

3）支导线。

当施工标段只有一组起始数据时，可考虑选用闭合导线；当施工标段有两组起始数据时，可考虑选用附合导线；当有特殊需要，可考虑选用支导线。

（2）测设方法。导线测量实际上就是测量相互连接折线的夹角和边长，简单地说就是测距和测角。

（3）测量精度。施工导线点是施工放样的依据，只有保证了施工导线点的精度，才能保证施工放样的精度。规范规定："土(石)方路基中线允许偏差为 50 mm"。控制点的精度越高，则放样的精度就越高；控制点的精度越低，则放样的精度就越低。但把控制点的精度定得过高，就会增加控制测量的工作量；反之，就可能造成施工质量事故。

　　为了减小测量误差对放样点的影响，可适当增加控制点密度，缩小控制的距离；在测量施工控制导线时，必须满足规范对导线点的测量精度。

2. 施工导线点的选点要求

（1）通视良好。在实际测量中，施工导线点位一般都选在路堑堑顶的适当位置以及路线结构物附近，不易受施工干扰的地方。所布设的导线点既要保证导线点间能够通视，又要保证能够通视路线上中桩、边桩及坡脚桩，以便于放线，不需转站。

（2）点位桩要埋设牢固，便于保护。从施工初始到工程竣工，施工导线点使用频繁，路层每一结构面都要反复使用。

（3）施工导线点位的密度应能满足施工现场放样需要。施工导线点间距宜为 400～800 m。

（4）点位桩编号要醒目，易识别。

（5）便于仪器架设，方便观测员操作。

3. 施工导线点近似平差的计算

施工导线点的计算，就是依据起算数据和观测要素，通过近似平差，求得导线边的方位角和导线点的平面坐标 x、y 值，从而获得公路施工沿线基本平面的控制测量成果。

（1）导线方位角的计算公式：

$$T_{i-(i+1)} = T_{(i-1)-i} + \beta_i - 180° \tag{13-1}$$

式中 $T_{i-(i+1)}$——导线前一边的方位角（即所求边的方位角）；

$T_{(i-1)-i}$——导线后一边的方位角（即已知边的方位角）；

β_i——导线点的水平角（即观测角）。

导线前一边的方位角等于后一边的方位角加上导线点的左角减去 180°。

（2）导线点坐标 x、y 的计算公式：

$$\left. \begin{array}{l} 纵坐标：x_i = x_{i-1} + \Delta x_{(i-1)-i} \\ 横坐标：y_i = y_{i-1} + \Delta y_{(i-1)-i} \end{array} \right\} \tag{13-2}$$

式中 Δx——纵坐标增量：$\Delta x = D \times \cos T$（$D$ 为导线边长，T 为该导线边方位角）；

Δy——横坐标增量：$\Delta y = D \times \sin T$（$D$ 为导线边长，T 为该导线边方位角）。

导线上任一点的坐标 x、y 值等于后一点的坐标 x、y 值加上坐标增量。

由于观测角和边长不可避免地存有测量误差，所以计算结果就有角度闭合差和纵、横坐标闭合差。消除这些误差，就是对观测角和坐标增量进行改正，这种改正工作就叫作导线测量平差计算。导线测量平差计算有严密平差和近似平差两种方法。公路施工导线测量采用近似平方差方法。所谓导线测量近似平差，是将角度闭合差平均分配于各观测角，然后用平差角和导线边长（平距）计算坐标增量，再对坐标增量进行改正，最后求得各导线点的最后坐标。导线平差的目的，就是消除测角、测边误差，并在平差后进一步提高测量精度。

（3）角度闭合差的计算公式：

1）附合导线角度闭合差的计算公式：

$$f_\beta = T_起 + \sum \beta_i - n \times 180 - T_终 = T_起 - T_终 + \sum \beta_i - n \times 180 \tag{13-3}$$

或用下式：

$$f_\beta = T_{终计} - T_{终已} \tag{13-4}$$

式中 $T_起$——附合导线已知起始边的方位角；

$\sum \beta_i$——附合导线所有观测角（左角）之和；

$T_{终已}$——附合导线已知附合（终）边的方位角：$T_{终计} = T_起 + \sum \beta_左 - n \times 180$；

n——附合导线观测角个数。

2）闭合导线角度闭合差的计算公式：

内角闭合差：

$$f_\beta = \sum \beta_i - (n-2) \times 180 \tag{13-5}$$

外角闭合差：

$$f_\beta = \sum \beta_i - (n+2) \times 180 \tag{13-6}$$

式中　$\sum \beta_i$——闭合导线实测的 n 个内（或外）角总和；

n——测角个数；

$(n-2) \times 180$——闭合导线内角理论值；

$(n+2) \times 180$——闭合导线外角理论值。

(4)观测角改正数 V_β 的计算公式。导线测量近似平差法观测角改正数是将角度闭合差 f_β 以相反的符号平均分配到各观测角中，即

$$\left.\begin{array}{l} V_\beta = -f_\beta/n \\ \sum V_\beta = -f_\beta \end{array}\right\} \tag{13-7}$$

(5)坐标增量闭合差的计算公式。对于闭合导线其纵横坐标增量的理论值应为 0：

$$\left.\begin{array}{l} \sum \Delta X_{理} = 0 \\ \sum \Delta Y_{理} = 0 \end{array}\right\} \tag{13-8}$$

由于导线边长测量的误差，坐标增量计算值总和 $\sum \Delta X_{计}$ 与 $\sum \Delta Y_{计}$ 一般不等于 0，其值称为坐标增量闭合差：

$$\left.\begin{array}{l} f_x = \sum \Delta X_{计} \\ f_y = \sum \Delta Y_{计} \end{array}\right\} \tag{13-9}$$

对于附合导线其纵横坐标增量的理论总和等于终点与起点的坐标差值：

$$\left.\begin{array}{l} \sum \Delta X_{理} = x_{终} - x_{起} \\ \sum \Delta Y_{理} = y_{终} - y_{起} \end{array}\right\} \tag{13-10}$$

由于测边测角有误差，所以算出的坐标增量总和 $\sum \Delta X_{计}$、$\sum \Delta Y_{计}$ 与理论值不相等，其差值即为坐标增量闭合差：

$$\left.\begin{array}{l} f_x = \sum \Delta X_{计} - \sum \Delta X_{理} = \sum \Delta x_{计} - (x_{终} - x_{起}) \\ f_y = \sum \Delta y_{计} - \sum \Delta y_{理} = \sum \Delta y_{计} - (y_{终} - y_{起}) \end{array}\right\} \tag{13-11}$$

(6)坐标增量改正数 V_x、V_y 的计算公式。导线测量近似平差计算坐标增量改正数 V_x、V_y 是按边长比例将增量闭合差反号分配到各增量中。导线任一边的增量改正数：

$$\left.\begin{array}{l} V_x = -f_x / \sum D \times D_i \\ V_y = -f_y / \sum D \times D_i \end{array}\right\} \tag{13-12}$$

因此：

$$\left.\begin{array}{l} \sum V_x = -f_x \\ \sum V_y = -f_y \end{array}\right\} \tag{13-13}$$

(7)导线测量的精度评定。导线测量近似平差结果的精度评定指标如下：

1)导线测角中误差。附(闭)合导线测角中误差:

$$m''_{\beta_{\dagger}} = \pm \sqrt{(f_\beta^2/n)N} \tag{13-14}$$

式中　f_β——附(闭)合导线的角度闭合差;

　　　n——导线折角个数;

　　　N——附合(或闭合)导线的条数。

独立复测支导线的测角中误差:

$$m_{\beta_{\dagger}} = \pm \sqrt{[\Delta T^2/(n_1+n_2)]/N} \tag{13-15}$$

式中　ΔT——两次测量的方位角之差;

　　　n_1、n_2——复测支导线第一次和第二次测量的角数;

　　　N——复测支导线条数。

2)导线全长绝对闭合差 f:

$$f = \sqrt{f_x^2 + f_y^2} \tag{13-16}$$

3)导线的全长相对闭合差 $1/T$:

$$1/T = f/[D] = 1/([D]/f) \tag{13-17}$$

式中　$[D]$——导线边长的总和。

13.1.2　施工水准点的复测

1. 施工测量方案

(1)选择施工水准点的测量方案,应考虑以下因素:

1)施工标段已知水准点的利用情况,前后相邻标段水准点的分布情况。

2)施工标段挖方段、填方段情况。

3)施工高程放样的需求。

(2)根据施工规范,结合实际测量经验,适用公路工程加密水准点的施工方案如下:

1)附合水准路线。

2)闭合水准路线。

3)复测水准路线,即往返测水准路线。

2. 水准点的选点要求

(1)施工水准点的密度。施工水准点的密度要保证只架设一次仪器就可以放出或测量出所需要的高程。实践说明,在一个测站上水准测量前后视距最好控制在 80 m,超过 80 m则要转站才能继续往前测,如果多次转下去,误差便会增大,因此为了保证测量精度,施工水准点间距最好在 160 m 范围内,在纵坡较大地段,水准点间距可根据实际地形缩短。

(2)在重要结构物附近,宜布设两个以上的施工水准点。放样时,用一点放样,另一点检查,从而保证放样高程的准确性。

(3)施工水准点位布设地点。在公路施工实践中,加密施工水准点位通常是布设在填方路段两侧 20 m 范围内的田坎,与挖方段交接的山坡脚(适宜高填方)等易于保存的地方。当路基工程施工完毕,挖方段的排水沟或坡脚砌体也已施工完毕,水准点位可布设在水泥抹面上。埋设好的水准点要做点标记,方便以后使用。

(4)施工水准点应埋设牢固,并要妥善保护。实践证明,施工水准点自开工到竣工验收都在发挥作用,所以点位一定要牢固。用大木桩做点位桩时,要打深打牢,并用水泥加固,椿顶上钉一铁钉，测水准时标尺立在钉上。

(5)施工水准点位编号要醒目、清晰、易识别。施工中多用"千米数＋号码"来编号，例如 K80＋100$_{左-1}$、K120＋135$_{右-2}$ 等，并把高程用红漆写在点号旁边，这样就能很明显地知道该点是控制哪一段的，并可校核所用点高程是否用错。

3. 水准点测量精度

为了满足高程放样精度，可以适当合理地增加施工水准点的密度，应保证只架设一次仪器，就能放出或测出所需点的高程，这样，水准控制点与放样点距离不超过 80 m，既方便放样操作又能保证放样精度；在测量施工水准控制路线时，必须满足规范规定的水准点闭合差：

(1)高速、一级公路为 $\pm 20\sqrt{L}$ mm，L 为水准路线长度，以 km 计。对于复测支水准路线，L 取单程长度。

(2)二级以下公路为 $\pm 30\sqrt{L}$ mm，L 意义同上。

4. 水准路线的计算

在公路工程施工实践中，施工水准测量计算常采用水准近似平差法。其计算步骤如下：

(1)仔细认真检查外业各项记录和高差计算值，如发现问题，应查明原因予以纠正。

(2)绘制外业测量水准线路草图，在草图上注明已知水准点名及高程，注明各相邻点间的实测高差和距离，标明水准线路测量往返测方向。

(3)在草图上进行水准线路平差计算。

(4)编制水准点成果表。

5. 施工水准点复测

施工水准点的高程用水准测量方法测定。水准测量就是利用水准仪、水准尺或塔尺(公路施工测量常用的尺子)测定点间高差的方法。只要知道一点的高程，就可计算出另一点的高程。

公路施工测量采用向前法和复合水准测量法，而最常用的是向前法，它是用水准仪进行高程放样的主要方法，而复合水准测量仅用于建立施工标段高程控制系统。

(1)图 13-1 所示是一条附合水准测量路线，图中 BM_{C-47} 是起始已知水准点，BM_{C-48} 是终止已知水准点。其间 1、2、3 各点是转点，K90＋1、K90＋2 和 K91＋1 是欲加密的施工水准点。只要测出 BM_{C-47} 和转 1 点的高差，再测出转 1 点和转 2 点的高差……然后，通过平差计算，就可算出线路各点的高程。

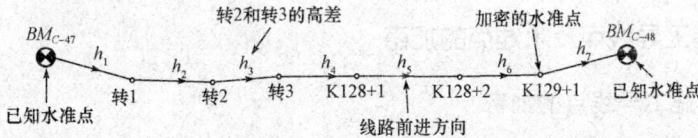

图 13-1　附合水准线路示意

(2)图 13-2 所示是一条闭合水准路线，图中 BM_{C-49} 是该线路起点，又是终点，即由该点出发，中间经过许多点又回到该点。只要测出各段高差，然后经过平差计算就可算出各点高程。

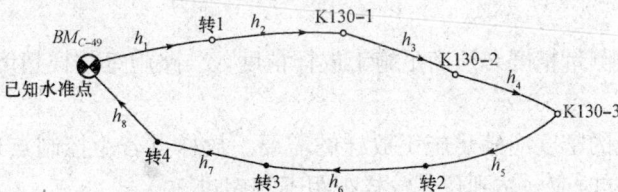

图 13-2　闭合水准路线示意

(3)图 13-3 所示是一条复测支水准路线。图中 BM_{C-49} 是已知水准点，从此点出发向外支转 1、转 2、K129-3、K129-2 各点，此时可往返测出各点之间高差，然后通过计算就可得出各点高程。为了保证观测质量，所测往返值较差不得大于 5 mm。

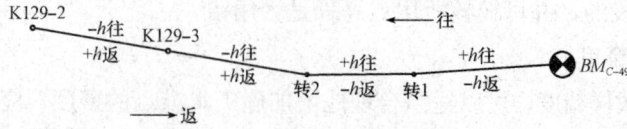

图 13-3　复测支水准路线示意

6. 水准测量应注意的事项

(1)用复合法测量线路施工控制水准点高程时，每测站应尽量将仪器架在两点中间，在这种情况下读数可消除地球曲率和折光的影响。

(2)仪器要安装稳妥，在松散地方架设仪器，脚架一定要踩牢。来回走动照准标尺读数时不要碰动脚架。架设仪器应尽量避免骑腿，随时检查脚腿螺旋有没有拧紧。

(3)测设施工控制水准线路，最好使用一对 3 m 双面水准尺。可当站校核所测两点高差是否正确。

(4)扶尺员一定要把尺子立在点位上，并且要立垂直，为避免尺子前倾后仰、左右歪斜，可在尺边挂垂球控制。

(5)读数时，一定要用微倾螺旋使附合气泡两个半边气泡吻合，读数时要果断、要稳、要准，而且不准凑数。用自动安平水准仪读数时，一定要使圆气泡居中。

(6)转点要选在坚硬牢固的路缘石等处，如用尺垫一定要踩牢，转动尺面要提起尺子。

(7)用塔尺进行水准测量时，一定要每节到位，测量过程中要经常检查抽出的尺有没有降落。

(8)读数后应立刻记在手簿上，不应记在心中或随便什么纸上，不准靠回忆补记。记录要整洁、清晰、真实。记错应重新记录，不准涂改。

(9)转站时，一定要检查本站记录，计算无误后才可挪动仪器迁站。

(10)为了避免仪器被日晒，测量时要撑伞。夏季中午气流不稳定，仪器横丝跳动，不宜进行水准测量。

13.1.3　施工导线点及水准点的加密

13.1.3.1　施工导线点的加密

(1)公路工程施工测量与其他测量工作一样，同样必须遵循由高级到低级的原则，即必须从设计单位提供的导线点到施工导线点。

(2)施工导线点的坐标系统必须与设计单位提供的导线点的坐标系统一致。

(3)施工导线起终点必须是设计单位提供的导线点，测定结果的限差，应符合规范要求。

(4)施工导线的测量精度必须满足施工放样精度，公路施工放样精度是依据规范规定的验收限差确定的。

(5)施工导线点的密度应满足施工放样的需要。放样点若距控制点远，则放样不方便，并且误差也大。放样时应一站到位，放样视距不宜超过 500 m。

13.1.3.2　施工水准点的加密

1. 水准点加密的目的和作用

加密水准点的目的就是方便施工中的高程放样，并保证高程放样精度。在公路施工过程中，繁复而大量的工作是测量路线中桩、边桩等桩位高程。在施工中，挖方段、填方段高度每天都在变化着。由于中桩、边桩等桩位易被破坏(挖掉或填掉)，这就要求施工测量员必须在施工中随时掌握挖、填方的高度，以确保挖、填方工作的顺利进行，防止不必要的超填超挖或欠填欠挖，避免造成不必要的损失。

在施工标段增设加密合理的水准点位，既能方便地就近控制路线的高程，又能保证施工精度。实践证明，公路勘察设计阶段所布设水准点的分布和密度都不能满足施工现场的需要，所以施工单位必须根据该作业段的实际需要、实际地形来加密水准点。把加密的水准点叫作施工水准点。

2. 施工水准点的加密原则

(1)加密施工水准点须遵循由高级到低级的原则，即必须从设计单位提供的水准点到施工水准点。

(2)施工水准点高程系统必须与设计单位提供的高程系统相一致，不得自行选择高程系统。

(3)施工水准点的起终点必须是设计单位提供的水准点，测定结果的限差应符合规范要求。

(4)施工水准点的测量精度必须满足高程放样精度。高程质量标准见表 13-1 和表 13-2。

表 13-1　土(石)方路基允许偏差

项次	检查项目	允许偏差	
		高速公路、一级公路	其他公路
1	纵断高程/mm	10～30	10～50
2	平整度/mm	30	50
3	横坡/%	±0.5	±0.5

表 13-2　公路路面质量标准

工程种类	项目	质量标准		
		高速公路	一级公路	其他公路
底基层	纵断高程/mm	+5　−15	+5　−15	+5　−20
	平整度/mm	15	15	20
	横坡度/%	±0.3	±0.3	±0.5
基层	纵断高程/mm	+5　−10	+5　−10	+5　−15
	平整度/mm	10	10	15
	横坡度/%	±0.3	±0.3	±0.5

(5)施工水准点的密度应能满足高程放样的需要。

13.2　公路工程施工放样基本技术

公路工程施工测量放样技术就是应用普通测量中的放样方法，把设计图纸上公路线形的位置、形状、宽度和高低在施工现场标定出来，以作为施工的依据。在公路施工过程中，放样技术对保证施工进度和工程质量起着重要作用。

13.2.1 施工测量放样要求

（1）为了保证放样精度，满足施工需求，在放样前，施工测量员必须熟悉和掌握设计图表中有关线路平面位置和高程的数据。

（2）编制本标段放样已知导线点成果表，放样点位中桩、边桩坐标及高程表，然后结合施工现场条件和施工单位现有测量仪器的情况，选择合适的放样方法。

（3）放样工作中的任何疏忽或精度不够，都必将影响施工的进度和质量，造成工程返工及经济损失。施工测量人员必须具有高度的责任心和熟练的放样操作技术。

13.2.2 施工测量平面位置放样技术

1. 全站仪"坐标放样"测量技术

（1）仪具与材料准确。

1）全站仪、棱镜及测杆。

2）对讲机两部。

3）锤子、竹签、红布条或红塑料条、油性号笔、铁凿子、小钢尺、铁钉或钢钉、测伞等。

（2）放样资料准备。

1）施工标段导线点成果表（包括设计单位提供的导线成果及自己加密的施工导线点成果）。

2）直线、曲线及转角成果表。

3）依据"路面横断面结构图"计算的各层路面的宽度。

4）编制放样点的坐标值表，即将施工所需的中桩、左右边桩坐标值编制成表，方便在测站上输入计算机。

5）编制放样作业图，图上应注明测站点、后视点以及该测站控制放样的范围。

（3）操作方法与步骤。全站仪坐标法放样的操作方法视仪器类型不同而略有差异，具体操作方法可查阅仪器说明书。

2. 经纬仪配合测距仪用极坐标法放样点位技术

（1）仪具与材料准备。

1）经纬仪、测距仪。

2）棱镜、测杆。

3）对讲机。

4）铁锤、凿子、木桩、红布条（或红塑袋条）、油性号笔、小钢尺、铁钉（或钢钉）、测伞等。

（2）放样资料准备。

1）导线点成果表。

2）放样点数据表，即放样点边长、角度计算表。

3）编制放样作业图，图上应注明测站点、后视导线点以及测站点控制放样的范围；如果技术熟练，放样经验丰富，也可将此步骤省略。

（3）操作方法与步骤。

1）在测站点（施工导线点）安置经纬仪，对中、精确整平。

2)精确照准后视导线点，将后视点方向置成 0°00′00″。

3)拨转放样点方向水平角值。

4)指挥扶立棱镜者在放样点方向上安置棱镜并照准。

5)用测距仪照准棱镜并测平距，计算实测平距与放样值之差，指挥扶立棱镜者在放样点方向前后移动，致使实测平距与放样值之差为零时，测杆底部尖端即为放样点的位置，指挥打桩、写里程桩号、扎红布条。第一个放样点结束，接着用同样方法放出以下各点。

6)在上述第 4)步完成后，也可用以下方法操作：用测距仪照准棱镜后，用测距仪遥控器向测距仪输入放样点的距离放样值，然后按测距仪放样键，则测距仪显示值等于实测值减放样值，如果显示值为正则指挥扶立棱镜者在放样点方向向后移动；如果显示值为负则指挥扶立棱镜者在方向线上向前移动；直至显示值为零，则测杆下部尖端就是该点桩位。

3. 经纬仪视距法放样技术

(1)仪具与材料准备。

1)经纬仪。

2)视距尺或水准标尺、塔尺、30～50 m 钢尺。

3)铁锤、凿子、竹签、红布条或红塑料袋条、油性号笔、小钢尺等。

4)测伞。

(2)放样资料准备。

1)导线点成果表。

2)放样点成果表，即放样点边长，角度计算表。

3)编制放样作业图，图中应注明测站点、后视点、放样点。

(3)经纬仪视距法的平距、高程计算公式。

1)视距法平距计算公式：

$$D = KL\cos^2 E = 100\text{ABS}(A-B)\cos^2 E \tag{13-18}$$

式中　K——仪器乘常数，光学经纬仪 $K=100$；

　　　L——上下丝在标尺上所截取的分划数值，$L = A - B = \text{ABS}(A-B)$，$A$ 为上丝读数，B 为下丝读数；

　　　E——竖直角，在读取 L 时，仪器中丝位置竖盘测得垂直角；

　　　ABS——绝对值符号。

2)视距法高差计算公式：

$$h = \frac{1}{2}KL\sin^2 E + I - T \tag{13-19}$$

或

$$h = D\tan E + I - T \tag{13-20}$$

式中　I——仪高，用小钢尺量至 mm；

　　　T——觇高，在读取 L 时，中丝读数，可直接读至 mm 单位。

(4)操作方法与步骤。

1)将经纬仪安置在施工导线点上，精确对中整平，如一并进行高程放样，则要量取仪器高。

2)照准后视导线点，将后视方向置成 0°00′00″。

3)拨转放样点方向水平角值。

4）指挥立尺员在放样点方向上立视距尺，读记上、中、下三丝读数，并读记中丝垂直角。

5）用计算机"视距法平距、高差计算程序"计算实测平距与放样值之差，指挥量尺员在望远镜照准方向上前、后移动，一直到实测平距与放样值之差为零时，标尺底部中点即为放样点的位置，指挥打桩，编写里程桩号，扎红布条。

4. 经纬仪钢尺偏角法放样技术

（1）偏角法圆曲线放样方法。

1）仪具与材料的准备。

①经纬仪。

②钢卷尺。

③铁锤、凿子、竹签、红布条或红塑料条、油性号笔、小钢尺、测伞。

2）放样资料的准备。

①交点里程桩号及坐标值、曲线起终点里程桩号及坐标值。

②交点、曲线起终点位实地考察，若点位损坏，则应恢复。

③编制偏角法放样数据表。

④编制偏角法放样作业图，图中应注明测站点、后视点以及放样点拨角方向。

3）方法步骤。用经纬仪钢尺偏角法放样圆曲线上各点平面位置，是把一条圆曲线分成两个半圆曲线来进行操作的，即 ZY 至 QZ 及 YZ 至 QZ。下面以直圆设站放至曲中为例说明，如图 13-4 所示。

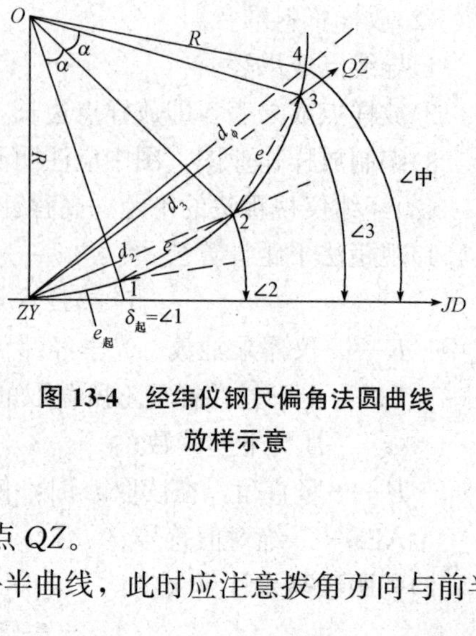

图 13-4　经纬仪钢尺偏角法圆曲线放样示意

①在直圆点设站，照准交点，置水平度盘为 $0°00'00''$。

②拨偏角 $\delta_起 = \angle 1$，自 ZY 点起，指挥量尺员在望远镜视线方向上用钢尺量取 $l_起$ 得曲线上 1 点，打桩写号。

③拨总偏角 $\angle 2$，指挥钢尺零点对准 1 点，量取 l 长度与视线相交得 2 点。

④用同样方法可测出其余各点，一直放到曲线中点 QZ。

⑤将仪器搬至曲线另一端 YZ，同以上方法放另一半曲线，此时应注意拨角方向与前半曲线相反。

⑥当从 ZY 及 YZ 向 QZ 测设曲线时，由于放样误差的影响，由 ZY 放的 QZ_1 与由 YZ 放的 QZ_2 不在同一点上，其偏距 f 称为闭合差，若沿线路方向（纵向）闭合差 f_x 小于 1/2 000，沿曲线半径方向（横向）闭合差 f_y 小于 10 cm 时，可根据曲线上各点到 ZY（或 YZ）的距离，按长度比例进行分配。

（2）偏角法放样有缓和曲线圆曲线的方法。

1）仪具与材料的准备同圆曲线放样。

2）放样资料的准备同圆曲线放样。

3）放样方法步骤。

①由 ZH 放至 HY 的操作方法步骤：缓和曲线部分放样是将经纬仪架设在直缓点 ZH

上，置水平度盘为 $0°00'00''$，照准 JD 切线方向，然后逐点拨转缓和曲线上各点偏角值与相关距离相交获得缓和曲线上各点平面位置的。具体操作方法步骤与圆曲线放样基本相同。

②由 HY 放至 QZ 的操作方法步骤：圆曲线部分的测设，首先是缓圆点 HY 切线的设置。现场作业中，常用下述方法设置 HY 点的切线，如图 13-5 所示。

将经纬仪安置在 HY 点，置水平度盘为 (β_0-i_0)，后视直缓点 ZH，将水平制动钮固定，纵转望远镜，度盘读数为 $0°00'00''$ 时，望远镜视线方向即为 HY 点的切线方向；注意：(β_0-i_0) 正拨、反拨，当曲线在切线左侧为反拨，应置度盘为 $360°-(\beta_0-i_0)$ 后视照准 ZH 点；曲线在切线右侧为正拨，置度盘为 (β_0-i_0) 后视 ZH 点。

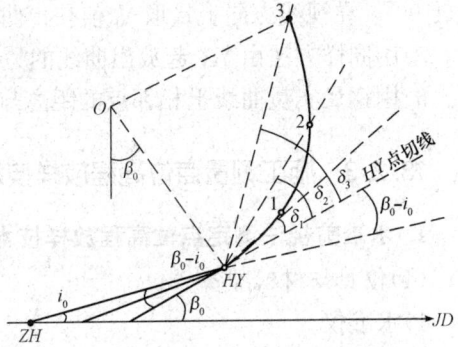

图 13-5　缓圆点切线的设置

用上述方法设置 HY 点切线方向后，即可按圆曲线放样操作方法，逐点拨转总偏角，并以相应距离与各点偏角方向相交获得曲线上其余各点，直至 QZ 点。半条曲线放完后，仪器迁至 HZ 点，用上述方法放出圆曲线的另一半，应特别注意的是，偏角的拨转方向、切线的设置方向均与前半条曲线相反。当从 HY 点及 YH 点放到曲中点 QZ 时，应检查其闭合差，并进行分配调整。

5. 经纬仪钢尺切线支距法放样技术

(1)仪具与材料的准备。

1)经纬仪。

2)钢卷尺。

3)铁锤、凿子、竹签、红布条或红塑袋条、油性号笔、小钢尺、铁钉或钢钉、测伞、直角木尺。

(2)放样资料的准备。

1)圆曲线半径，圆心角；缓和曲线长度。

2)交点，ZY、YZ 点的实地位置。

3)编制放样点数据表，即把根据切线支距法计算公式计算的曲线上各放样点的 x_i、y_i 值编制成表，便于现场查取数据。

4)绘制放样示意图，图上应标明设站点、切线方向以及各放样点的 x、y 值。

(3)放样操作方法(图 13-6)。

1)在直角坐标原点 ZY 设站，照准 JD 点，即设置 ZY 点的切线方向，自 ZY 点起置钢尺于切线上。

2)自 ZY 点起沿钢尺(切线方向)按 l_i 量出 20 m、40 m、…，直至曲中点 QZ，并用带红布条的钢钉临时标出各点位置。

3)从以上各点退回 l_i-x_i，得出曲线上各点至切线的垂足，用竹签临时标定。

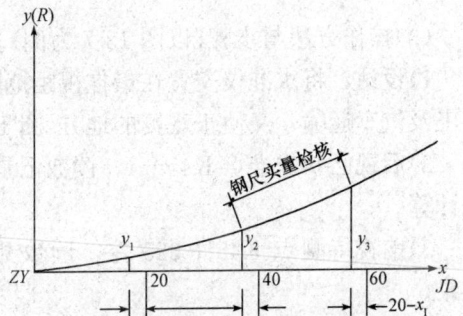

图 13-6　切线支距法放线

4)在各点处过垂足用直角尺作切线的垂线，在曲线的方向上量出相应 x_i 的 y_i 值，得曲线上各点，如果精度要求高，并且 y_i 较长，可在垂足处架设经纬仪，0°时照准 ZY 或 JD，拨转 90°，在视线方向上量取 y_i 值获得曲线上各点位，并打竹签固定。

5)用同样方法由 YZ 起放出曲线的另一半。

6)用钢尺实量曲线上相邻点的距离与 x_i 比较以进行检核。

13.2.3 施工测量点位高程放样技术

1. 水准前视法测定点位高程放样技术

(1)仪具与材料准备。

1)水准仪。

2)塔尺、小钢尺。

3)测伞、油性号笔、托尺板。

(2)资料的准备。

1)已知水准点成果表，表中除点名高程外还应详细注明点位所在地，以便寻用。

2)施工标段线路中桩设计高程及左、右边桩设计高程表。

3)"前视法"外业测量记录簿，簿中项目应有后视已知水准点高程，后视读数、前视读数、计算的实测高程、设计高程、桩号里程、左中右位置、观测员、观测时间、填挖高度等。注意：桩位设计高程应事先填入表中，这样每测一桩位高程，便可立即判定该桩挖填高度。

4)绘制施工标段竖曲线变坡点图，如图 13-7 所示。

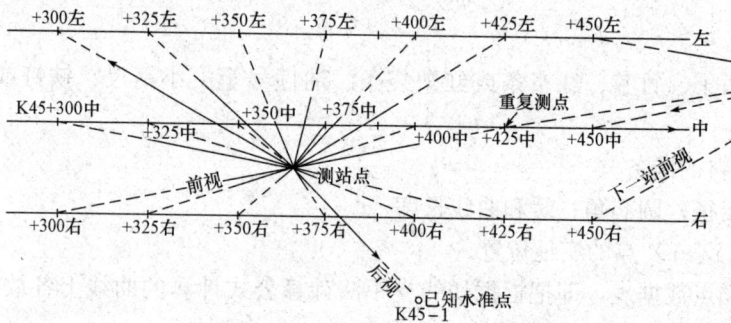

图 13-7 前视法一个测站点上测定线路桩位高程示意

(3)操作方法与步骤(以图 13-7 为例)。

1)设站，将水准仪安置在最佳视距范围(仪器距待测点，后视点 80 m 内)，并且不影响施工及汽车运输，又便于观测的地方(图 13-7 中的测站点)。

2)后视已知水准点 K45-1，读数记录，并将已知水准点高程、后视标尺读数输入计算机计算。

3)前视待测点 K45+325 左，读数并记录；同时输入计算机，即可算出该点高程并记录。

4)继续前视待测点 K45+325 中及右，读数记录，并输入计算机，算出 K45+350 中及右高程，并记录。

5)扶尺员前进至 K45＋350，观测员继续前视读数并记录，输入计算机，算得高程，不过此时照准标尺读数依次为 K45＋350 的右、中、左桩。

6)同上述操作，直至观测至 K45＋425 左、中、右。

7)再一次照准后视已知水准点，读取后视读数与开始时后视读数比较，若相等或差值不大于 2 mm 则说明起算后视读数正确。

8)上述一个测站观测完毕，若要立即提供桩位挖填高度，指导施工，则应在测站上观测过程中，或观测结束立即计算出 $\pm h = H_设 - H_实$，为"＋"则填，为"－"则挖。

9)用油性号笔在桩位竹签上画出加了松铺高的填方高，若为挖，则在竹签上写明该桩位的下挖深度。

10)上述工作完毕，迁至下一测站。

2. 公路施工高程放样方法

(1)用点位地面实测高程进行高程放样的方法与步骤。

1)用前视法测出待放样点地面高程，称为地面实测高程 $H_测$。

2)计算待放样点设计高程 $H_设$ － 实测高程 $H_测 = V$。

3)依据 V 值在待放样点上的竹桩侧面画"线"或写"数"，一般情况下，V 值为正，表示该点位应填 V 值，才可达到该点设计高程，用划线法在竹桩侧面表示；当 V 值为负，则表示该点需下挖 V 值后，才可达到测点设计高度，画线并写数在竹桩侧面表示。

4)由于填料为松方，所以应考虑松铺系数 i(图 13-8)。

(2)用点位桩顶实测高程进行高程放样的方法与步骤。

1)用前视法测出待放样点的竹(木)桩顶面的高程，称作桩顶实测高程 $H_顶$。

2)计算待放样的设计高程 $H_设$ － 桩顶实测高程 $H_顶 = V$ 值；V 为"＋"，由桩顶上量；V 为"－"，由桩顶下量。

3)依据 V 值在待放样点上竹(木)桩侧面划线或写数表示待放样点设计高程位置。

4)上述 3)小钢尺由桩顶下量 V 值画的线是待放样点的设计高程面，公路施工中是指经碾压后应达到的设计位置，由于填料是松方，因此施工填料时应考虑松铺系数，所在竹(木)桩侧面还应画上由地面量至桩顶下量线高×松铺系数的线条(图 13-9)。

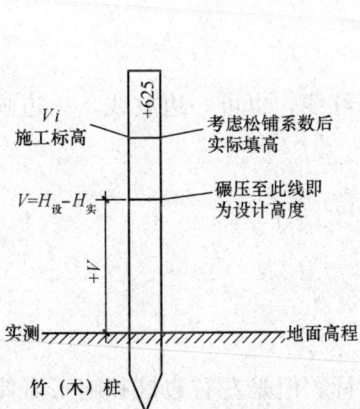

图 13-8　桩上画线表示放样高度

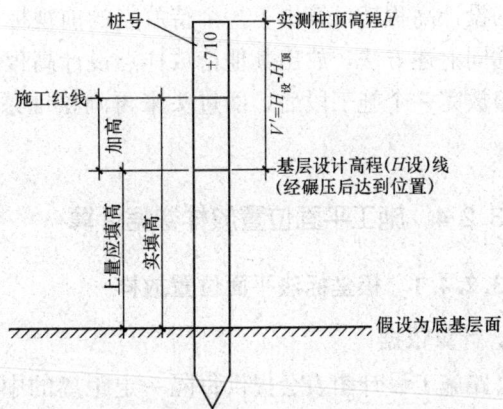

图 13-9　桩顶测高进行高程放样示意

(3)用待放样点"视线高"进行高程放样。

1)"视线高"放样的依据。

①待放样点的设计高程。

②已知水准点的高程(施工中称为后视点)。

③已知水准点的标尺读数(称为后视读数)。

2)计算"视线高"的公式。

根据公式：
$$H=Z+C-D \tag{13-21}$$

式中　Z——已知水准点高程；

　　　C——已知水准点上标点的读数；

　　　D——待放样点尺上的读数。

假令 H 为待放样点上的设计高程，则待放样点上水准尺的读数(前视读数)D_i：
$$D_i=Z+C-H_{i设} \tag{13-22}$$

式中　Z——已知水准点高程；

　　　C——已知水准点水准尺读数(后视读数)；

　　$Z+C$——仪器的视线高；

　　　$H_{i设}$——待放样点的设计高程。

3)一个测站上"视线高"法高程放样的方法与步骤。

①设站：照准后视点，读取水准尺读数 C；开机，选择"视线高"计算程序，输入后视点高程 Z 和后视读数 C。

②用程序计算待放样点视线高 D：确定待放样点桩号，将其设计高程 H 输入程序，计算机立即可算出前视标尺读数 D。

③前视照准放样点水准尺，指挥立尺员沿点位上竹(木)桩侧面上下移动水准尺，同时托尺员应用小托板紧紧托住尺底部，跟着尺子上下移动，当尺上读数为 D 时，停止移动，此时拿走标尺、在托板固定处画红线，则此红线即表示待放样点设计高程。

④为了检核所画红线是否正确，则令托板靠在红线处，令标尺立其上，读取标尺读数 D' 与计算之 D 比较，若 $|D'-D| \leqslant 2$ mm，则表示正确，可转入下一待放样点。

⑤计算下一个放样点的前视标尺读数，此时计算机中 Z、C 值不变，只要输入下一个待放点的设计高程就可算出下一个待放点的前视标尺读数。

⑥同上述方法，放出其他待放样点设计高程位置。

4)放完一个施工段后，回过头来再画松铺系数加高红线，也可一边放线，一边画加高红线。

13.2.4　施工平面位置放样数据计算

13.2.4.1　极坐标法平面位置放样

1. 计算依据

公路施工设计图表会提供每隔一定距离的中桩点坐标。但是左右边桩和施工需要的加桩，则需自己计算。

总之，用极坐标法放样点的平面位置，必须依据设计单位提供的"导线点坐标"和"逐桩坐标表"计算出相关点位间的距离和角度。

2. 计算方法

已知导线点坐标和待放样点的坐标，计算其间距和方位角，采用坐标反算方法。

(1)坐标方位角计算公式：

$$\tan T'_{导-放}=\frac{Y_放-Y_导}{X_放-X_导}=\frac{\Delta y_{放-导}}{\Delta x_{放-导}} \tag{13-23}$$

按下式计算夹角 β_i（图13-10）：

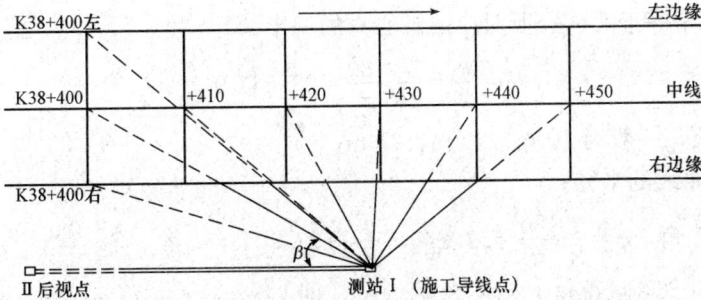

图 13-10 极坐标法放样示意

$$\beta_i=T'_{导-放}-T_{I-II} \tag{13-24}$$

如果直接用方位角放样方向线，则可用 β_i 测量角度检查所放方向正确性。即

$$\beta_i=\beta_测 \tag{13-25}$$

(2)导线点至待放样点之间距离用下式计算：

$$D=\frac{y_放-y_导}{\sin T_{导-放}}=\frac{x_放-x_导}{\cos T_{导-放}}=\sqrt{(\Delta y_{放-导})^2+(\Delta x_{放-导})^2} \tag{13-26}$$

应用式(13-23)计算的 T 值，根据 Δy、Δx 所在象限来判断方位角。判断方法见表13-3。

表 13-3 根据 Δy、Δx 所在象限判断方位角

直线方向线	Δy	Δx	方位角	备注
象限 I 10°～90°	+	+	$T=T'$	
象限 II 90°～180°	+	−	$T=180°-T'$	
象限 III 180°～270°	−	−	$T=180°+T'$	
象限 IV 270°～360°	−	+	$T=360°-T'$	

13.2.4.2 坐标法平面位置放样

1. 计算依据

坐标法放样是对坐标放样测量的习惯叫法，是利用先进的全站仪在实地设定其坐标值为已知的待放样点。这里的关键词是"坐标值为已知的点"，因此，公路施工放样前，必须预先准备好待放样点的坐标值。

现代公路设计应用计算机进行辅助计算，由设计单位提供的施工设计图表："直线、曲线及转角表""导线点坐标"及"逐桩坐标表"等均给出了交点、导线点的坐标，直线及曲线也给出每隔一定距离的中线桩位坐标值以及曲线要素。所以，可根据施工需要计算出加桩及左右边桩的坐标值。

2. 计算方法

直线线路上点的坐标简单易算，施工中常用 f_x－4500PA 计算机程序计算直线、曲线上点位中桩及边桩坐标的方法。

13.2.4.3 偏角法、切线距法测设曲线数据计算

1. 偏角法平面放样数据计算公式

（1）偏角计算公式。圆曲线的偏角就是弦线和切线的夹角，以 δ 表示，偏角在几何上称为弦切角，弦切角等于弧（弦）所对应的圆心角的一半。

$$\delta=\frac{\varphi}{2}=\frac{l}{2R}\frac{180}{\pi}=28.647\ 9\ \frac{l}{R} \tag{13-27}$$

式中　l——弧长，一般为 10 m、20 m、25 m；

　　　R——圆曲线的半径；

　　　φ——圆心角，$\varphi=\frac{l}{R}\frac{180}{\pi}=57.295\ 8\ \frac{l}{R}$；

　　　δ——偏角，当圆曲线上各点等距离时，即 $l=l_1=l_2=l_3=l_n$ 时，则 $\delta_1=\delta_2=\delta_3=\delta_n=\delta$，但曲线的起点 ZY（或终点 YZ）不是整数，所以在曲线两头就出现小于等距离 l 的弧长，这时计算偏角时，应分别算出曲线起点第一段的偏角 $\delta_{起}$ 和曲线终点最后一段的偏角 $\delta_{终}$。

$$\left.\begin{aligned}\delta_{起}&=28.647\ 9\ \frac{l_{起}}{R}\\[2mm]\delta_{终}&=28.647\ 9\ \frac{l_{终}}{R}\end{aligned}\right\} \tag{13-28}$$

（2）曲线上各点的总偏角计算。

$$\left.\begin{aligned}\angle 1&=\delta_{起}\\\angle 2&=\delta_{起}+\delta=\angle 1+\delta\\\angle 3&=\delta_{起}+2\delta=\angle 2+\delta\\\angle 4&=\delta_{起}+3\delta=\angle 3+\delta\\&\vdots\\\angle n&=\delta_{起}+(n-1)\delta=\angle(n-1)+\delta\end{aligned}\right\} \tag{13-29}$$

（3）弦长计算。偏角计算中 l 为弧长，而放样量距打桩需用弦长。当曲线各点间距离相等时，弦长用 $D=2R\sin\delta$ 计算；当曲线起终点偏角为 $\delta_{起(终)}$，则弦长用 $D=2R\sin\delta_{起(终)}$ 计算（因为圆曲线的半径 R 通常都比较大，相对来说，弧长比较小，故认为弦长与弧长相等）。

2. 缓和曲线上各点的偏角值计算

（1）计算范围。

1）缓和曲线上各点偏角是指缓和曲线上任一分点 K 与 ZH 或 HZ 点的连线相对于切线的偏角。

2）缓和曲线上各点的偏角计算范围是指 ZH 至 HY 和 HZ 至 YH。

（2）缓和曲线上各点偏角值的计算公式：

$$i_k=\frac{l_k^2}{6Rl_0}\frac{180}{\pi}=57.295\ 78\ \frac{l_k^2}{6Rl_0} \tag{13-30}$$

式中　i_k——缓和曲线上任意一点的偏角值；

　　　l_k——缓和曲线上任一分点 K 与 ZH（或 HZ）的连线的长度（m）；

　　　R——圆曲线的半径（m）；

　　　l_0——缓和曲线长度（m）；

　　　57.295 78——$\dfrac{180}{\pi}$（$\pi=3.141\ 59$）。

当 l_k 为 ZH 至 HY，或 HZ 至 YH 长度时，用式（13-30）计算得 $i_k=i_0$：

$$i_0=\frac{1}{3}\beta_0\frac{180}{\pi}=\frac{l_0}{6R}\frac{180}{\pi}=57.295\ 78\frac{l_0}{6R} \tag{13-31}$$

$$\beta_0=\frac{l_0}{2R} \tag{13-32}$$

3. 切线支距法平面放样数据计算

（1）计算范围。直角坐标法进行曲线平面位置放样的计算范围：

1）对于没有缓和曲线的圆曲线计算范围是 ZY、QZ、YZ 整条圆曲线。

2）对于有缓和曲线的圆曲线计算范围是分两部分进行（圆曲线和缓和曲线两部分）。

缓和曲线计算范围是 ZH 至 HY、HZ 至 YH；圆曲线计算范围是 HY 至 QZ 至 YH。

（2）计算公式。利用先进的科学计算机可以很方便准确地计算出直角坐标法放样所需的任一 i 点的 x、y 值。

1）圆曲线直角坐标法公式：

$$\left.\begin{aligned}x_i&=l_i-\frac{l_i^3}{6R^2}+\frac{l_i^5}{120R^4}\\y_i&=\frac{l_i^2}{2R}-\frac{l_i^4}{24R^3}+\frac{l_i^6}{720R^5}\end{aligned}\right\} \tag{13-33}$$

式中　l_i——曲线上任一点 i 距离 ZY（或 YZ）的弧长（m），$l_i=|i$ 的里程桩号$-ZY$（或 YZ）的里程桩号$|$；

　　　R——圆曲线半径（m）。

2）缓和曲线直角坐标法公式：

$$\left.\begin{aligned}x_i&=l_i=\frac{l_i^5}{40R^2l_0^2}+\cdots\\y_i&=\frac{l_i^3}{6Rl_0^2}\end{aligned}\right\} \tag{13-34}$$

式中　l_i——缓和曲线上任一点 i 距 ZH（或 HZ）的曲线长（m），$l_i=|i$ 的里程桩号$-ZH$（或 HZ）里程$|$；

　　　R——圆曲线半径（m）；

　　　l_0——缓和曲线长度（m）。

　　　$l_0=|ZH$ 的里程$-HY$ 的里程$|=|HZ$ 的里程$-YH$ 的里程$|$

13.2.5　施工高程放样数据计算

13.2.5.1　线路直线圆曲线高程放样数据计算

1. 计算依据

设计图上的线路直线段是前后相邻变坡点之间的距离；圆曲线是直圆（ZY）到圆直（YZ）

之间的距离。计算线路直线段、圆曲线段上任一中桩设计高程的依据是线路直线变坡点的里程、变坡点的高程及纵坡度。而计算边桩设计高程的依据是中桩设计高程、中桩至边桩的距离及横坡度(路拱)。当该施工标段没有变坡点时，经常采用该标段起点或终点里程桩号、相应标高及纵坡度为起算数据。

2. 计算范围

图 13-11 所示是设计图上表示相邻纵坡段连接示意。图中 K68+160、K68+530、K68+820 是前、中、后三个变坡点，其相应高程是 124.380、127.120、121.430，连接相邻纵坡段的是三条竖曲线。由于竖曲线上的设计高程需另行计算，所以计算相邻纵坡段设计高程时，必须弄清楚计算范围。

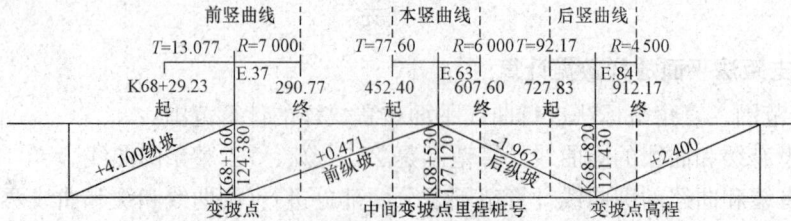

图 13-11　线路相邻直线圆曲线设计高程计算范围示意

由图 13-11 可知，中间变坡点前纵坡段计算范围是 290.77 至 452.40 这一直线段，即前竖曲线终点里程桩至中间竖曲线起点里程桩之间是 161.63 m。

中间变坡点后纵坡段计算范围是 607.60 至 727.83 这一直线段，即中间竖曲线终点里程桩至后竖曲线起点里程桩之间是 120.23 m。

弄清了纵坡段的计算范围，还必须弄清前纵坡及后纵坡的坡度大小。

3. 计算公式

(1)中桩设计高程计算公式：

$$H_{中} = H_{变} + |M - N| I \tag{13-35}$$

(2)左右边桩设计高程计算公式：

$$H_{左} = H_{右} = H_{中} + bE \tag{13-36}$$

式中　$H_{变}$——变坡点高程；

　　　M——变坡点里程桩号；

　　　N——任一点里程桩号即所求点桩号；

　　　I——纵坡度，上坡取正，下坡取负；

　　　b——半幅路宽度；

　　　E——路拱。

13.2.5.2　竖曲线段高程放样数据计算

1. 计算依据

竖曲线是连接相邻不同坡段的曲线，因此在计算竖曲线上任意一点的高程时，就不能像直线、平曲线那样只要知道了纵坡度和距离就可算出所求点高程。在此情况下，要计算竖曲线上中桩高程，除要依据变坡点里程桩号和高程、相邻坡段纵坡度外，还要知道竖曲线的半径。计算竖曲线边桩高程时，则须知道竖曲线中桩高程、中桩至边桩距离。

2. 计算范围

计算竖曲线上各点高程时，只能在竖曲线范围内计算，竖曲线外则是直线或平曲线。其依据是竖曲线切线长度 T 和变坡点里程桩号，这些数据是从"路线纵断面图"上获取的。

例如，××公路，×段有一凹形竖曲线，变坡点的里程桩号是 K129＋450，竖曲线切线长度 $T＝263$ m，则该竖曲线的范围：

$$竖曲线起点＝K129－450－263＝K129＋187$$
$$竖曲线终点＝K129＋450＋263＝K129＋713$$

3. 计算公式

在实践测量中，计算竖曲线上各点设计高程时，视所使用的计算工具而选用计算方法。

13.2.5.3 缓和曲线超高段高程放样数据计算

1. 计算依据

(1)中桩高程：设计单位在"线路纵断面图"上提供了每隔一定距离的中桩高程。施工中根据施工需要经常要加桩，计算中桩设计高程。缓和曲线超高段的中桩设计高程的计算，可在计算竖曲线设计高程时，用"直竖结合程序计算法"一同算出。

(2)边桩高程："线路纵断面图"上只提供了部分中桩设计高程，没有提供与中桩在同一横断面两侧的边桩高程。所以必须依据中桩高程、中桩至边桩的距离和超高横坡度才能计算出边桩高程。由于距离和中桩高程是已知的，所以关键是计算超高横坡度。

2. 计算范围

计算曲线超高段高程放样数据必须在弯道超高范围内，在范围外则是线路直线段。

3. 计算公式

缓和曲线超高段计算超高横坡度公式：

$$I＝\text{ABS}(B－A)(E＋D)/C－E \tag{13-37}$$

$$\left.\begin{array}{l} I＝\text{ABS}(B－A)\times 2E/Q－E \\ I＝[\text{ABS}(B－A)－Q](D－E)/(C－Q)＋E \end{array}\right\} \tag{13-38}$$

式中　　I——缓和曲线内任一横断面超高横坡度；

B——缓和曲线超高段内任一点里程桩号；

A——缓和曲线起点 ZH 或终点 HZ 的里程桩号；

E——直线段路拱坡度，输入时不考虑符号，取正值；

D——最大超高段设定的最大超高横坡度，取正值；

C——缓和曲线长度(m)；

ABS——绝对值符号；

Q——缓和曲线起(终)点至超高变坡临界面距离，$Q＝2E/(E＋D)C$。

13.3　路基施工测量

13.3.1　施工测量的任务

公路工程路基施工测量的任务如下：

(1)按照设计要求，在施工现场监控线路的外貌形状：直线形、曲线形、超高形等。

(2)按照设计要求，在施工现场监控路基宽度、坡脚、堑顶。

(3)按照设计要求，在施工现场监控线路高低起伏、纵坡、横坡，指导挖、填高度，使其达到设计标高。从而可以避免盲目施工及超填超挖、欠填欠挖。

13.3.2 施工测量资料的获知

13.3.2.1 基本要求

为了路基施工顺利进行，确保工程质量，在路基施工前，必须在熟悉设计文件各种图表后，彻底弄清以下几点：

(1)施工标段起、终点里程桩号。

(2)施工标段直线、圆曲线、竖曲线、缓和曲线、超高段的起终点里程桩号，以及曲线的各种元素、交点的里程桩号及其 x、y 坐标值。

(3)施工标段挖方段、填方段里程桩号。

(4)施工段路宽、纵坡、横坡、挖方边坡比、填方边坡比等。

(5)线路变坡点里程桩号、变坡点高程等。

(6)施工段各结构物里程桩号，以及线路中线与结构物主轴线的几何关系。

13.3.2.2 挖方路堑施工测量资料的获知

1. 施工测量资料的准备

(1)挖方段的施工导线点、水准点成果表。

(2)挖方段的中桩、边桩坐标数据表或极坐标法放样数据表。

(3)挖方段的中桩、边桩设计高程表。

(4)挖方路基横断面图及纵断面图。

2. 熟悉挖方"路基横断面图"

图 13-12 所示为挖方路基标准横断面图。由图可知挖方路基横断面的要素：左边堑顶及右边堑顶、左边坡比及右边坡比、左坡脚及右坡脚、左碎落台及右碎落台、左边沟及右边沟、路面总宽度及半幅宽度、路面中桩挖深；挖方在高度大于 8 m 时，在路堑高度 8 m 处设 2.0 m 宽平台。

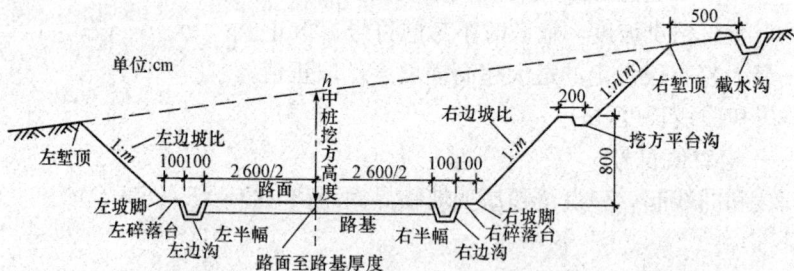

图 13-12　挖方路基横断面图

13.3.2.3 填方路堤施工测量资料的获知

1. 施工测量资料的准备

(1)填方段的施工导线点、水准点成果表。

(2)填方段的中桩、左右边桩坐标数据表或极坐标法放样数据表。

(3)填方段的中桩、左右边桩设计高程表。

2. 熟悉填方路堤的"横断面图"

填方路堤的横断面的要素：路基以上各结构层(底基层、基层、面层)的厚度，横坡(路拱)，路基的宽度，路基两侧边坡及坡度比，以及路堤坡脚、路基(或路面)中桩、左右边桩填土高度，坡脚外侧的护坡道及排水沟。

13.3.3 施工测量常用仪具及材料

(1)全站仪或经纬仪配合测距仪或经纬仪、水准仪。

(2)棱镜及棱镜杆、水准塔尺或水准标尺。

(3)30~50 m钢尺及皮尺、3 m小钢尺。

(4)竹桩(木桩)、油性记号笔、红布条或红塑袋条、铁锤、钢凿、铁钉、石灰、拉绳等。

(5)自制坡度尺、多功能坡度尺。

13.3.4 挖方路堑施工测量

1. 挖方路堑施工测量的作用

挖方路堑的施工测量应根据挖方路堑的施工特点和施工进度进行作业。

(1)挖方前应在线路征地轮廓线内指导场地清理进行。

(2)挖方初期主要是控制路堑堑顶轮廓线条、下挖深度。

(3)挖方中期主要是控制路堑边坡坡度、下挖深度。

(4)挖方后期主要是控制路堑边坡下坡脚及碎落台宽度和高度、路堑内路基的宽度和高度，使挖方路基达到设计要求的宽度、高度，使挖方边坡达到设计要求的边坡比。

2. 路堑施工初期的测量工作

(1)根据"路基横断面图"征地界桩数据，计算出线路左右两侧用地界桩 x、y 坐标值，用全站仪坐标法(或其他方法)放出其实地位置，并示以明显醒目的标志，以指导线路场地清理作业。

(2)场地清理后，在实地标定出挖方路基的中桩、左右边桩。

(3)在边坡、中桩延长线上标定出路堑坡脚桩，如有条件也可根据中桩至坡脚桩的距离，计算出坡脚的坐标 x、y 值，用全站仪放出路堑坡脚桩。

(4)在用放样方法标定边桩、坡脚桩的同时，应测出边桩、坡脚桩的实地高程，或用水准测量方法测出其高程，如条件允许，可用经纬仪视距法测定。

(5)根据计算公式，可求出中桩(或边桩)至路堑堑顶桩的平距或坡脚至堑顶桩的平距，从而在实地标定出堑顶桩。

3. 挖方路堑堑顶放样

(1)平坦地面路堑堑顶放样数据计算公式。

1)从实地路堑坡脚点 A 及 G 标定堑顶点 P 和 Q(图 13-13)。

$$\left.\begin{array}{l} D_{A-P} = (H_A - H_E)m \\ D_{G-Q} = (H_G - H_F)m \end{array}\right\} \tag{13-39}$$

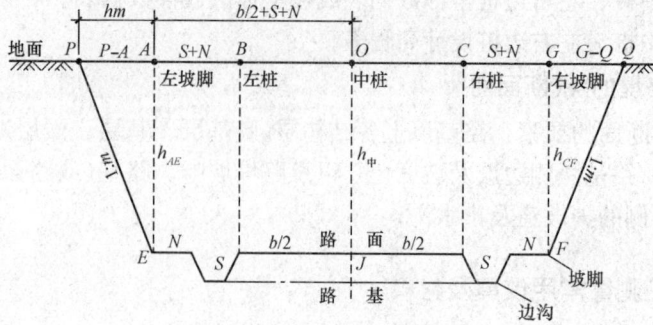

图 13-13　平坦地区路堑

2）从实地路堑中桩点 O 标定堑顶点 P 及 Q（图 13-13）。

$$\left.\begin{array}{c}D_{O-P}=b/2(S+N)+(H_0-H_J)m\\D_{O-Q}=b/2(S+N)+(H_0+H_J)m\end{array}\right\}\qquad(13\text{-}40)$$

式中　　D_{A-P}、D_{G-Q}、D_{O-P}、D_{O-Q}——路堑开挖前实地坡脚桩或中桩至堑顶的平距(m)；

　　　　m——路堑边坡坡度；

　　　　H_A、H_G——路堑开挖前原地面放样坡脚桩处实测高程(m)；

　　　　H_E、H_F——路堑坡脚点(路面)设计高程；

　　　　H_0——路堑开挖前原地面放样中桩处实测高程；

　　　　H_J——路堑路面中桩设计高程，$(H_0-H_J)=h_{中}$ 亦可从"路基横断面"上抄取；

　　　　$(S+N)$——路堑路面边沟及碎落台设计宽度；

　　　　$b/2$——半幅路面设计宽度。

（2）倾斜地面路堑堑顶放样数据计算公式(图 13-14)。

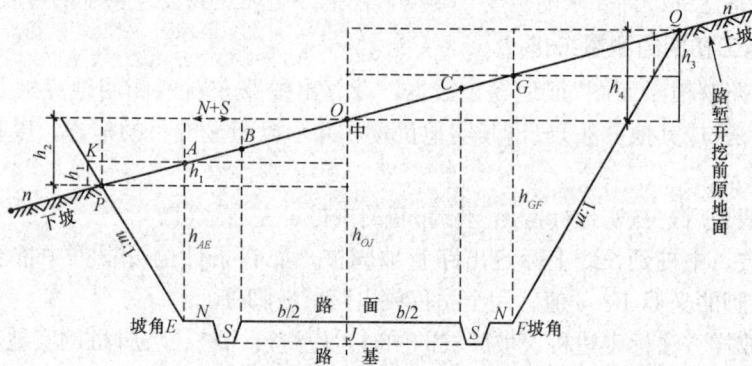

图 13-14　倾斜地面路堑断面图

1）从实地路堑坡脚点 A 及 G 标定堑顶点 P 和 Q。

$$\left.\begin{array}{c}\text{下坡方向：}D_{A-P}=mh_{AE}-mh_1\\\text{上坡方向：}D_{G-Q}=mh_{GF}+mh_3\end{array}\right\}\qquad(13\text{-}41)$$

式中　　D——路堑开挖前实地坡脚桩至堑顶的平距。

　　　　m——路堑边坡坡度。

　　　　h_{AE}——路堑开挖前原地面坡脚点 A 实测高程 H_A 与该坡脚点(路面)设计高程 H_E 之

差：$h_{AE} = H_A - H_E$。

h_{GF}——路堑坡脚点原地面实测高程 H_G 与该坡脚点路面设计高程之差 $h_{GF} = H_G - H_F$。

h_1——路堑原地面坡脚点 A 实测高程 H_A 与路基堑顶点 P 实测高程 H_P 之差：$h_1 = H_A - H_P$。由于 P 点未知（待定点），所以 h_1 也未知。实践中，可从"路基横断面图"中量取，在放出 P 点后实测其高程，重新核定 P 点位置（图 13-14）。

h_3——$h_3 = H_Q - H_G$，其意义与 h_1 同理。

2）从实地路堑中桩 O 标定堑顶点 P 和 Q。

$$D_{O-P} = \frac{1}{1+mn}[b/2+(S+N)+mh_{OJ}] \text{（下坡方向）}$$
$$D_{Q-O} = \frac{1}{1-mn}[b/2+(S+N)+mh_{OJ}] \text{（上坡方向）} \tag{13-42}$$

式中　D_{O-P}、D_{Q-O}——中桩至左右堑顶之平距(m)；

$b/2$、$(S+N)$——意义同前；

h_{OJ}——挖方路堑中桩处下挖深度(m)，可以从"路基横断面图"上抄取，或 $H_{O实测} - H_{J设} = h_{OJ}$ 计算；

m——挖方路堑边坡坡度；

n——挖方路堑某横断面开挖前的原地面坡度，n 为未知，可从原路面各桩位实测高程求得。

(3)挖方路堑堑顶放样的实用方法及操作步骤。

1)利用"路基横断面图"量取挖方路堑堑顶放样数据——中桩至堑顶的平距，用 $f_x - 4500PA$ 型计算机坐标计算程序计算出堑顶 x、y 坐标值，用全站仪直接放出堑顶桩位置。

"路基横断面图"常采用的比例尺为 1∶200、1∶400 等。在这种大比例尺横断面图上量出的路堑堑顶放样数据，可满足路堑堑顶放样精度。

2)利用"路基横断面图"量得的中桩至堑顶之平距，用皮尺自中桩延坡脚桩方向，量出这个平距，定出堑顶第一次位置，然后用水准仪测出其实地高程，通过计算比较，在实地调整堑顶位置。

4. 挖方施工进行中的测量

(1)在堑顶设立醒目标志。实践中，常采用的方法有放石灰线法、拉红草绳法、插小红旗或扎红布条、插树枝等，如图 13-15 所示。

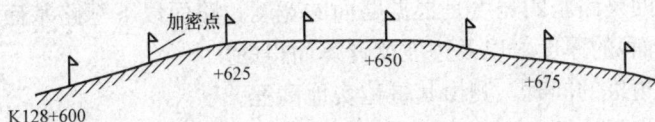

图 13-15　在堑顶设立醒目标志

(2)路堑下挖过程中的测量工作。测量工作的任务如下：

1)每挖深 5 m 应复测中线桩，测定其标高及宽度，以控制边坡大小。

2)根据恢复的中桩、边桩，控制线路线形，根据复测中桩、边桩高程，控制下挖深度，书面告知挖掘机操作人员路宽界限、下挖深度数据并提醒注意。复测中、边桩高程应在恢复中、边桩平面位置时，用全站仪或经纬仪配合测距仪同时测出，如果有必要，也可用水准仪测定。

3)根据实地坡脚处实测高程及坡脚桩设计高程，用式(13-43)计算实地坡脚点至边坡面的平距 D。

$$D=(H_实-H_{脚设})m \tag{13-43}$$

4)检控边坡面坡度及平整度，并进行边坡平台放线。

(3)根据挖渠、进行挖方边坡平台放线。放线的方法有如下三种：

1)水准仪视线高法进行挖方路堑平台放样。

2)经纬仪视距法进行路堑平台放样。

3)皮尺斜距法进行路堑平台放样。

5. 路堑施工后期的测量

(1)路堑施工后期测量的工作内容主要包括以下几点：

1)恢复桩位、实测高程，计算下挖高度、指导施工作业。

2)预留路堑边坡"碎落台"。

3)路堑路基"零挖方"作业。

(2)路堑施工后期测量的工作任务：恢复线路中桩、左右边桩，并进行恢复桩位实地高程测量。此外，还可根据路基设计高程、桩位实测高程，将路基施工标高用油性号笔标记在桩位(竹或木桩)的侧面以指导施工，此时的作业称为"零挖方"作业。

13.3.5 填方路堤施工测量

1. 填方路堤施工测量的作用

填方路堤的施工测量应根据填方路堤的施工特点和施工进度进行作业。

(1)填方前应指导路基底原地表的清理工作在路基轮廓线内进行。

(2)填方初期主要是控制路堤坡脚及路堤分层填筑的宽度。

(3)填方中期主要是控制路堤边坡坡度以及上填各层次的路基宽度。

(4)填方后期主要是控制路基的宽度和高度，使填方路堤达到要求的宽度和高度，使填方路堤边坡坡度比达到设计要求。

2. 路堤施工初期的测量

(1)路堤施工初期的测量任务主要是控制填方坡脚，必须做到以下几点：

1)在实地标定出填方路堤的中桩、左右边桩。

这里需要重复的是路基的宽度是根据路面的宽度，路面以下至路基面的各结构层(例如底基层、基层、路面)的厚度，以及边坡比计算而得的。

2)在放样中、边桩的同时，测出其桩位实地高程。

3)通过计算，求得边桩至边坡坡脚的平距，在实地标定出填方最低层坡脚桩。

(2)填方路堤坡脚点放样数据计算公式。由于填方实地地面坡度不同，在计算填方路基边坡脚放样数据时，应区分平坦地面、倾斜地面。

1)如图 13-16 所示为平坦地面，填方坡脚放样数据计算公式为：

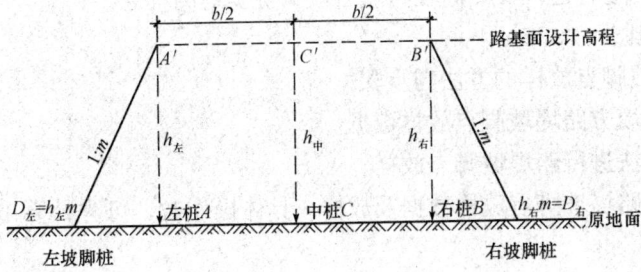

图 13-16 平坦地面路基放样坡脚桩

$$D_左 = D_右 = b/2 + hm \tag{13-44}$$

式中　$D_左$、$D_右$——填方路基中桩至左右坡脚桩的距离。若从路基边桩算起，则，$D_左 = D_右 = hm$。

　　　b——路基宽度。

　　　$1:m$——填方路基边坡坡度比。

　　　h——填土高度，实际上应为填方路基边坡设计高程与边坡实地高程之差。

2)如图 13-17 所示为倾斜地面，填方坡脚放样数据计算公式为：

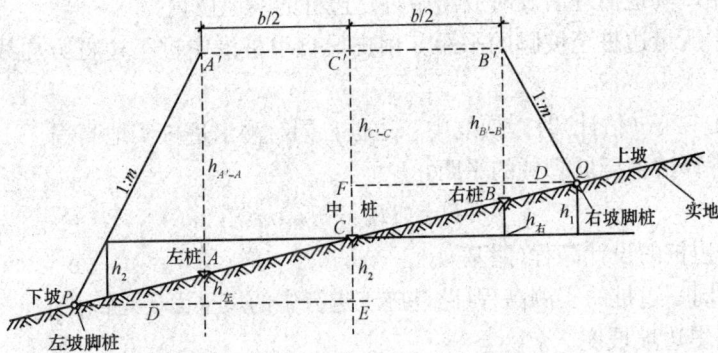

图 13-17 倾斜地面填方路堤坡脚放样

$$
\begin{aligned}
D_左 &= b/2 + h_中 m + h_2 m &\text{（下坡）}\\
D_右 &= l/2 + h_中 m - h_1 m &\text{（上坡）}\\
&= b/2 + (h_中 - h_1)m &
\end{aligned} \tag{13-45}
$$

式中　$D_左$、$D_右$——填方路基中桩至左右坡脚桩的距离；

　　　$h_中$——路堤中桩填土高度；

　　　h_1——路堤中桩与右坡脚桩实测高程差；

　　　h_2——路堤中桩与左坡脚桩实测高程差。

　　如用边桩放样坡脚桩，则按下式计算：

$$
\begin{aligned}
D_左 &= h_{A'-A} m + h_左 m = (h_{A'-A} - h_左)m &\text{（下坡）}\\
D_右 &= h_{B'-B} m - h_右 m = (h_{B'-B} - h_右)m &\text{（上坡）}
\end{aligned} \tag{13-46}
$$

式中　$D_左$、$D_右$——符号意义同上；

　　　$h_{A'-A}$、$h_{B'-B}$——左、右边桩填土高度；

$h_左$、$h_右$——左右边桩实测高程与左右坡脚桩实地高程之差；

m——边坡比。

(3)填方路堤坡脚点放样的方法与步骤。

1)图解法求取填方路堤坡脚点放样数据。

2)用皮尺量距法进行路堤坡脚点放样。

3)解析法求取路堤坡脚点放样数据及放样。具体操作时，可先计算出路堤坡脚点坐标，然后进行放样。

用公式计算路堤中桩至坡脚平距，然后计算出路堤坡脚桩坐标。

$$\left.\begin{array}{ll} D_左=\dfrac{1}{1-mn}(b/2+mh) & \text{（下坡方向）} \\[3mm] D_右=\dfrac{1}{1+mn}(b/2+mh) & \text{（上坡方向）} \end{array}\right\} \tag{13-47}$$

式中　m——边坡坡度；

　　　b——路面宽(m)；

　　　h——某里程桩(中桩)处的填土高度(m)；

　　　n——横断面的原地面坡度。

(4)填方路堤坡脚放样的实用方法及步骤。

1)施工初始，场地清理后及时放出中桩、边桩的实地位置。

2)根据图中所量边桩至坡脚的平距，用皮尺自中桩沿中桩至边桩方向线标定路堤原地面的坡脚桩。

3)当填高 1~2 m(估计)时，恢复中、边桩，同时测出边桩实地高程。

4)用下式计算边桩至坡脚桩的平距：

$$D=(H_设-H_测)m \tag{13-48}$$

式中　$H_设$——边桩的设计高程(路基)；

　　　$H_测$——同一边桩的实测高程(路基施工进行中的填土面实地高程)；

　　　m——路堤边坡坡度。

5)用皮尺在施工进行中的填土面边桩沿中桩至边桩方向线(目估)量出上式 D，用竹桩标定，即为上式 $H_测$ 高程时的坡脚。

6)每填一定高度，重复上述操作。

3. 路堤施工中的测量

测量时，可先在路堤坡脚原地面设立醒目标志，然后开展路堤上填过程中的测量工作。其主要工作任务如下：

(1)协助现场施工员，控制填土厚度，保证填压精度。

(2)每填筑高 5 m 应复测中线桩，测定其标高及宽度，以控制边坡的大小。

(3)根据复测的中桩、边桩，控制线路线形，根据其复测的高程，控制上填高度；告知现场施工员路宽界限、重新标定的坡脚线及上填高度数据。

(4)用坡度尺检控边坡坡面坡度及平整度。

在路堤填筑过程中，应用坡度尺检控路堤边坡修整，使其达到设计的边坡比。通常情况下路基填土高度小于 8 m 时，边坡坡率为 1：1.5；如填土高度大于 8 m 时，上部 8 m 坡率为 1：1.5，其下部为 1：1.75。

(5)根据填土高度，进行路堤边坡平台放线。公路施工设计图要求，如8 m＜填土高H＜12 m，不设填方平台；如12 m＜填土高H＜20 m，在变坡处(8 m处)设置1.5 m宽填方平台。所以，在路堤上填过程中，应对平台放线。

4. 路堤施工后期的测量

(1)填方路堤"零填方"施工测量。测量必须做好下述工作：

1)复放中桩、边桩平面位置，在其点旁打竹桩标志。

2)用水准前视法测出其实地高程，如测桩旁地面高程，可在打桩时，在桩旁固定一小石子，测高时，尺立小石上，以方便量高画线。

3)计算填土高度：$\pm h_填＝H_设－H_实$。

4)计算施工标高：$h_施＝h_填Z$。

式中Z为松铺系数，其值应由试验确定，或根据多年的施工实践掌握。

5)将施工标高醒目地标志在点位桩的侧面，实践中，常采用红色(或黑或蓝色)油性笔将施工标高线条画在桩的侧面，通常情况下，画两条线，下条线是路基设计高程，上条线是填土高度，经推平碾压后路基面应处在下条线位置。

(2)填方路堤边坡整修的测量工作。当填方路堤路基面达到设计高程位置，应及时对路堤两侧边坡整修，要做如下测量工作：

1)复放左右边桩平面位置。

2)用水准前视法测出所放桩位实地高程。

3)计算：$D_i＝(H_{i设}－H_{i实})m$(式中m为路堤边坡坡度，此时因路基已达到设计标准标高，所以$D_i\leqslant0.10m$)。

4)将路基设计高画在桩位侧面。

5)将根据D_i确定的路基边缘线用石灰线明显标出。

6)根据桩位画线及石灰线，进行路堤边坡整修，在人工或挖掘机整修边坡时，应用坡度尺检控，使其边坡坡面与设计坡度一致。

13.3.6 路基工程完工后的测量与检查

1. 交工竣工验收项目

交工竣工验收时，应由施工单位会同施工监理人员，按设计文件要求对以下项目进行检查、验收。

(1)路基的平面位置。

(2)路基宽度、标高、横坡和平整度。

(3)边坡坡度及边坡加固。

(4)边沟和其他排水设施的尺寸及底面纵坡。

(5)防护工程的各部尺寸及位置。

(6)填土压实度和表面弯沉。

(7)取土坑、弃土堆、护坡道、截水沟、渗水井等位置和形式。

(8)隐蔽工程记录。

2. 检查验收中的测量工作

公路施工的检查验收，实践中是以施工监理人员为主，施工单位测量人员为辅进行的。

施工测量人员应做的主要工作如下：

（1）复放路基全线的中桩、左右边桩的平面位置，编写里程桩号，进行线路外形尺寸自我检查。检查内容为自检中线偏位和自检路基实度。

（2）用水准前视法实测所放桩位实地高程，与路基设计高程比较，进行线路高程位置自我检查。检查内容为纵断面高程检查、横断面高程检查、路基面平整度检查。

（3）验收检查时，协助施工监理人员进行工作。

13.4　底基层、基层及路面施工测量

13.4.1　测量仪具及任务

1. 工程测量仪具

公路工程底基层、基层及路面施工测量常用仪具与材料有如下几种：

（1）全站仪或经纬仪配合测距仪、水准仪。

（2）棱镜及测杆、塔尺、对讲机。

（3）30 m 或 50 m 钢尺、3 m 小钢尺。

（4）竹桩或钢杆、油性记号笔、粉笔、铁锤、钢钉、凿子、拉绳、测伞等。

2. 工程测量任务

（1）控制线路外形尺寸，满足设计单位对路基以上各结构层的平面位置要求。

（2）控制线路纵断高程、横断高程（横坡度）、路层厚度、路面平整度，满足设计单位对路基以上各结构层的高程位置要求。

13.4.2　测量资料的准备

（1）熟悉公路工程底基层、基层及路面施工测量设计图，包括路面横断面结构图和路线纵断面图等。

（2）已知成果收集（与路基施工测量员交接）。

1）施工段导线点成果表及实地勘察。

2）施工段水准点成果表及实地勘察。

3）直线曲线及转角表。

4）逐桩坐标表。

（3）施工放样数据准备。

1）准备施工标段中桩、左右边桩坐标放样数据表。

2）准备施工标段中桩、左右边桩高程放样数据表。

（4）绘制有关图件，以方便施工测量作业。

1）编制施工标段竖曲线变坡点图，此图可以在施工现场方便地检查计算任一里程桩号的高程。

2）绘制施工进度图。将每日完成工作量填绘其上，有利于及时掌握了解施工进度，方便安排工作。

3)绘制施工标段"控制点图"。将施工标段沿线已知的导线点、水准点展绘其上，便于施工放样安排工作，对施工段的放样目标了然于胸。

13.4.3 上面层施工测量外业工作

(1)恢复中桩、左右边桩。规范要求直线段每15~20 m设一桩，曲线段每10~15 m设一桩，并在两侧边缘处设指示桩。

(2)进行水平测量，用明显标志标出桩位的设计标高。

(3)严格掌握各结构层的厚度和高程，其路拱横坡应与面层一致。

13.4.4 上面层中桩、边桩的平面位置与放样

1. 一般规定

(1)上面层各结构层中桩、边桩放样，常采用全站仪坐标法或经纬仪配合测距仪极坐标法。底基层所放桩位常采用竹桩(木桩)标志；基层、面层由于其表面坚硬，在放样进行中，可先用钢钉标出其位，然后用钢钎标志。

(2)上面层施工，对于设有中央分隔带的，在放样时可一并放出分隔带边桩，也可在放出中桩、边桩后，在中边桩连线上用皮尺(基层、面层应用钢卷尺)量距法加设分隔带边桩。

2. 直线段皮尺交会法加桩

直线段皮尺(或钢尺)交会法加桩，实际上就是几何中"解直角三角形"。在直角三角形中，三边之间的关系为

$$a^2 + b^2 = c^2 \text{(勾股定理)} \tag{13-49}$$

式中　a——假设为线路两中桩之平距(m)；

　　　b——假设为线路中桩至边桩距离，即半幅路宽(m)。

图13-18所示是某公路中一段直线段。放样时只放出了中线每隔20 m的桩位，如图中K128+020、K128+040、…、K128+080、…，其间10 m桩及左右边桩需自己放出。图中半幅路宽为12.75 m可用下述方法与步骤进行：

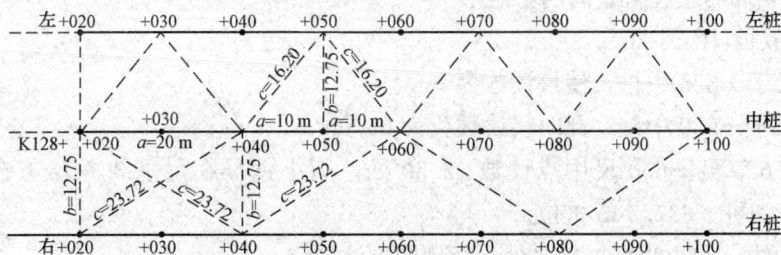

图 13-18　直线段人工放桩

(1)计算 c。

令 $a=20$ m，$b=12.75$ m，则 $c=23.72$ m。

(2)实地放桩(图13-18右半幅)。

1)甲置尺于+020中桩，使尺读数为23.72 m。

2)乙置尺于+060中桩，使尺读数为23.72 m。

3)丙将两尺 0 端重合，套于钢钎上，手提钢钎均匀用力，同时拉紧两根皮尺(或钢尺)，使甲乙丙构成等腰三角形，而钢钎恰好位于两腰交点处，此时钢钎下尖端即为+040 右边桩桩位，用竹桩标志。

4)甲乙丙三人持尺同时前进，甲置尺于+040 中桩，乙置尺于+080 中桩，甲、乙均使尺读数为 23.72 m。

5)丙手提钢钎，均匀用力同时拉紧两根皮尺(或钢尺)，则钢钎下尖端即为+060 右边桩桩位。

6)重复上述操作，同方法放出+080、+100、…以及左边桩+040、+060、+080、100、…。

7)直线段起点，终点边桩可用下述方法放出：

以 K128+020 为例：甲置尺于+020 中桩，使尺读数为半幅路宽 12.75 m；乙置尺于+040 中桩，使尺读数为 23.72 m；丙手提钢钎，两手同时均匀用力拉紧两根皮尺(或钢尺)，则钢钎下尖端即为+020 右或左边桩桩位。

8)当右(或左)边桩放出 20 m 间距桩位后，则另半幅边桩也可用同方法放出。

3. 曲线段中央纵距法加桩

在图 13-19 中，已知半径 R、弦长 C(即曲线上 AB 两点之间平距，在公路线路曲线段上就是两相邻桩位之间平距)，则只要求得 y 值，就可定出 AB 弧长中点 K。在 Rt△OBM (或 Rt△OAM)中：

$$J^2 = R^2 - (C/2)^2 \qquad (13\text{-}50)$$

(1)计算中央纵距 y。

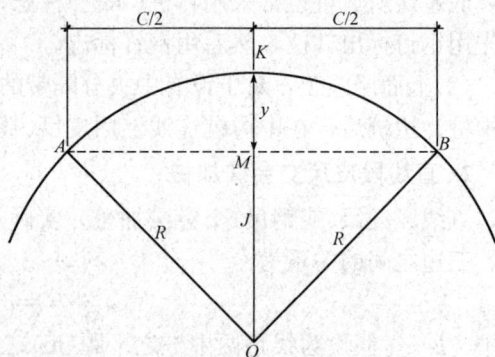

图 13-19 曲线段中央纵距概念

$$y = R - \sqrt{R^2 - (C/2)^2} = R - \sqrt{(R+C/2)(R-C/2)} \qquad (13\text{-}51)$$

式中 R——曲线半径(m)；

C——相邻两里程桩之间的平距。

(2)实地放桩(图 13-20)。

1)甲置尺于+625 中桩，使尺读数为 0 m。

2)乙置尺于+650 中桩，此时尺读数应为 25.00 m。

3)丙于+625 至+650 尺中点读数 12.50 处，用小钢尺在尺垂线 MK 方向上量 $y_{中}$ = 0.015 m 即为加桩+637.5 m 桩位。

4)线路中线、左边线需加桩之处，都用同方法放出。

5)用"穿线法"定出右边桩，例如 K128+625，置尺 0 端于+625 左边桩，使尺沿+625 中桩方向线上在尺读数为 13.16×2=26.32(m)处打桩即为+625 右边桩。

当实地曲线段只放出中桩桩位时，例如上例中只放出了 K128+625、K128+650 等中桩，此时只要计算出 CB(或 CA)、AN(或 BN)就可用尺长交会法放出左、右边桩。

在图 13-20 中，连接 BC(或 AC)，过 O 作 $OM \perp AB$，垂足为 M，$BM = AM = 25/2 = 12.5$ m；$y_{中} = 0.015$ m[用式(13-51)计算]。$NK = KC = 13.16$ m(半幅路宽 $B/2$)，则

$$CM = b/2 - y_{中} = 13.16 - 0.015 = 13.145(\text{m})$$

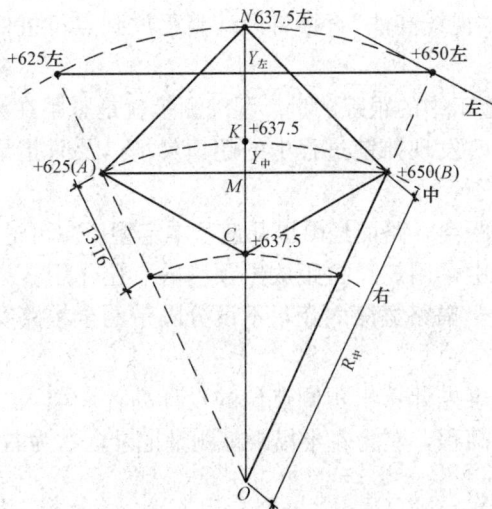

图 13-20 平曲线放桩示意

在 $\triangle BCM$ 中，有

$$CB=\sqrt{MB^2+MC^2}=\sqrt{12.5^2+13.14^2}=18.14(\text{m})$$

同理：

$$AC=\sqrt{AM^2+MC^2}=18.14 \text{ m}$$

以上为内圆曲线计算放样数据 CB（或 AC）公式。

外圆曲线计算放样数据 AN（或 BN）公式为

$$AN=\sqrt{AM^2+MN^2}=\sqrt{12.5^2+(13.16+0.015)^2}=18.16(\text{m})$$

整理成通用公式：

$$\left.\begin{array}{l}\text{外圆曲线：}BN=AN=\sqrt{(AB/2)^2+\left(\dfrac{B}{2}+y_{\text{中}}\right)^2}\\[3mm]\text{内圆曲线：}BC=AC=\sqrt{(AB/2)^2+\left(\dfrac{B}{2}-y_{\text{中}}\right)^2}\end{array}\right\} \tag{13-52}$$

式中　AB——曲线上两相邻中桩点间平距，一般为等距 10 m、20 m、25 m 等；

　　　$B/2$——半幅路宽，B 为路宽；

　　　$y_{\text{中}}$——前述中央纵距，$y=R-\sqrt{(R+AB/2)(R-AB/2)}$。

4. 现场补桩

上面层施工之前放好左、中、右各桩位后，在施工进行中，常因汽车压坏桩、推土机推掉或人为毁桩等原因需要现场立即补桩，在这种情况下应根据现场桩位间几何关系进行补桩。

13.4.5　上面层桩位设计高程放样

(1)上面层各结构层铺筑前，应进行设计高程放样。公路工程上面层各结构层铺筑前设计高程放样，常采用的方法有以下三种：

1)实测点位地面高程，进行设计高程放样。

2)实测点位桩顶高程，进行设计高程放样。

3)用放样点"视线高法"进行设计高程放样。

(2)后边施工前边放样方法。现代公路施工，由于机械化程度高，进度迅速，施工现场不可能从容放样，宜采用"视线高法"直接将设计高程放到点位桩侧，并根据实地填高加放松铺厚度。

（3）上面层各结构层施工中的跟踪测量。跟踪测量就是紧跟在上面层各结构层摊铺作业后面的水准测量。它能及时发现摊铺过程中的超填欠填，及时指导路面整修，使其达到设计高程。操作步骤方法如下：

1）当上面层摊铺一定距离，路面经碾压几遍基本定型后方可进行跟踪测量。

2）在压路机碾压进行中，用皮尺拉距放出预测的点位，用扎红绳标记的铁钉标志，通常情况下设中央分隔带的全幅路宽测六点，不设分隔带的全幅路宽测五点，具体间距根据要求而定。

3）在跟踪测量前，应事先计算出预测点位的设计高程，填入"跟踪测量记录表"，表中部为预测点桩号及其设计高程，左为左半幅跟踪测量记录，右为右半幅跟踪测量记录。

4）跟踪测量实施。

（4）进行跟踪测量时，应按以下步骤和要求进行：

1）将水准仪安置在施工段适当处，照准后视已知水准点塔尺读数 0.412，记在上表下部。

2）当压路机暂停后，立即用水准前视法测记碾压段预测点塔尺读数（前视读数）。

3）测读完毕，通知压路机继续碾压，并立即计算预测点实地高程和超填欠填数据抄录纸上，交给施工人员，立即进行人工整修。

4）人工整修过的地方经碾压后，再测一次实地高程，如还超限，则再整修，直至符合精度要求为止。

13.4.6　上面层施工结束时的测量工作

（1）恢复中、边桩平面位置，并进行中、边桩施工标高放样。

（2）在施工过程中，应对线路外形进行日常维护，外形维护的测量频度和质量标准列入表 13-4。

表 13-4　外形维护的测量频度和质量标准

种类	项目		频度	质量标准	
				高速和一级	一般公路
底基层	纵断高程 /mm		一般公路每 20 延米一点，高速和一级公路每 20 延米一个断面，每断面 3～5 个点	+5 −15	+5 −20
	厚度 /mm	均值	每 1 500～2 000 m² 六个点	−10	−12
		单个值		−25	−30

项目小结

本项目主要介绍了公路工程施工控制点的复测与加密，公路工程施工放样基本技术，路基施工测量，底基层、基层及路面施工测量等内容。

1. 公路工程施工控制点的复测与加密主要是指施工导线点、施工水准点的复测及加密。

2.公路工程施工测量放样技术就是应用普通测量中的放样方法，把设计图纸上公路线形的位置、形状、宽度和高低在施工现场标定出来，以作为施工的依据。

3.公路工程路基施工测量的任务主要包括按照设计要求，在施工现场监控线路的外貌形状，监控路基宽度、坡脚、堑顶，监控线路高低起伏、纵坡、横坡，指导挖、填高度，使其达到设计标高。

4.底基层、基层及路面施工测量任务主要包括控制线路外形尺寸，满足设计单位对路基以上各结构层的平面位置要求；控制线路纵断高程、横断高程(横坡度)、路层厚度、路面平整度，满足设计单位对路基以上各结构层的高程位置要求。

➤ 课后习题

一、填空题

1.土(石)方路基中线允许偏差为_____ mm。

2.导线前一边的方位角等于后一边的方位角加上导线点的左角减去_____。

3.导线平差计算有_____和_____两种方法。

4.在测量施工水准控制路线时，必须满足规范规定的水准点闭合差：高速、一级公路为_____ mm；二级以下公路为_____ mm。

5.通常情况下路基填土高度小于8 m时，边坡坡率为_____；如填土高度大于8 m时，上部8 m坡率为_____，其下部为_____。

二、选择题

1.施工导线点间距宜在(　　)m为宜。

　　A.100～200　　　　B.200～500　　　　C.400～800　　　　D.500～900

2."路基横断面图"常采用的比例尺为(　　)。

　　A.1：100　　　　B.1：150　　　　C.1：300　　　　D.1：400

三、简答题

1.导线平差的目的是什么？

2.选择施工水准点的测量方案应考虑的因素有哪些？

3.施工水准点的选点要求有哪些？

4.水准点加密的目的和作用是什么？

5.公路工程路基施工测量的任务是什么？

6.挖方路堑施工测量的作用是什么？

7.路基工程完工后的测量与检查工作有哪些？

8.上面层施工测量外业工作有哪些？

参 考 文 献

[1]中华人民共和国国家标准 . GB 50026—2020 工程测量标准[S]. 北京：中国计划出版社，2021.

[2]中华人民共和国行业标准 . CJJ 8—2011 城市测量规范[S]. 北京：中国建筑工业出版社，2012.

[3]中华人民共和国行业标准 . JTG C10—2007 公路勘测规范[S]. 北京：人民交通出版社，2007.

[4]伊晓东 . 道路工程测量[M]. 大连：大连理工大学出版社，2008.

[5]田文，唐杰军 . 工程测量技术[M]. 北京：人民交通出版社，2011.

[6]聂让，许金良，邓云潮 . 公路施工测量手册[M]. 北京：人民交通出版社，2000.

[7]王云江 . 市政工程测量[M]. 3 版 . 北京：中国建筑工业出版社，2015.

[8]冯大福 . 建筑工程测量[M]. 天津：天津大学出版社，2014.

[9]覃辉，马德富，熊友谊 . 测量学[M]. 2 版 . 北京：中国建筑工业出版社，2014.

[10]赵雪云，李峰 . 工程测量[M]. 2 版 . 北京：中国电力出版社，2014.

[11]梁启勇 . 公路工程测量[M]. 2 版 . 北京：人民交通出版社，2019.

[12]杨学锋，索俊锋 . 公路工程测量[M]. 北京：国防工业出版社，2016.